易学易懂

电子回路入门

[日]山下明 著

陈译 吕兰兰 施华 译

本书面向电子电路的初学者，以电子电路的基本内容为前提，同时作为阅读详细专业书籍的准备内容，旨在帮助初学者了解电子回路的基本概念和工作原理，从常见的二极管、晶体管、场效应晶体管等器件的角度，介绍它们的结构以及使用方法。在介绍使用方法时，将经典的放大电路与上述器件结合，阐述电子回路的基本原理，为初学者建立框架式的电子回路体系。

本书可作为从事微电子与集成电路工作的工程技术人员的入门读物，也可作为微电子相关专业的参考书；对于具有初级物理电路知识的初学者，也是合适的专业辅导用书。

图书在版编目（CIP）数据

易学易懂电子回路入门 /（日）山下明著；陈译，吕兰兰，施华译 .—北京：机械工业出版社，2024.6

ISBN 978-7-111-75647-7

Ⅰ．①易…　Ⅱ．①山…②陈…③吕…④施…　Ⅲ．①电子电路－基本知识　Ⅳ．① TN7

中国国家版本馆 CIP 数据核字（2024）第 079829 号

机械工业出版社（北京市百万庄大街 22 号　邮政编码 100037）

策划编辑：江婧婧　　责任编辑：江婧婧　刘星宁

责任校对：龚思文　陈　越　　封面设计：王　旭

责任印制：邓　博

北京盛通数码印刷有限公司印刷

2024 年 6 月第 1 版第 1 次印刷

148mm × 210mm ・7.75 印张・259 千字

标准书号：ISBN 978-7-111-75647-7

定价：75.00 元

电话服务　　网络服务

客服电话：010-88361066　机　工　官　网：www.cmpbook.com

010-88379833　机　工　官　博：weibo.com/cmp1952

010-68326294　金　书　网：www.golden-book.com

封底无防伪标均为盗版　机工教育服务网：www.cmpedu.com

原书前言

现在开始学习“电路”的读者对“电子”有怎样的印象呢？在这里，我们先从“电路”的角度进行比较。

在我的拙著《易学易懂电气回路入门（原书第2版）》中，有如下一段：

“电是由带电荷的粒子构成的。电荷有正电荷与负电荷之分”。

一方面，电有正负之分。这是把电的源头“电荷”用初学者容易理解的“电子”来表现，因为电的来源是带负电荷的“电子”和带正电荷的“质子”。在电路中，电子和质子是集体的，移动这些电子和质子的力被称为“电压”，流动的束被称为“电流”。思考“电压”和“电流”关系的范围，就是“电路”这门学问。多亏了电路，我们才能理解像电线一样的金属所传递的电的性质。

另一方面，电子是人类无法想象的小物体，具有非常不可思议的性质。在电路中，我们可以用“摩擦”来充分理解电子的性质，但在电子中却并非如此。实际上，电子具有与“摩擦”完全相反的“波”的性质。

“电气”这一领域，是利用电子在非常小的世界里所表现出的波的性质的技术。因此，“电压”和“电流”的关系也变得不可思议。电子电路中出现的内容在日常生活中是完全不会出现的，所以“电子电路”的内容比“电路”要难很多。

本书所涉及的电子电路范围。

那么，拿着这本书的会是什么样的人呢？值得庆幸的是，无论是因工作需要而被迫学习的人，还是单纯感兴趣的学生或工程类教师，本书都非常适合。

在撰写本书时，我已经确定了以下的执笔方针。

- 面向学习电子电路的初学者。
- 以电子电路的基本内容为前提（必要时进行补充）。
- 作为阅读详细专业书籍的准备阶段的读物。

因此，本书具有以下特点。

- 它并未涵盖电子电路的所有领域。
- 在专业书籍中未进行详细解释的内容，在本书中得到了详尽的描述。
- 如果能够理解本书的内容，也就能够理解更高水平的专业书籍的内容。

本书省略了许多其他电子电路书籍中涉及的领域，如“功率放大”“振荡电路”“调制电路”“解调电路”和“电源电路”等。一是考虑到篇幅的原因；二是对于本书的目标读者来说，为避免信息过载，进行了删减。

本书的结构和阅读方式。

本书大致分为三个部分。

第一部分　欢迎来到电子电路的世界：第 1 章

第 1 章写的是为了读懂第二部分的前半段所必需的内容。为了理解半导体的性质，我解说了必要的微观世界的法则，一般入门书中没有详细介绍的内容，这里也认真地撰写了。

第二部分　器件的结构：第 2~6 章

解说使用半导体的“二极管”和“晶体管”这两种器件的构造。初学者最好按照第 2 章、第 3 章、第 4 章的顺序阅读。第 5 章和第 6 章只读必要的部分即可。第 2~6 章的内容是设备制造者所必须掌握的知识。学习制造设备（器件）所需的物质，也就是了解器件本身的结构，理解材料和内容是怎样的，以及是怎样运作的。这样一来，就会明白需要什么样的器件，以及应该如何使用器件。

第三部分　器件的使用方法：第 7~10 章

讲解了在第二部分中说明的半导体器件在实际中应该如何使用。第 7 ~ 10 章是电路从业者必备的知识。电路从业者是指将设备制造者生产的器件实际组装并使用的人。实际制作产品的时候，是将很多器件组合起来制作的。电路从业者为了运用现实中的器件实现社会所需，学习了很多器件的使用方法。

在很多电子电路的书中，第三部分的内容更加充实。第二部分的内容属于“半导体工学”领域。初学者认为应该充分理解器件的内容，因此，本书在第二部分中特别详细地阐述了“能带理论”。像这样，本书可以让读者从“器件的结构”和“器件的使用方法”两方面进行学习。很多书都把这两个内容交替着写，或者分开写，但我把这两个内容集中在一本书里，便于学习。我衷心希望通过本书，读者们能对电子电路有更深入的了解，进而学习更详细的专业书籍。

山下明

2019 年 4 月

特别感谢厦门理工学院的支持才有了本书的顺利出版。

目　录

第三部分　器件的使用方法

本书将各项目的难易程度分为 5 个等级。作者依个人观点划分，仅供读者参考。

第一部分　欢迎来到电子电路的世界

第1章

电子电路入门的预备知识

在微观世界里的“电子”具有非常不可思议的性质。本章将先从非常奇妙的电子性质开始做介绍。

难易度 ★☆☆☆☆

1-1 半导体是什么

~什么是导体、绝缘体、半导体~"一半一半"？

一般来说，能够通电的物质是导体，不能通电的物质是绝缘体。虽然这么说，但是在电子电路中最常被使用的材料被称为半导体。正如名字所说，只有"一半"具有"导体"的性质。

如图 1.1.1 所示，三者的区别在于，图 1.1.1a 中的导体有电流通过，图 1.1.1b 中的半导体有少量的电流通过，图 1.1.1c 中的绝缘体没有电流通过。

那么具体来说，通过多少的电流才能是导体，通过多少的电流是半导体呢？严格来说，没有明确界定。图 1.1.2 表示不同物质的电阻率（定义为长度为 1m、表面积为 $1m^2$ 的物质的电阻值），虽然这是可以作为区别导体、半导体、绝缘体的大致标准，但电阻率并不能作为区别三者的唯一标准。

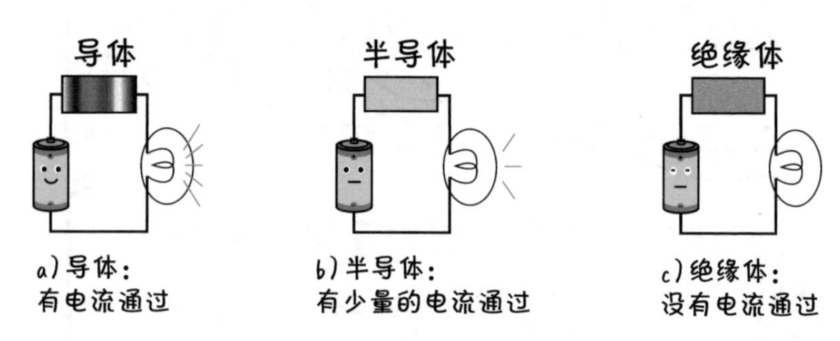

图 1.1.1　试着通过电流看看

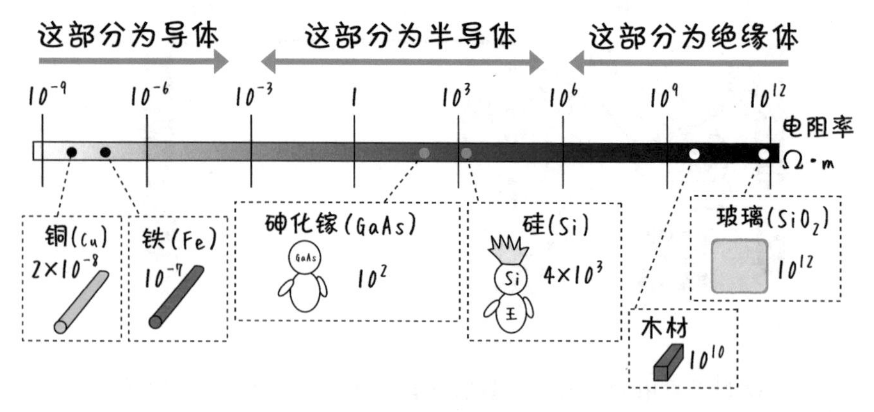

图 1.1.2　不同物质的电阻率

单纯从通过多少电流的这个点上，我们是无法明确区分导体和半导体。但是，从微观的角度来看，情况就不一样了。从微观的角度观察，可以发现导体和半导体有着不同的内在结构，这就决定它们电子的分布情况也互不相同。下面通过一个例子来说明这个现象。

例如，金属（铁、铜等）是导体。如图 1.1.3 所示，众所周知，温度升高后，电阻变大，就变得不易通电。但是，如图 1.1.4 所示，像硅和砷化镓这样的半导体，随着温度的升高电阻会变小。

这个差异可以通过分析物质的内在原子结构来解释。

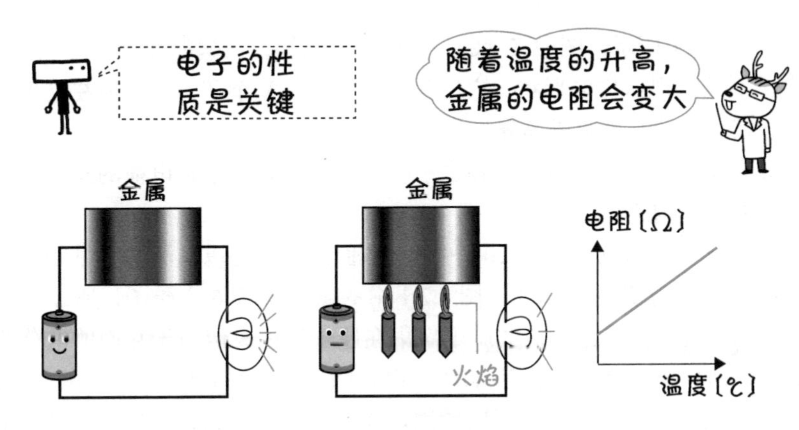

图 1.1.3　金属的电阻随温度的变化

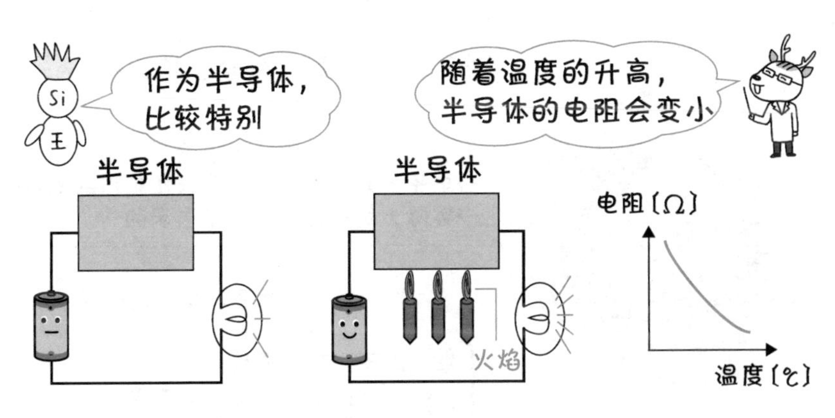

图 1.1.4　半导体的电阻随温度的变化

难易度 ★★★★★

1-2 原子的结构

~ 正原子核和负电子 ~

所有物质都是由被称为原子的最小单位组合而成的，这些原子不能再被分解。物质的性质是原子性质的复杂组合，通过发生在微观世界中的这些组合，继而呈现在我们的宏观世界中。在这里，我们首先介绍原子的结构。

如图 1.2.1 所示，图中表示的是碳原子的结构，在微观世界中，实际的碳原子不是呈现这样的形状。它实际的结构更加复杂和奇特，但在这里我们只介绍原子的基本组成部分。

原子有一个中心部分，叫作原子核。原子核是由带正电荷的质子和不带电荷的中子构成。

目前已被确认的原子有 100 种以上，但这些都是以质子的数量作为原子序数来进行分类的。例如，图 1.2.1 中的碳原子有 6 个质子，所以它的原子序数就是 6。带正电荷的质子聚集在原子核中，但由于它们的电荷符号相同，所以质子之间会相互排斥。克服这种排斥力的是原子核中的中子，中子所起到的作用就是将质子紧紧固定在一起。中子以很强的力量将原子核集中在一起。诺贝尔物理学奖获得者汤川秀树博士最先证明了这一点。

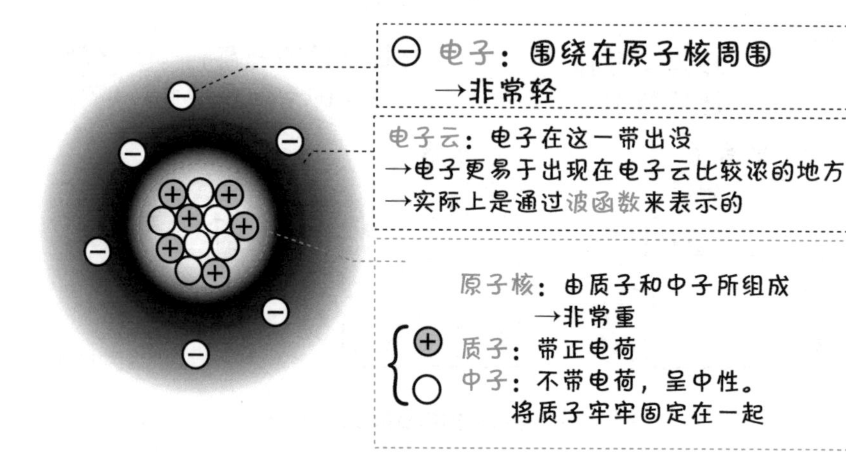

图 1.2.1　原子序数为 6 的碳原子 C 的构造

接下来是电子，它们在原子核周围徘徊。因为它们非常小，很难观察到它们的实际运动情况，所以通常利用电子云的形式来表示在原子核外的空间分布。原子的组成成员如图 1.2.2 所示。

以后，学习了量子力学波函数的相关知识，就能很好地理解通过电子云这种非常不可思议的方式来描述电子的运动。现在，我们只要想着“原来如此”就可以了。

每一个电子带 $-e=-1.602\times10^{-19}$C 的电荷，每一个质子带 $+e=+1.602\times10^{-19}$C 的电荷。电子和质子的电荷大小相同，只是符号不同。如图 1.2.3 所示，在一个原子中，质子和电子的数量相同，所以原子呈现出既不是正的也不是负的，而是中性。另外，中子的数量也并不总是和质子的数量相同。中子为中性，与电荷的量无关，但与原子的重量有关。

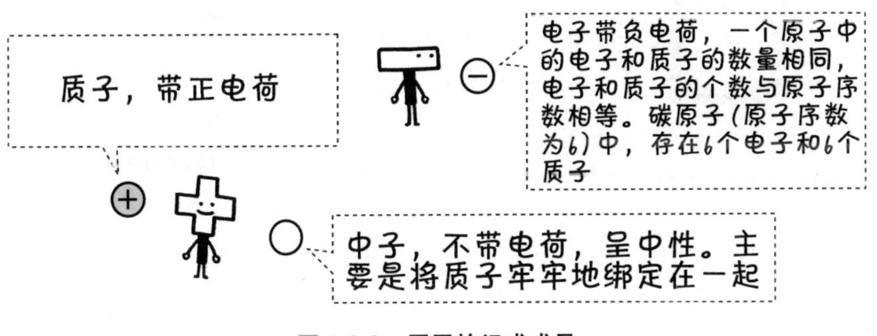

图 1.2.2　**原子的组成成员**

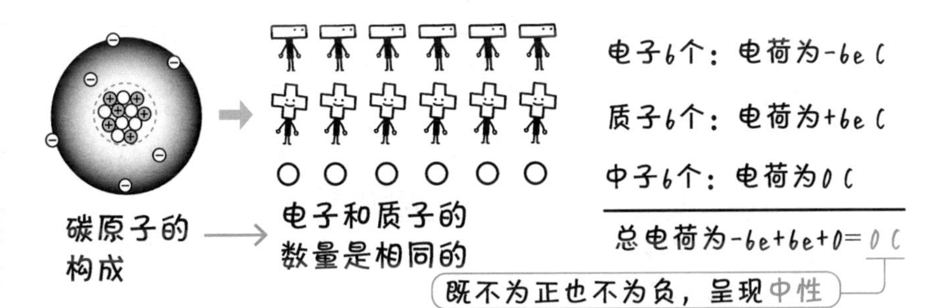

图 1.2.3　**原子整体呈中性**

难易度 ★★★★★

1-3 原子的性质

~重量、大小和表示方法~

接下来，让我们试着通过重量和大小来理解原子的性质。以原子序数为 1，也就是质子的个数为 1 个，电子的个数为 1 个的最小氢原子作为例子来分析[㊀]。图 1.3.1 非常形象地说明了原子核和电子的重量，二者之间的重量相差约 1900 倍，可见原子核很重，电子很轻。如果用动物做类比，原子核和电子之间的重量差距就跟鲸鱼和松鼠的重量差距差不多。上述情况表明，**电子比原子核更加容易移动**。

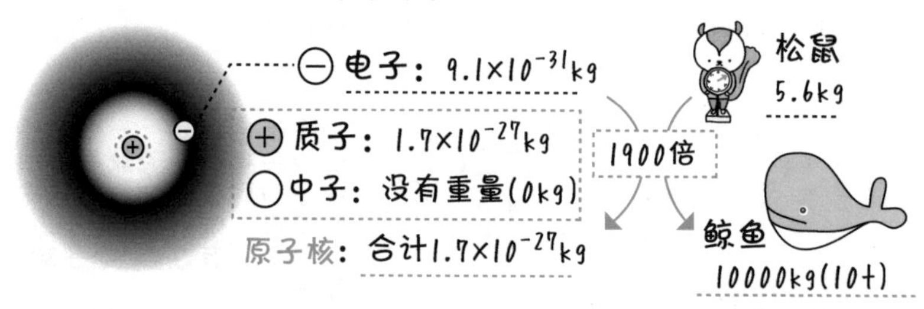

图 1.3.1　想象一下原子序数为 1 的氢原子 H 的重量

接下来，我们试着来比较一下大小。图 1.3.2 对原子核和原子的大小做了比较。原子核其实只占有原子中很小的一部分，所以您可以想象的出，电子在原子核周围有很大的运动空间。

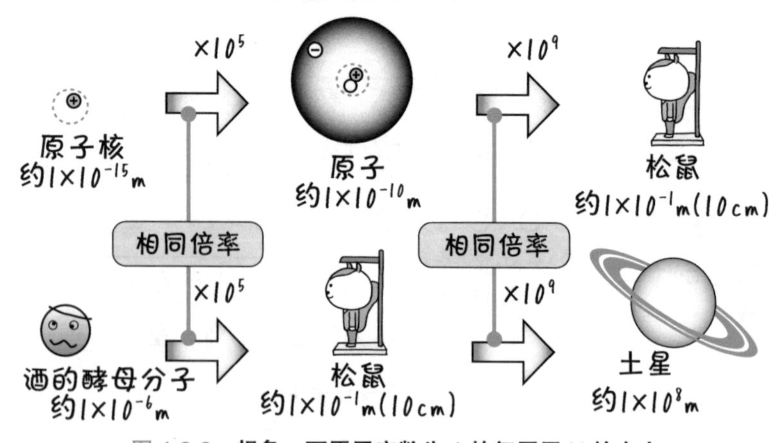

图 1.3.2　想象一下原子序数为 1 的氢原子 H 的大小

㊀ 普通的氢原子没有中子。然而，偶尔会有带中子的重氢原子自然存在并被称为氘（deuterium）。

图 1.3.3 显示用 X 射线照射一只松鼠和一个原子的结果。如果用 X 射线照射像松鼠一样大的物体，由于 X 射线的变化很大，以至于你可以清楚地分辨出，哪个部分有 X 射线通过，哪个部分没有 X 射线通过。但是，如果用 X 射线照射像原子一样小的物体时，由于 X 射线对电子的影响非常大，迫使电子的状态发生了变化，此刻就会出现射入的 X 射线与射出的 X 射线发生了微妙的变化。通过这些变化，我们可以推断出原子的结构㊀。

实际上，在微观层面上，“原子的排列方式”其实就确定了“电子在晶体中的移动方式”，这些也决定了物质在宏观世界中所呈现出的性质。也就是说，要深入了解物质的性质，我们需要深入了解电子和物质材料的晶体结构特性。

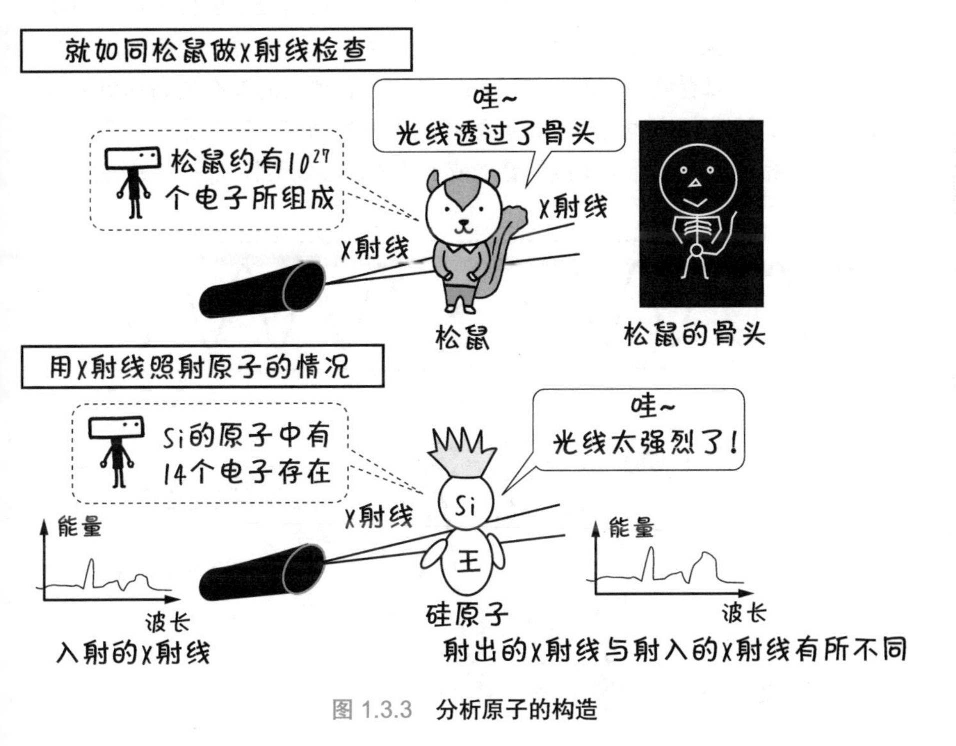

图 1.3.3　分析原子的构造

㊀ 如果给予很强的能量，不仅是电子，原子核的结构也会改变，但这是类似于制造原子弹的情况，所以本书就不做阐述了。

难易度 ★★★★★

1-4 ▶ 电子的性质（1）波粒二象性

~ 世上一切都是波 ~

从这里开始解说电子所具有的非常不可思议的特性。本书中必须理解的电子的性质是：（1）电子具有波粒二象性；（2）电子作为费米子的性质。对于初次接触电子的人来说，你可能完全不知道我们到底在说什么，但别担心，我们会按顺序进行讲解[㊀]。

我们首先从（1）波粒二象性开始进行讲解。

一方面，波这个汉字由“三点水”和“皮”所组成。就像水汪汪的皮（表面），非常柔软。如图 1.4.1 所示，如果两个波相撞后，会叠加成一个波。另外，可以看到由于两个波的相互影响，叠加后的波有更高和更低的地方存在，这些地方也可以看成是波相互干涉的结果。这些叠加或干涉是波的基本特性。另外，关于波的叠加或干涉的详细说明将在 5-4 节中展开。

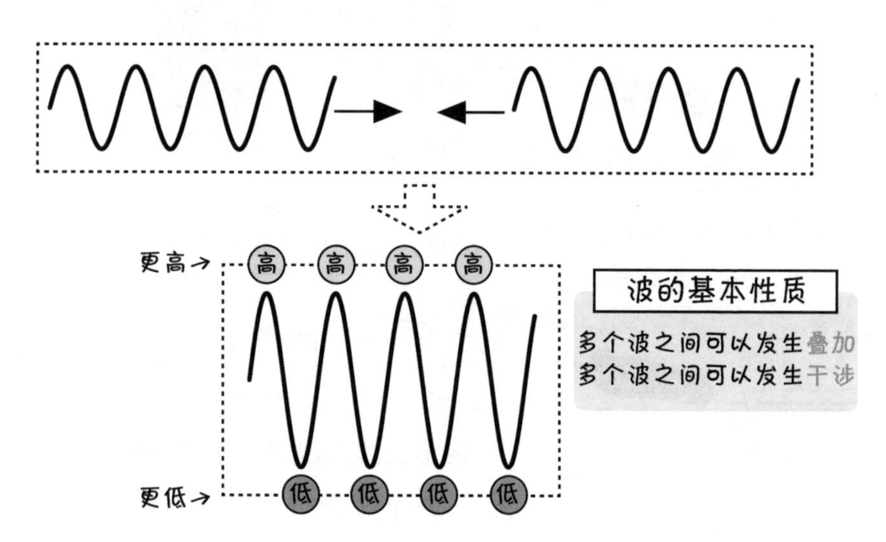

图 1.4.1 波非常的柔软（相互碰撞后，会发生叠加和干涉）

㊀ 如果你想通过数学公式完全理解（1），那么你可以参考有关“量子力学”方面的书籍，关于（2）可以参考“统计力学”方面的书籍来了解相关知识。

另一方面，粒子可以想象成颗粒，一粒粒坚硬的物质。如果你已经好好学习过电路了，那么你可能已经学习了以下关于金属如何导电的原理。

如图 1.4.2 所示，金属也由大量的原子所构成，但带正电荷的原子核很重，所以几乎不会移动。但是，电子很轻，可以自由移动，我们把能够自由移动的电子称为“自由电子”㊀。

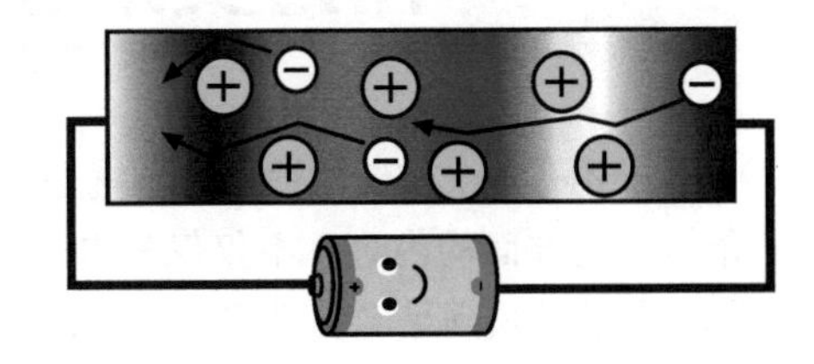

图 1.4.2　粒子像“一粒一粒”坚硬的颗粒

如果将电池与这样的金属相连接，带负电荷的自由电子会被电池的正极所吸引而加速移动。由于运动中自由电子们会撞到原子核㊁，所以不会一直被加速，电子的速度会稳定在所对应的电池电压上。如果用公式来表示，就是大家最喜欢的“欧姆定律”。

这种解释可以说是把电子当成了粒子，也就是坚硬的“粒子”。用在电路中出现的欧姆定律的范围内，这个说明其实就足够了。

但是，为了说明半导体的结构，必须认真考虑电子在微观层面上的性质。为此，必须承认电子具有波和粒子的两种特性。电子也具有波的性质，这就意味着世界上处处存在着波（实际的情况也这样的）。这个双重的特性被称为波粒二象性，如图 1.4.3 所示。

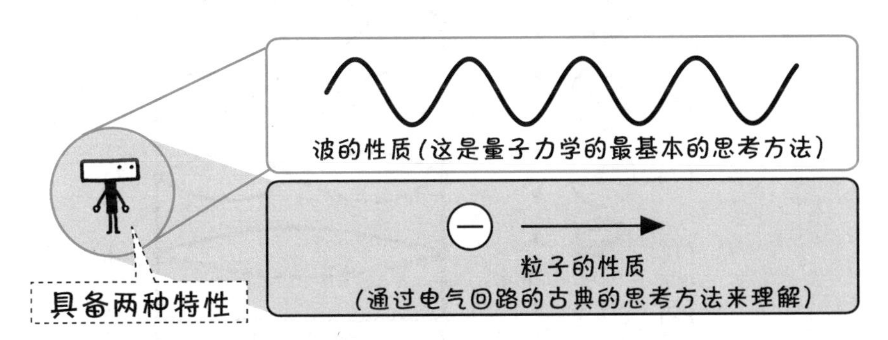

图 1.4.3　同时存在“波的性质”和“粒子的性质”

㊀ 更确切地说，拥有自由电子并能导电的物质被称为“金属”。
㊁ 更确切地说，这是一种叫作散射的现象。

难易度 ★★★★★

1-5 电子的性质（2）作为费米子的性质

~严禁重婚！~

电子还有一个重要的性质，也就是电子是费米子㊀，这个章节我们详细来介绍下这方面的内容。不仅仅是电子，质子和中子也是费米子。作为费米子，电子必须满足泡利不相容法则，即“一个粒子只能有一种状态”。

电子状态主要是通过其能量来区分的。如果电子被限制在一个原子内，或者，当有许多这样的原子聚集在一起的时候，那么波形态的电子就会被限制在固定的两端，如图 1.5.1 所示。于是，端与端之间就能产生波数如（0）、（1）、（2）……这样的整数。根据这样的波的性质，能量是不能连续的，只能取整数倍的值，这也被称为量子化。另外，这些不连续的整数值也被称为能量级（简称“能级”）。从图 1.5.1 可以看出，端与端之间的波数越多，能量也会越高。

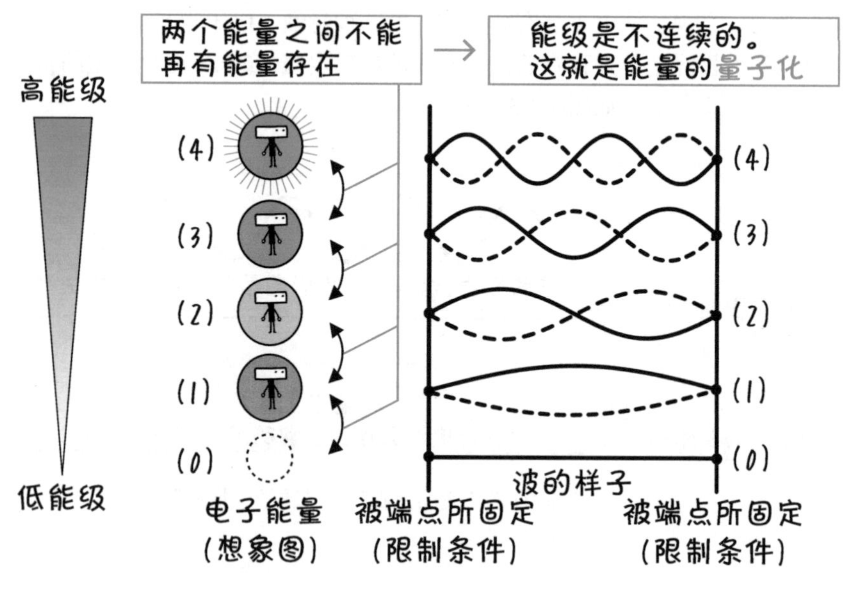

图 1.5.1　用能级来表示电子的状态

电子的状态（波的样子）可以用薛定谔方程来求解。以 1-7 节中的氢

㊀ 这是由费米博士提出的理论。欲了解更多信息，可参阅量子力学和基本粒子理论的相关书籍。

原子的情况为例来说明，当电子的能量变高后，波数也会变多，被允许存在的状态数也会增加。

除了波的状态，让我们再讨论电子的另外一个特征状态，也就是“自旋”。如果你仔细观察隧道中使用的钠灯所发出的光，会发现有些部分的光线有微妙的不同。

这种光线能量差异是由于电子的两种不同状态所导致的，我们用“向上”和“向下”的自旋来区分电子的这两种能量的状态，如图 1.5.2 所示。“向上”的自旋被称为“上”，“向下”的自旋被称为“下”。包括自旋的不同状态，都可以通过求解狄拉克方程得到，这是一个非常复杂的方程。

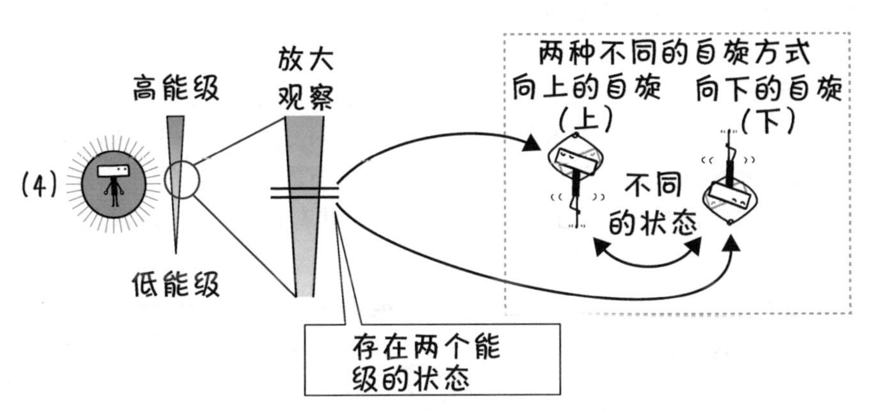

图 1.5.2　**通过自旋来区分电子的状态**

由于不同的自旋间产生的能量差异很小，向上的自旋和向下的自旋是成对存在于一个能级中的。除了“上”自旋和“下”自旋可以是以成对存在以外，其他的成对方式是不被允许的，所以，可以想象电子“永远不会被允许重婚的”。允许和不被允许的状态的例子，如图 1.5.3 所示。

图 1.5.3　**允许的状态和不被允许的状态的电子间组合方式**

难易度 ★★★★★

1-6 存在大量电子的处理方法

~ 用分布来考虑 ~

我们在大致了解了电子的性质后，从本章节开始将介绍大量电子存在的情况下的处理方法。例如，1g 固体石墨（碳）中约有 10^{23} 个原子存在，也就是说有非常非常多的电子，所以在这样有大量的电子存在的情况下，没有必要，也不可能知道每个电子与所处能级中的状态，此时只要能知道电子在所对应能级中是如何分布的，这其实就完全足够了。电子的分布被称为**费米分布**㊀，分布形状如图 1.6.1 所示。

用 $f(E)$ 表示对应能量 E 电子的个数，将其称为费米分布函数，有时这个函数本身也被称为费米分布。当温度为绝对零度（−273℃）时，电子将从最低的能级开始聚集，如果低能级处被所有的电子都占据了，则比其高的能级处将没有电子存在。此时电子的分布状态如图 1.6.1a 所示。

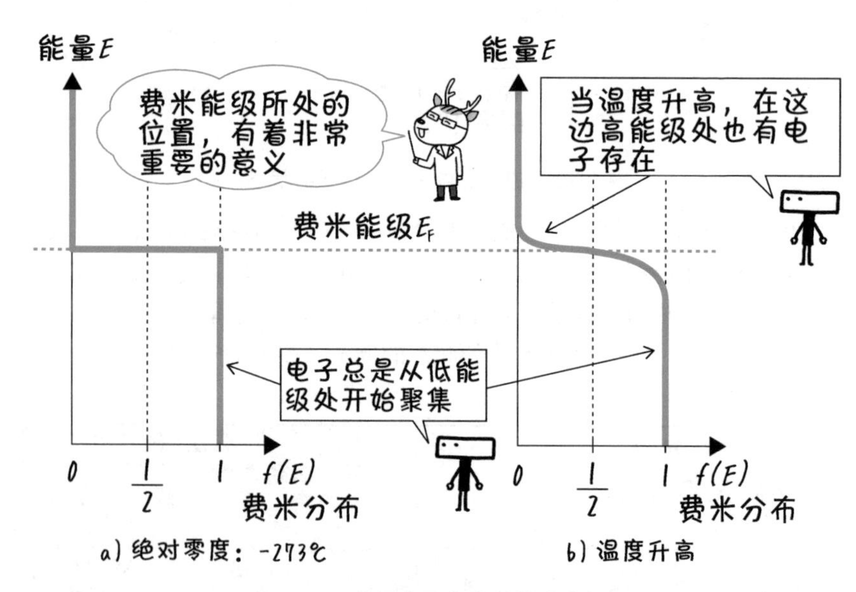

图 1.6.1 大量电子存在时的分布状况

㊀ 这是由费米博士和狄拉克博士所提出的。更深入的学习，请参阅“统计力学”的相关书籍。

如果$f(E)$的值为 1，则表示所有的电子密集地聚集在此；如果为 0，则表示没有电子存在。

这样，在温度为绝对零度时，存在电子的能级和不存在电子的能级被明确地界定了。但是，如果电子获得温度的能量，在更高能级的地方也会有电子分布。图 1.6.1b 展示了这一点。

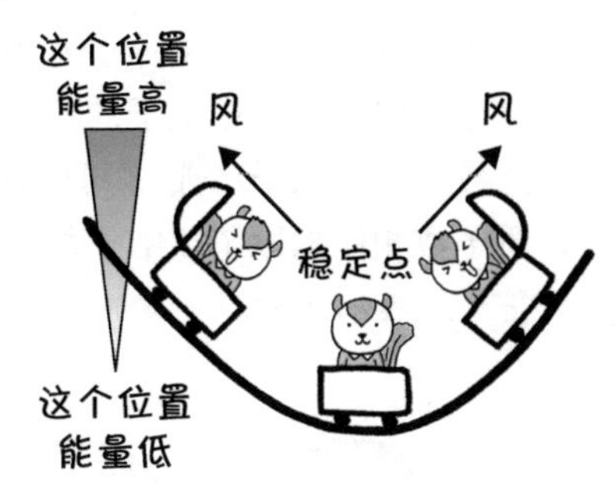

图 1.6.2　风力使稳定点变得模糊

让我们用图 1.6.2 所示的带帆的手推车来类比电子情况。手推车如果不能从外面获取能量，就会一直待在稳定的谷底。但是，如果由于刮风，风力向手推车提供能量，手推车就会从谷底开始移动，向能量更高的地方移动。如果停止刮风，手推车就会从能量高的位置回到谷底，由于被风赋予了能量，手推车不会停留在谷底位置，会向相反侧的高能量的位置移动。如此反复，手推车会往返于两侧高能量的地方，稳定点会变得模糊。

电子的情况其实也是一样的，通过温度，电子被赋予了能量，这样高能级的地方也有电子分布。高能级处电子增加的部分和低能级处电子减少的部分，使得原来的分布变得模糊（见图 1.6.1b）。温度越高，得到的能量越多，分布的范围就越扩大，导致分布的模糊度就会变得越大。顺便说一下，当电子具有高能量时，则波形上也会呈现出剧烈波动的状态（参照图 1.5.1）。这就是为什么图 1.6.2 中处在能量高位置处的松鼠看起来很兴奋的原因。

因此，将费米分布函数值正好为 1/2 的能量称为费米能量（或费米能级）。如图 1.6.1 所示，费米能级并不表示实际的电子的能级，而是代表了在这个能级上电子的密集程度。在判断一个固体是否是绝缘体、半导体或导体方面，费米能级是非常重要的。

难易度 ★★★★☆

1-7 原子中的电子

~ 最简单的氢原子 ~

世界上目前人类已知的原子有 100 多种。为了对原子进行分类，使用了原子序数。因为原子中电子的数量和质子的数量总是相同的，所以我们把质子的数量作为原子序数[一]。具体如图 1.7.1 所示，氢为 1，氦为 2……。另外，质子数相同的原子（中子数可以不同）被称为元素，自古以来就通过元素符号来表示元素。

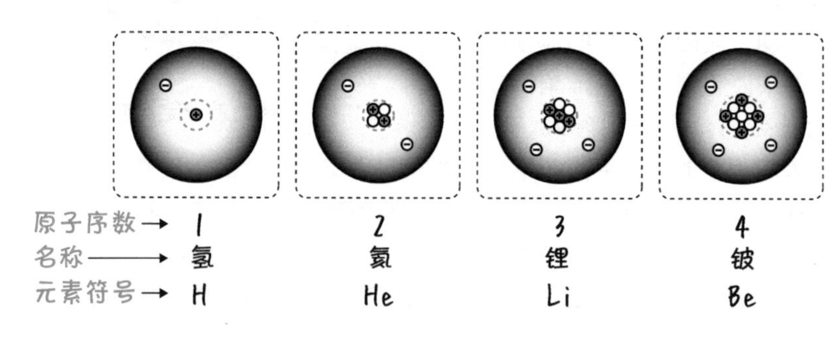

图 1.7.1 原子序数的含义

正如在 1-5 节中学到的那样，原子中的电子所能拥有的能量是不连续、跳跃的。已知在电子最少（只有一个）的氢原子的情况下，如果用薛定谔方程求解[二]，则会得到如图 1.7.2 中所示的能级。即使只有一个电子，看起来也很复杂。因为也存在很多能级，所以需要对每个能级附上相对应的名字。由长方形方框包围的小组开始，从下到上依次把 1、2、3……号码附上，这些号码被称为主量子数。每增加一个主量子数，方框内的小组能级也会相应地增加一个，依次用 s、p、d、f、g、h、I、j、k……来表示[三]。

㊀ 附着在质子上的中子数量，无法用简单的规律来决定。

㊁ 这个计算非常复杂，如果你想进一步了解这个计算，请查阅关于“氢原子的波函数”或“中心力势能”的量子力学专业的相关书籍。

㊂ 当 X 射线照射在一个原子上时，根据观察到的光的样子，呈现出 s（sharp，代表“尖锐”）、p（principal，代表“主要”）和 d（diffuse，代表“扩散”），以此来命名。f（fundamental，代表“基本”），此后，它们是按字母顺序排列的。这个能级数被称为“方位量子数”。

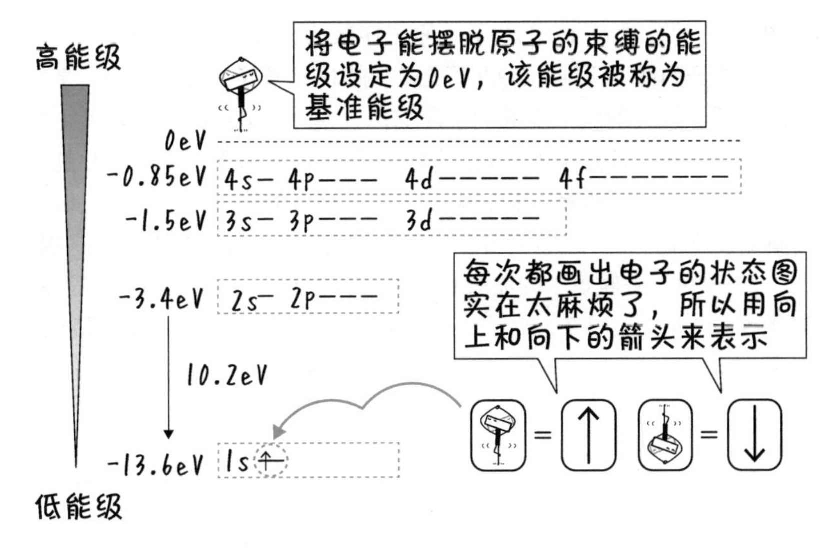

图 1.7.2　**氢原子的电子能级**

原子中电子各个能级中的状态被称为轨道。例如，在图 1.7.2 中，最低的能级主量子数为 1，该轨道就被称为“1s 轨道”。因为氢原子只有一个电子，所以可以认为，能量最低的 1s 轨道上只有一个电子存在时的状态是最稳定的（能量最低）。

虽然能量单位是 J（焦耳），但是在微观世界中经常使用结合电子所带电荷 $-e = 1.602 \times 10^{-19}$C 的 eV（电子伏特）来表示。使电子达到 1V 电位所需的能量被确定为 1eV，将其换算成焦耳，则 $1\text{eV}=1.602 \times 10^{-19}$J。如图 1.7.2 所示，在 1s 轨道上的氢原子能级为 −13.6eV。在此基础上提高 +13.6 eV 的能量后的能级为 0 eV，该能级被称为基准能级，处于该能级上的电子将摆脱原子的束缚。1s 轨道上的能级为 −13.6eV、2s 轨道上的能级为 −3.4eV、3s 轨道上的能级为 −1.5eV，能级差逐渐缩小。当用 X 射线等照射原子提供能量时，与能级差相等能量的光也会折射回来，通过对这种折射光的分析，原子的内在机制得到了很好的阐明。

接下来，让我们来介绍一些更大原子序数的原子。图 1.7.3 所示绝缘体硫（S）、图 1.7.4 所示半导体硅（Si）、图 1.7.5 所示金属锂（Li）。这三者分别归类到绝缘体、半导体、金属的理由将在 1-10 节 ~ 1-12 节的能带理论中加以说明。在这里，我们先通过图解来分析各原子中的电子所处的状态。

图 1.7.3 的硫含有 16 个电子（原子序数为 16）。因为存在多个电子，所以和氢原子的情况不同。硫的原子核中有 16 个质子，原子核中所带的正电荷对离原子核近的轨道上的电子影响比较大，对远离原子核轨道上的电子的影响比较小。这意味着，在离原子核较远的轨道上的电子感觉到它们离原子核较远，为了维持这种状态就需要有更多的能量（处于高能级处）。各个轨道按逐渐远离原子核的分布顺序依次定义为 s、p、d、f……㊀，因此，如图 1.7.3 所示，各轨道上的能级状态也是按这个顺序排列。这个情况对其他原子也一样。在图 1.7.3 所示的硫的电子状态，从下到上依次填充了 16 个电子。

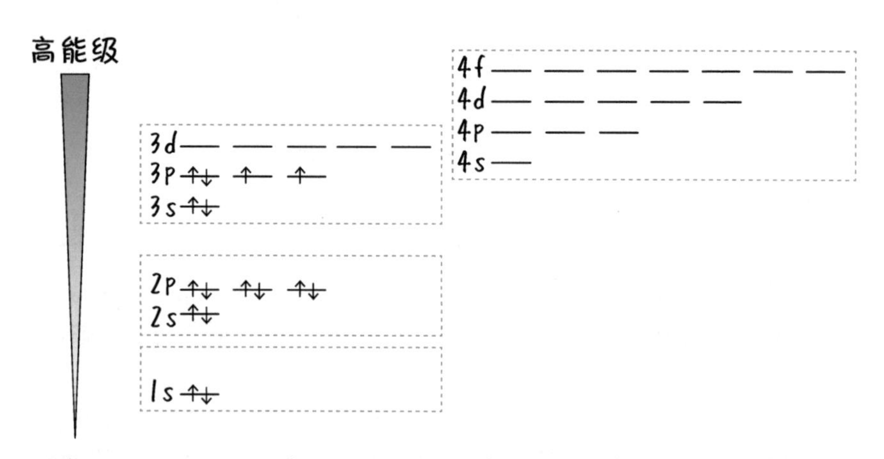

图 1.7.3　硫（绝缘体）的电子状态

另外，硫在 3p 轨道中存在 4 个电子，其中的 1 个能级有↑↓的 1 对自旋电子，剩下 2 个能级中各分布有 1 个电子。在图 1.7.3 中，所绘制的两个自旋电子都是↑的，如果绘制为一个↑和一个↓，也是没有问题的。

图 1.7.4 的硅的原子序数为 14，图 1.7.5 的锂的原子序数为 3，都是从下方开始依次填充电子。

㊀ 氢原子利用薛定谔方程，求解得到的波函数表明这些电子状态的存在，但求解过程非常复杂，本书对此做了省略。

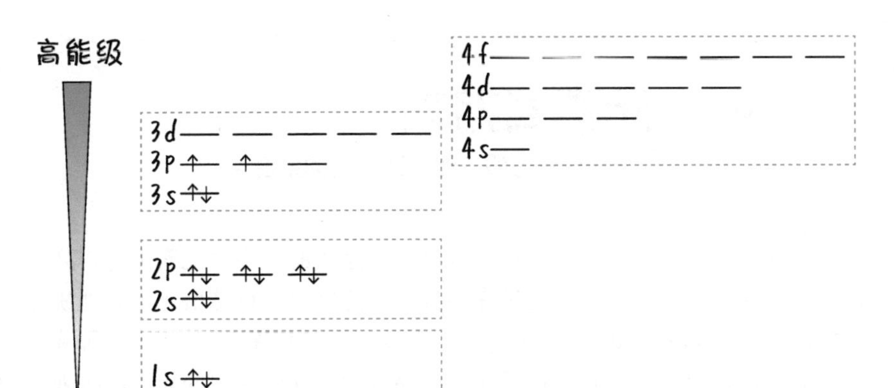

图 1.7.4　硅（半导体）的电子状态

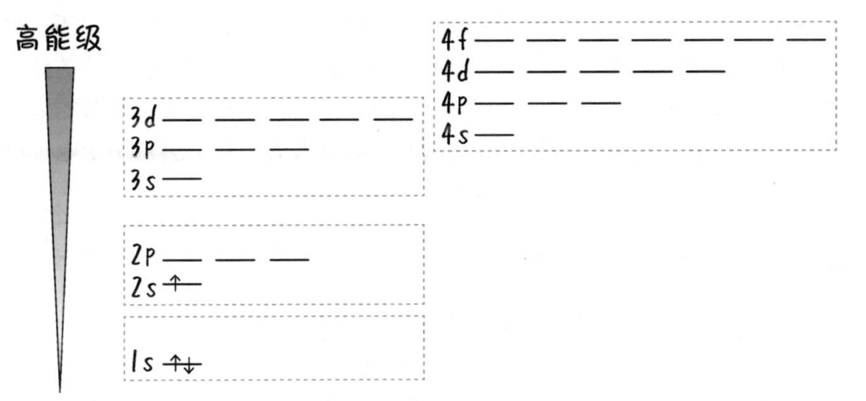

图 1.7.5　锂（金属）的电子状态

难易度 ★★★★★

1-8 ▶ 元素周期表

~ 总结元素性质，血、汗、泪的结晶 ~

以前伟大的先辈们发现，如果按照原子序数的顺序对元素进行排列的话，会存在一定的规律性。通过许多科学家的努力，总结出元素的性质并绘制出元素周期表，如图 1.8.1 所示。周期表的列号称为“族”，行号称为“周期”。从左上到右下按照原子序数顺序排列，性质相似的元素们排列成纵列。也就是说，同为“族”的元素们具有相似的性质。例如，第 18 族的 He、Ne、Ar 等被称为“稀有气体”，是已知的在普通温度和气压下非常稳定的气体。

在图 1.8.1 中，金属元素用 ▭ 框表示，非金属（绝缘体或半导体）元素用 ⬚ 框表示。铁和铜等理所当然被认为是金属，除此以外，还有很多物质其实都是金属。为了理解是金属还是非金属，请参阅 1-10 节的能带结构。图 1.8.1 的元素周期表中绘制了到第 5 周期为止的元素，通常的周期表会绘制到第 7 周期的元素。由于原子序数过大的元素不会被用于电子电

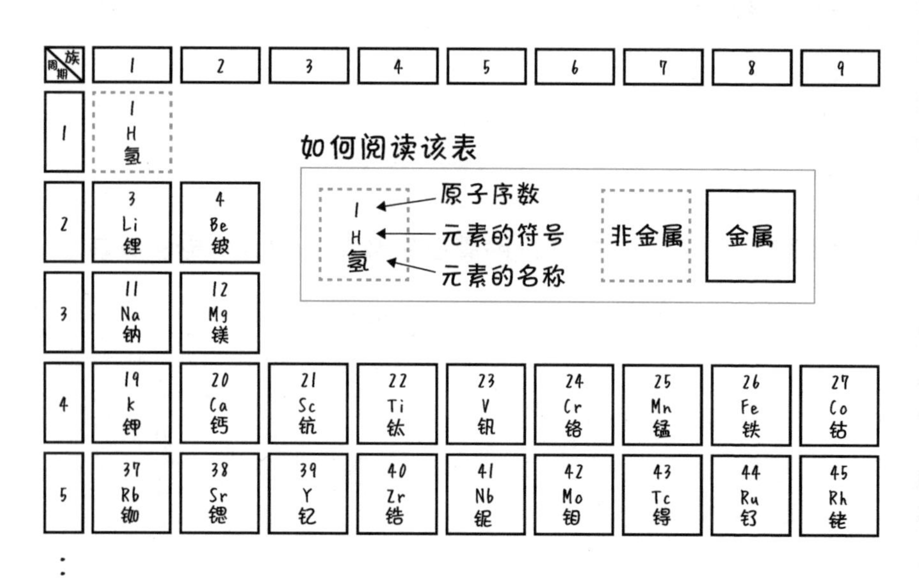

图 1.8.1 元素

路器件的制造，因此在此省略。原子序数大的话，原子核也相应地会变重，比较容易发生核裂变和核聚变的反应，产生放射线和巨大的能量，此类元素通常被作为原子能加以利用。在考虑半导体的结构方面，图 1.8.1 所示范围内的元素就足够了。

在这里，让我们先记住，周期号越大，元素就越重，同一族的元素间具有相近的物理性质。

另外，绘制出的这个元素周期表，研究的重点是电子的状态。例如，图 1.7.4 的硅（Si）从主量子数最大的能级状态（专业上称为“价电子的状态”或“最外壳轨道”等）来看，3s 轨道有 2 个电子，3p 轨道有 2 个电子。与硅同族的锗（Ge）的电子状态，在 4s 轨道上有两个电子，在 4p 轨道上有两个电子，与硅有非常相似的电子状态。这样，性质类似的元素就被归类为同一个族，这就是元素周期表。

原子序数就是我的数字

电子

10	11	12	13	14	15	16	17	18
								2 He 氦
			5 B 硼	6 C 碳	7 N 氮	8 O 氧	9 F 氟	10 Ne 氖
			13 Al 铝	14 Si 硅	15 P 磷	16 S 硫	17 Cl 氯	18 Ar 氩
28 Ni 镍	29 Cu 铜	30 Zn 锌	31 Ga 镓	32 Ge 锗	33 As 砷	34 Se 硒	35 Br 溴	36 kr 氪
46 Pd 钯	47 Ag 银	48 Cd 镉	49 In 铟	50 Sn 锡	51 Sb 锑	52 Te 碲	53 I 碘	54 Xe 氙

周期表

难易度 ★★★★★

1-9 结晶

~ 结合形成结晶 ~

半导体器件是由很多原子聚集而成的结晶材料制备而成的。结晶是指原子按照周期性有规则地排列而成的固体。例如，如图 1.9.1 所示，碳生成结晶后就成为石墨或者金刚石。由此可知，即使是由同一元素构成的物质，根据结晶的形成方式不同，性质也有很大不同。

正是由于原子之间的结合，才使得结晶形成。让我们先来阐述一下最简单的氢分子 H_2 的结合方式。在通常情况下，氢分子 H_2 是由 2 个 H 氢原子结合而成的气体，由于其结合简单，所以作为例子说明。图 1.9.2 中绘制了 2 个氢原子的 1s 轨道。求解薛定谔方程，我们知道，与单个原子 1s 轨道的能级相比，氢原子通过各自提供一个电子方式，就使被提供的电子进入一个能级更低、更稳定的状态。这就是原子之间能进行结合的本质。

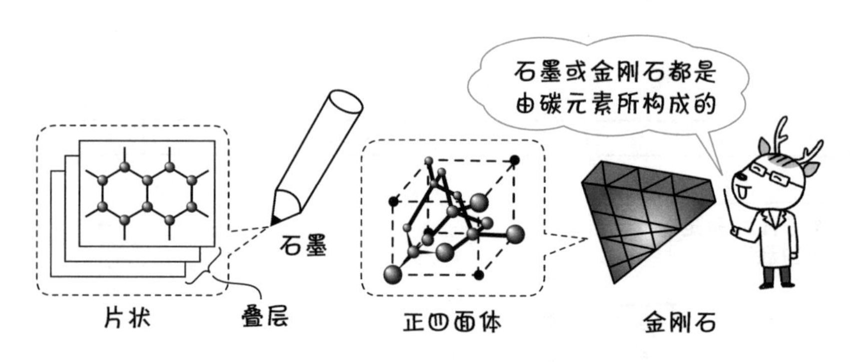

图 1.9.1 如果改变碳原子的排列方式

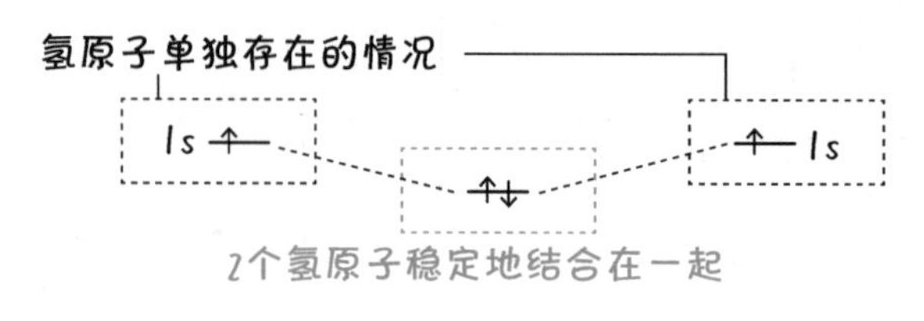

图 1.9.2 氢分子 H_2 的结合

接下来，以与金刚石具有相同原子排列方式的硅（和周期表中碳相同的第 14 族）为例，说明其原子结合的形成方法。我们一边回忆图 1.7.4 所示的硅的电子状态，一边观察图 1.9.3。能量最高的 3s 轨道和 3p 轨道（最外层的轨道）共有 4 个电子。如果大量的硅原子聚集在一起，如图 1.9.3 所示，3s 和 3p 轨道会在相同能级处混合形成一个新的轨道。这个被称为 sp^3 合成轨道。在这个合成轨道上存在的 4 个状态分别对应了 4 个结合键。像氢分子一样，一个结合键需要 2 个电子。通过求解薛定谔方程，可以知道硅原子是通过图 1.9.4 所示的方式形成结合。

由于硅结晶具有对称性高、材料性能好，且价格便宜、容易大量获得等优势，所以，其经常被用作半导体的材料。也因此，硅被称为“半导体的王中之王”。

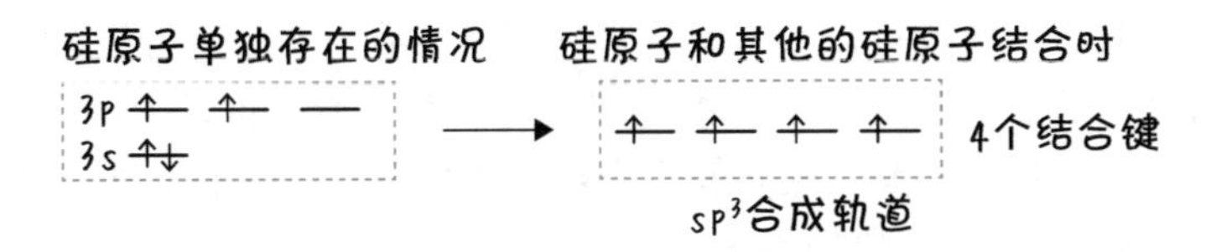

图 1.9.3 硅的电子形成的合成轨道

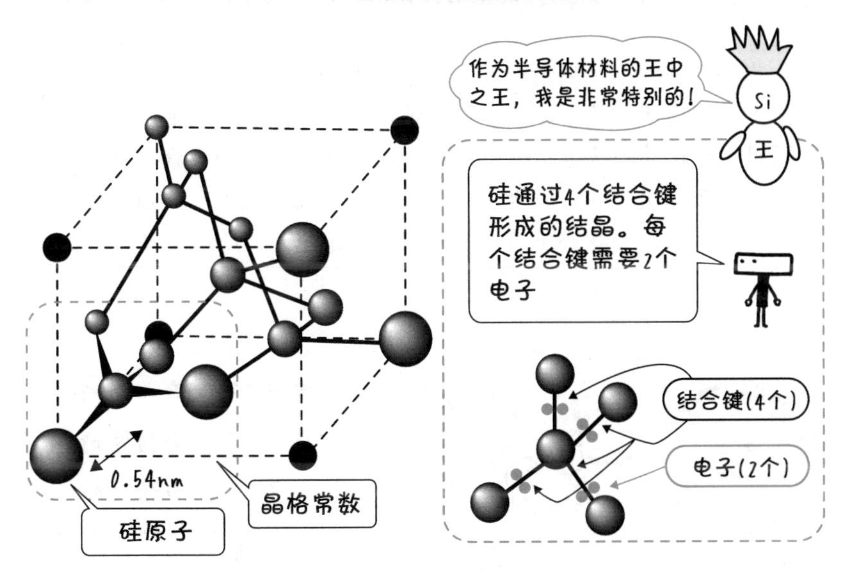

图 1.9.4 硅的金刚石结晶

难易度 ★★★★★

1-10 能带理论（1）金属

~区别金属、绝缘体、半导体~

能带理论是将物质中的电子按照能量的顺序重新排列，调查电流是否流动的方法。重新排列后的图被称为能带结构，以一定区域（带状）的能量来研究电子状态。

在这里，我们从电子的状态来说明锂是金属。

如图 1.10.1 所示，锂是原子序数为 3 的元素，原子核外有 3 个电子存在。图 1.10.2a 为 1 个锂原子时的所有电子状态。3 个电子从低能级开始往上依次在 1s 轨道上分布 2 个，在 2s 轨道上分布 1 个。当锂原子大量以结晶的方式聚集，形成可以被人眼观察到的晶体后，就会产生如图 1.10.2b 所示的电子状态。虽然 1s、2s 和 2p 的轨道发生重合，但是为了满足费米子的性质（参照 1-5 节，相同能级中电子的状态是一定的，多余的电子是进不来的），这就需要把能级一点一点地错开。把这么多的能级整合成带（band），通过观测并研究能量的变化情况，判断是否导电，这就是能带理论。

一方面，在锂原子的情况下，1s 轨道上的电子聚集成了一个完全填满的状态。这对应于被原子核捕获的束缚电子，并表示出一种像罐头一样内部充满且无法移动的状态；另一方面，由于 2s 轨道上只存在一个电子，所以集合所有 2s 轨道，只有一半有电子存在。换句话说，2s 轨道的一半是电子为空的状态。这种状态可以容易地接纳自由电子，所以电池只要提供一点能量，电子就会跃迁到这些轨道上，并自由地移动。

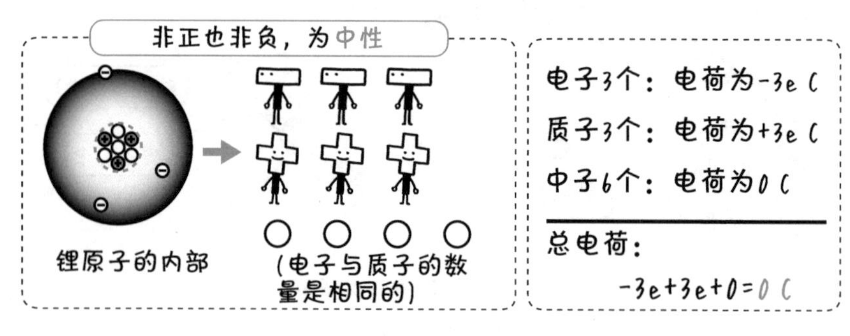

图 1.10.1　锂（原子序数为 3 的金属）的电子状态

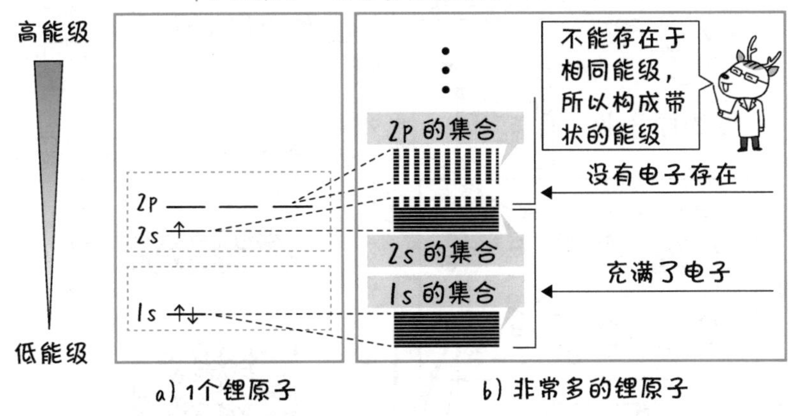

图 1.10.2 [1 个锂原子] 和 [非常多的锂原子聚集在一起] 的电子状态

图1.10.3a是将电池连接在锂（Li）上的情况。由于锂的原子序数为3，所以锂原子含有3个电子，其中2个被原子核束缚，1个是可以自由移动的。被原子核束缚而不能自由移动的电子被称为束缚电子；不受约束、可以自由移动的电子被称为自由电子。

图1.10.3b所示，将电子按照能量的大小顺序进行排列。束缚电子受到原子核的束缚，处于正电荷（原子核）和负电荷（束缚电子）相互抵消的稳定状态，能量很低。然而自由电子远离原子核，能够在能量很高的地方自由运动。电子的能带结构如图1.10.2b和图1.10.3b所示。

到目前为止，以锂为例，能带结构说明了锂能导电的原因。其他金属的导电原因也是一样的，这里用图1.10.4所示的能带结构对一般金属进行说明。

被束缚电子所占据的能级被称为价电子带（或价带）。由于电子非常密集地聚集在此，价带上的电子不能自由移动。由于原子的性质和晶体的结构，在价带的上方，有些地方是不能有电子能级的存在。在这些地方也就不会有电子的存在，所以该区域被称为禁带。禁带的宽度是能隙或被称为带隙[㊀]，在绝缘体、半导体中带隙的大小非常重要。禁带上方的区域被称为导带，在这个能带上的电子可以自由移动。如图1.10.3所示，在能量最高的电子上方还存在没有被电子占据的空的能级，所以只要从电池中获取

㊀ 不同年龄、不同时代的人，因为对共同的话题、想法、流行歌曲的感受都不尽相同，这种现象被称为“代沟（generationgap）”，这个词中的gap和“带隙（bandgap）”的gap是同一个词。

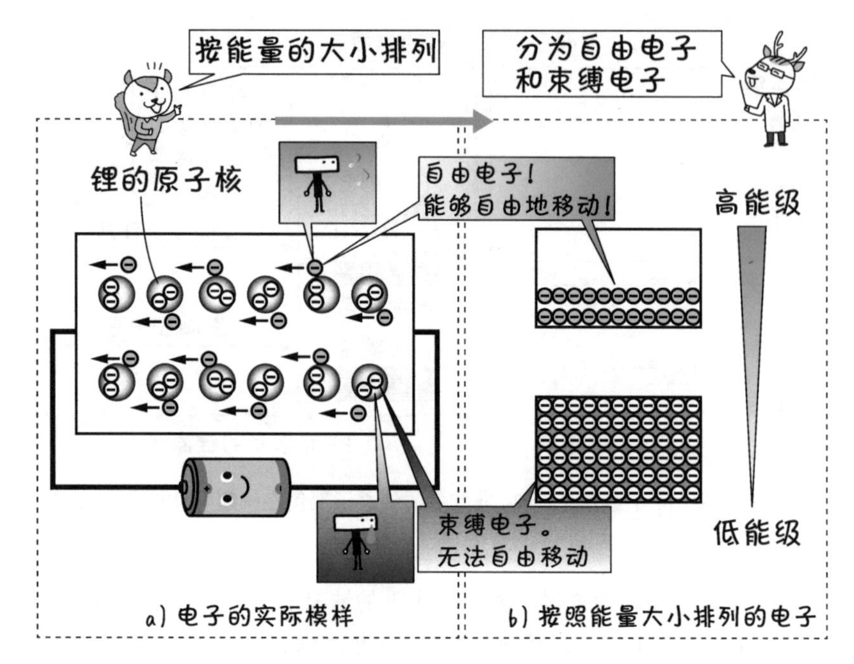

图 1.10.3　锂（原子序数 3 的金属）的电子能级状态与能带结构

能量，电子就可以很容易地跃迁到空的能级，实现自由移动。因为有负责导电的电子，所以这个区域被称为“导带”。

现在让我们回到图 1.10.4，思考一下费米能级在哪里。正如 1-6 节中所说明的那样，费米能级是表示从低能级开始到电子能够填满的最高能级。如图 1.10.4 所示，费米能级存在于导带中，处于那里的电子通过获得很小的能量就能向上方的能级跃迁从而实现自由移动。换句话说，**如果在费米能级的上方有电子能够跃迁的空能级，那么可以说，该物质是可以导电的金属。**

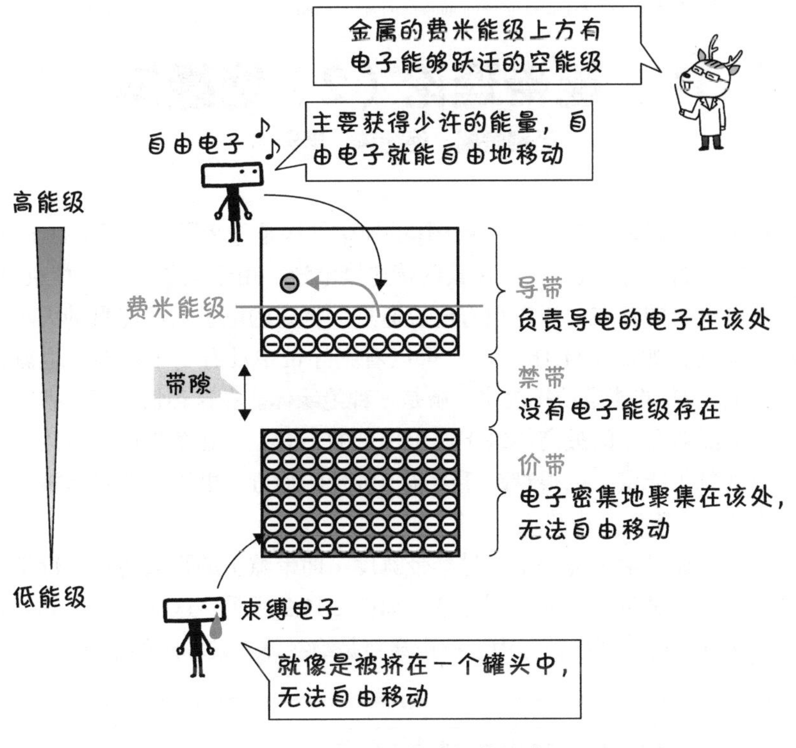

图 1.10.4　金属能级的构造

难易度 ★★★★★

1-11 能带理论（2）绝缘体

~区别金属、绝缘体、半导体~

这里我们以硫为例，研究绝缘体的能带结构是怎么样的。图 1.11.1a 是在原子序数为 16 的硫上，并在其两端连接电池。由于电子受原子核束缚，没有自由电子的存在，所以没有电流通过。将硫的电子按照能量的大小顺序进行排列，如图 1.11.1b 所示，可以看到导带中没有电子存在。也就是说，图 1.11.1b 的能带结构表明，硫是一种绝缘体。在这种情况下，费米能级（电子能够存在的最高能级）位于价带的上方，处在禁带中，所以，即使电子被赋予能量，也很难跃迁到高于价带的地方，电子就好像是被卡在一个罐子里，不能自由移动。

然而，如果给电池一个超过禁带宽度（即带隙）的强大能量，价带中的电子就会越过带隙，上升到导带，如图 1.11.2 所示，这样一下子就导致有电流通过。这种现象被称为齐纳击穿，是绝缘体被破坏时的情况。

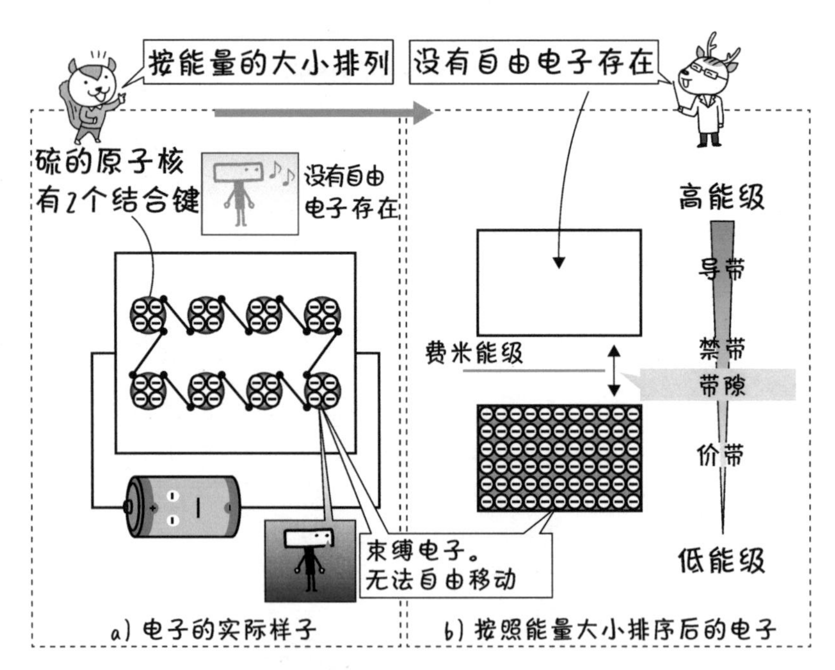

图 1.11.1　硫（原子序数为 16 的绝缘体）的电子状态与能带结构

图 1.11.3 说明了为什么硫的能带结构如图 1.11.1b 所示的理由。

如图 1.11.1a 所示，硫原子通过各自提供一个电子的方式，与相邻的原子通过两个共价键结合在一起。形成的结合电子是能级最高的 3p 电子，还有一个 3d 的电子状态的能级位于该能级之上。这就造成了 3s、3p 和 3d 之间会出现带隙，如图 1.11.3b 所示。不仅仅是硫，只要是价带上方有不能有电子存在的带隙，此类的物质都属于绝缘体。

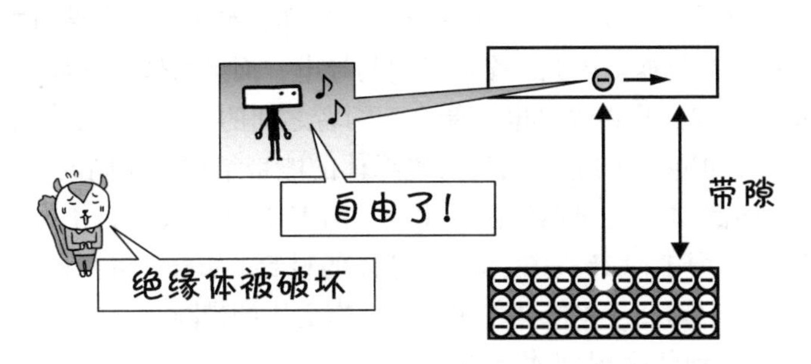

图 1.11.2　齐纳击穿

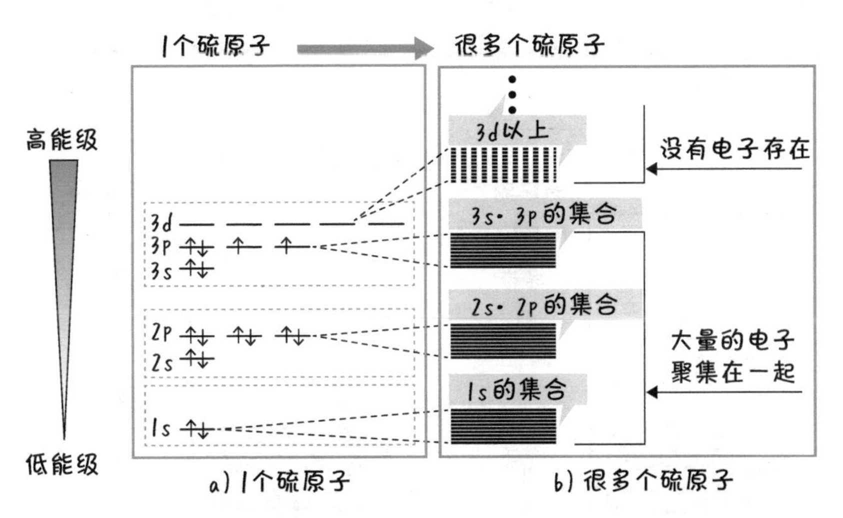

图 1.11.3　“1 个硫原子”和“很多个硫原子”的电子状态

难易度 ★★★★★

1-12 ▶ 能带理论（3）半导体

~区别金属、绝缘体、半导体~

正如在 1-10 节中学到的那样，金属是没有带隙并且有很多可以自由移动的电子的物质。就像在 1-11 节中学到的那样，绝缘体是有带隙并且电子不能自由移动的物质。因此，金属很容易导电，而绝缘体是不容易导电的。

此章节，我们将讨论导电性能介于两者之间的半导体。尽管半导体介于两者之间，但它们的能带结构与绝缘体的能带结构是相同的。图 1.12.1 对半导体和绝缘体的能带结构做了比较，图 1.12.1a 是图 1.11.1 中介绍的硫的能带结构，图 1.12.1b 是被称为半导体的材料 [如硅（Si）和锗（Ge）] 的能带结构图。对比于绝缘体，半导体具有更小的带隙。

带隙要小到什么程度才能被称为半导体，严格来说还没有准确的定义。一方面，如图 1.12.2 所示，如果带隙小，在室温下，也就是通常的温度下，一部分电子就可以通过温度所赋予的热能越过带隙，跑到导带中去。换句话说，**即使半导体中有带隙，也会存在一些自由电子，也具有一点导**

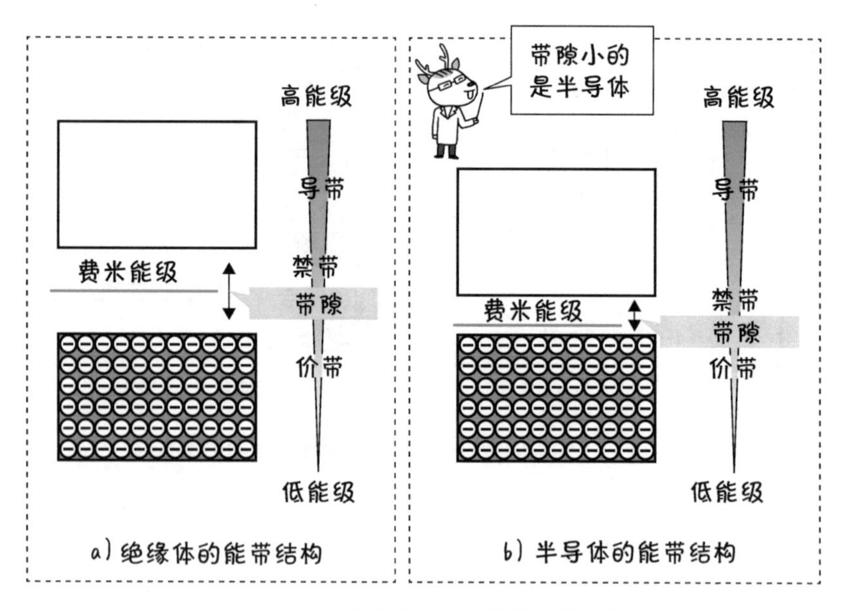

图 1.12.1　绝缘体和半导体的能带结构

电特性；另一方面，如图 1.12.3 所示，金属在较高温度下电子显得难以通过，这是因为温度的升高加剧了原子核的热振动（温度上升时电阻变大）。与之相反，如图 1.12.4 所示，温度越高，半导体中就具有更多的自由电子，电流就具有更容易流动（温度上升，电阻就变小）的特征。

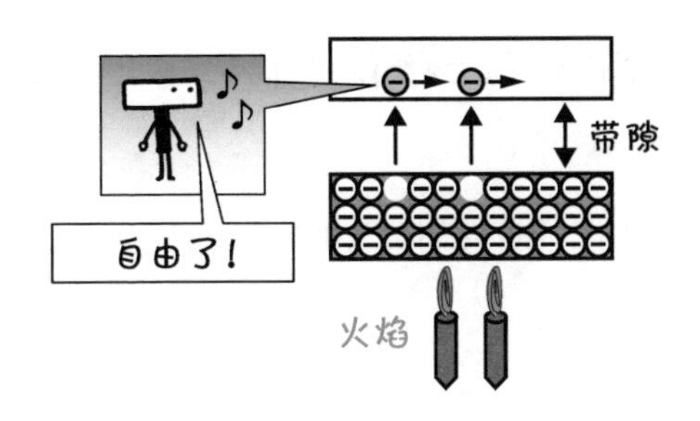

图 1.12.2　半导体也具有一定的导电特性

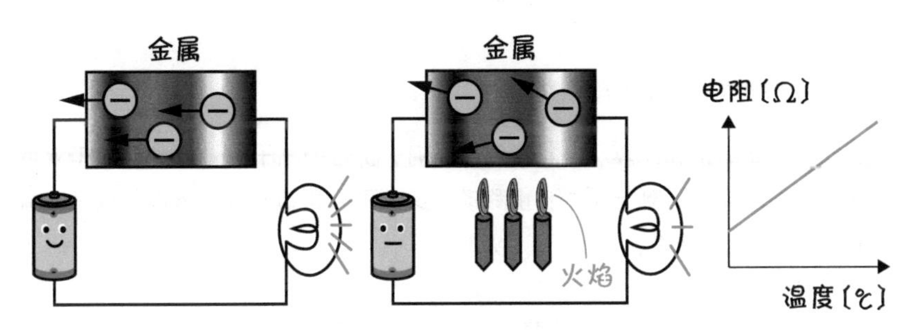

图 1.12.3　温度上升，金属的电阻变大

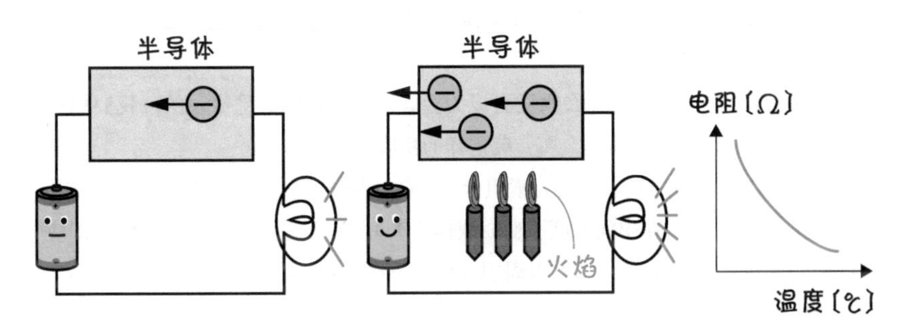

图 1.12.4　温度上升，半导体的电阻就变小

EXERCISES

第 1 章　练习题

[1] 电子具有“波的性质”和“粒子的性质”中的哪一个？

提示 参照 1-4 节

[2] 导电的“金属”和不导电的“绝缘体”在能带结构上有什么不同？

提示 参照 1-10 节、1-11 节

[3] 为什么温度上升时半导体的电阻会变小？

提示 参照 1-12 节

练习题参考答案

[1] 两者都有。

[2] 金属没有带隙。绝缘体有带隙。

[3] 由于半导体的带隙比较小，当温度上升时，价带的电子的一部分会由于温度赋予的能量而上升到导带中自由移动。这个可以移动的电子承担着输送电流的作用，电阻会下降。

COLUMN 不是“什么物质是金属？”而是“它什么时候是金属？”

第 1 章简要介绍了能带理论，并解释了为什么有些物质可以成为金属、绝缘体和半导体。

这里需要注意的是，“什么物质会成为金属？”这种想法是错误的。我们总是倾向于认为像铜这样的物质是金属，硫这样的物质是绝缘体。

然而，作为元素周期表中的元素组合，H_2O 这种化合物，众所周知，在高温下变成气体（水蒸气），在中间温度下变成液体（水），在低温下变成固体（冰）。即使是同样的物质，根据温度和压力等周围环境的不同，也会显示出完全不同的性质，这种变化叫作“过渡”。

事实上，电是否被传导也取决于外界的温度和压力。换句话说，能带结构不仅随着构成物质的原子而改变，而且也随着外界环境而改变。因此，问题不是“什么物质是金属？”而是“它什么时候是金属？”，这种想法非常重要。

第二部分　器件的结构

第2章

二极管

二极管是电子电路中最基本的器件。虽然结构上它只是将两种不同类型的半导体连接在一起，但是理解它的电气特性对于理解其他器件的电气特性尤为重要。

难易度 ★★★★★

2-1 掺杂

~施主和受主~

在说明二极管的结构之前，必须先介绍下半导体的制造方法。

在制造半导体的过程中，有时会用到掺杂（掺杂的英文为 doping，有兴奋剂的意思）工艺。一提到兴奋剂，就会联想到体育比赛中的非法药物使用，而在半导体的世界里，掺杂则是为了向半导体中导入或注入正电荷或负电荷。

【掺杂】

向本征半导体注入正电荷或负电荷。

硅（Si）之类的半导体（单一物质）如 1-12 节中说明的那样，由于有带隙，所以在正常情况下导电能力很弱。因此，考虑注入其他物质使电子更容易流动。

如图 2.1.1a 所示，具有非常高的纯度[㊀]且不怎么导电的半导体（单一物质）被称为本征半导体。向本征半导体中注入另一种物质叫作掺杂。通过掺杂产生了大量的可以移动的负电荷，这类半导体被称为 n 型半导体；如果产生的是可以移动的正电荷，则被称为 p 型半导体。

在图 2.1.1b 所示的 n 型半导体中，负电荷可以移动，所以电流就容易流动。在掺杂中，为了制造 n 型半导体而被注入的物质被称为施主（名称的来由请参见 2-2 节）。

在图 2.1.1c 所示的 p 型半导体中，正电荷可以移动，所以也有电流流动。在掺杂中，为了制造 p 型半导体而被注入的物质被称为受主（名称的来由请参见 2-4 节）。

㊀ 除了硅原子之外，纯度非常高的硅几乎不包含任何杂质，如灰尘、污垢或粉尘等。现代技术可以实现 99.9999999% 甚至更高的纯度。

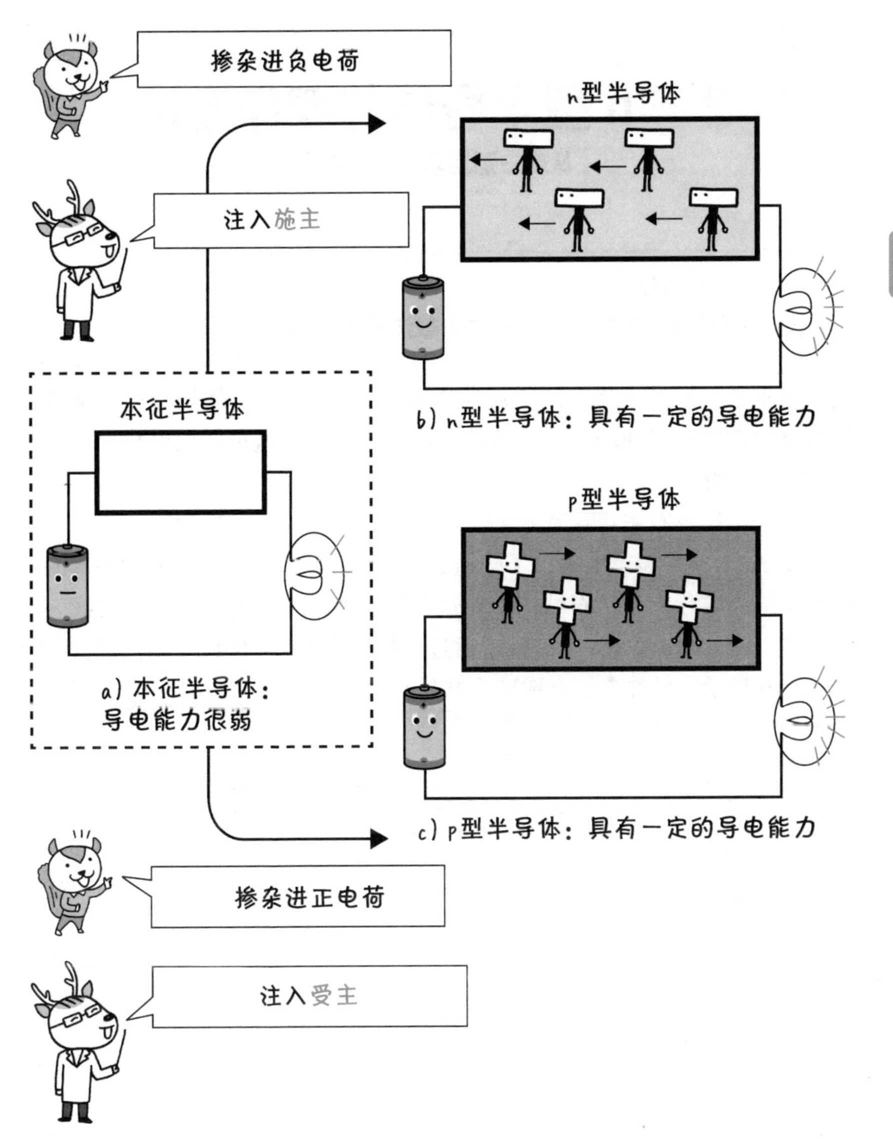

图 2.1.1 向本征半导体中掺杂

难易度 ★★★★★

2-2 ▶ n 型半导体的制作方法

~从施主那里获得1个电子~

▶【n 型半导体】

从施主那里获得电子， 电子作为载流子而导电。

向本征半导体中掺杂的物质被称为杂质。n 型半导体是通过掺杂携带负电荷的杂质来实现的，被掺杂的杂质称为施主，这里我们解释一下施主这一名称的由来。

首先，让我们来看看完全无杂质的本征半导体的晶体结构。

图 2.2.1 非常简单地表示了硅结晶的形成方式。正如 1-9 节中解释的那样，硅结晶实际上是钻石结构，在这里用“●”表示电子，用一根线表示结合键。图 2.2.1a 显示 1 个硅原子通过 4 个电子㊀，产生 4 个结合键的样子，图 2.2.1b 显示通过许多结合键形成结晶的样子㊁ 。

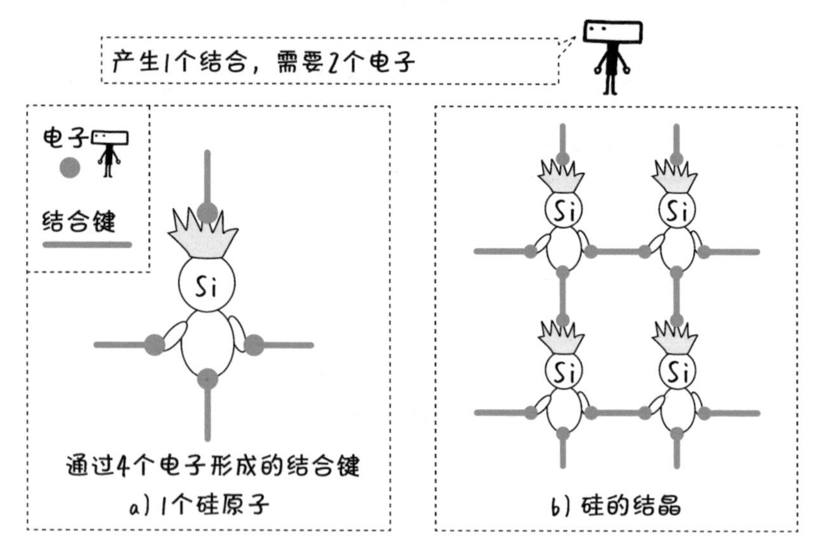

图 2.2.1 **硅形成结晶的样子**

㊀ 3s 轨道和 3p 轨道上，总共有 4 个电子存在。

㊁ 实际上是一种钻石结构，图 2.2.1b 是为了容易理解，描绘了结合键形成结晶的样子。

在图 2.2.1b 中，所有的结合都是通过电子与电子间的结合键来实现的，电子被牢牢地锁定在这样的共价结合中，不能自由地移动从而传导电流。这就是本征半导体几乎不导电的原因。

如果尝试在如图 2.2.1 所示的本征半导体中掺杂进磷，情况会如何呢？磷（P：原子序数为 15）比硅多 1 个电子，所以它多了 1 个可以参与结合的电子，即 5 个电子（见图 2.2.2a）。在硅晶体中掺杂一点磷后，如图 2.2.2b 所示，当磷跟硅通过共价键结合之后还会剩下 1 个电子。这些过剩的电子可以在晶体中自由移动，起着传导电流的作用。

如图 2.2.2 中的磷那样，向本征半导体提供电子的物质被称为**施主**（donor：提供者），就像器官移植时提供器官的人也被称为捐赠者一样。作为施主的磷在掺杂之前是中性的，但提供了电子后，磷原子会带正电。另外，在半导体中起导电作用的物质被称为**载流子**（carrier：搬运者），如图 2.2.2 中的电子，是 **n 型半导体的载流子**。

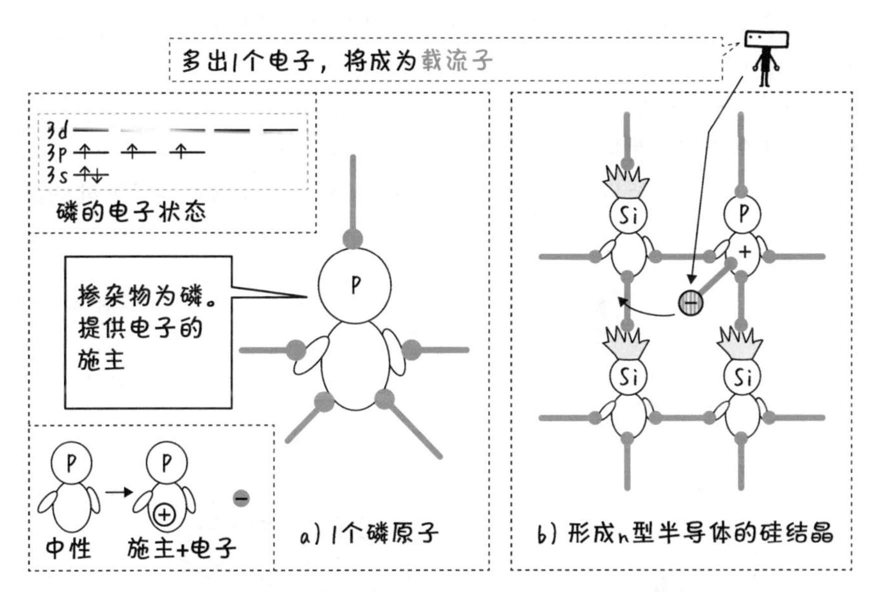

图 2.2.2　n 型半导体（硅 + 磷）形成结晶的样子

难易度 ★★★★★

2-3 ▶ n 型半导体的能带结构

~施主能级就在导带的正下方~

▶【n 型半导体的能带结构】

施主能级上的电子能够跃迁到导带。

在 2-2 节中，通过图解说明了 n 型半导体导电的原因，在这里，让我们通过能带结构来更深入地理解其导电的原因。

图 2.3.1a 是纯硅结晶结合的样子。纯净的硅晶体中，处于能级最高的 3s 和 3p 轨道上的 4 个电子通过共价键被全部锁定在结合中（sp^3 合成轨道，参照 1-9 节）。

由于电子被牢牢地锁定在结合中，所以即使想用电压的力来驱动这些电子，电子也很难移动，因此也不会有电流通过。

图 2.3.1b 用能带结构表示了这一点。价带的电子表示 1s、2s、2p、3s、3p 轨道上的电子（另请参阅图 1.7.4）。硅的晶体是通过共价结合而形成的，其状态十分稳定，所以 sp^3 合成轨道上的电子状态也非常稳定且所处的能

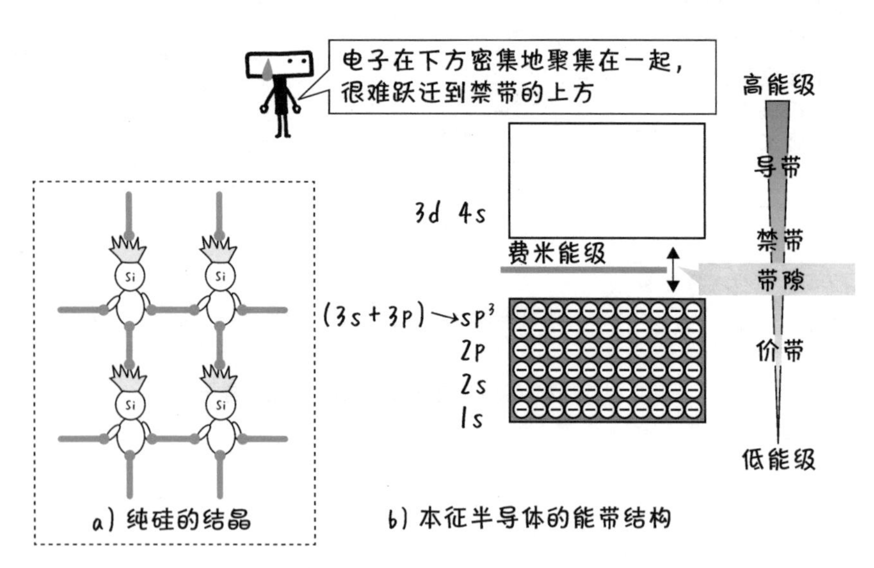

图 2.3.1 本征半导体（硅）形成结晶的样子和能带结构

级也比较低。由于在 4s 和 3d 轨道上（处于导带）没有电子存在，所以形成了带隙。这个带隙就是禁带。由于带隙的存在，纯硅晶体（本征半导体）就很难导电。

图 2.3.2a 显示了硅晶体中掺杂了施主的 n 型半导体情况。由施主提供的电子能够在外界电压的作用下移动，从而产生电流。图 2.3.2b 用能带结构说明了这一点。作为施主的磷（P：原子序数为 15），由于多出的 1 个电子不参与结合，所以会产生一个完全不同的能级。由施主提供的电子所在的能级被称为**施主能级**。

在掺杂磷时，施主能级就在导带的正下方。通过施加电压赋予电子能量，处于施主能级上的电子就很容易跃升到没有被电子所占据的能级（导带），因此这些导带上的电子可以作为载流子运输电流。

本征半导体的费米能级处在“价带顶部”和“导带底部”的正中间。由于有了施主能级，n 型半导体的费米能级位于施主能级和导带的底部的正中间。

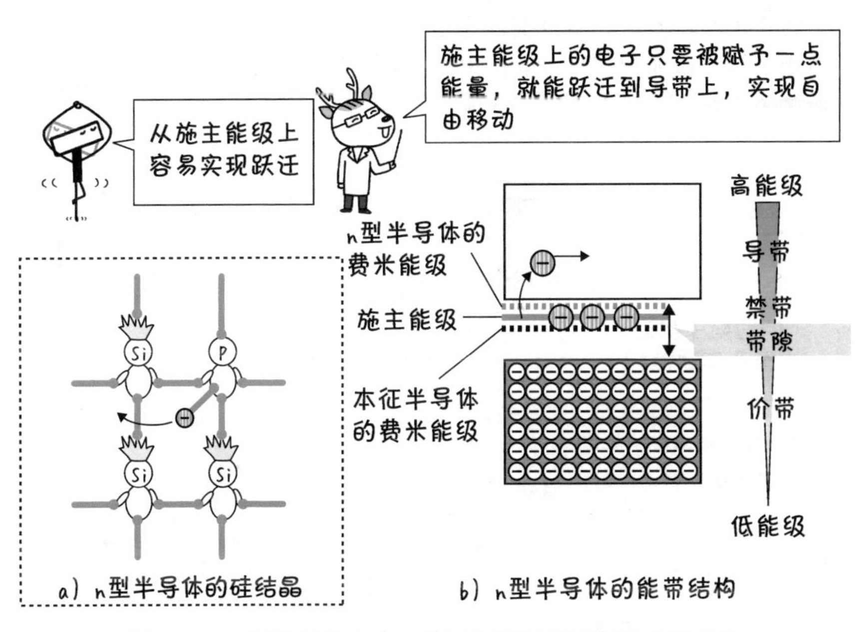

图 2.3.2　n 型半导体（硅 + 磷）形成结晶的样子和能带结构

难易度 ★★★★★

2-4 ▶ p 型半导体的形成方法

~少 1 个电子~

▶【p 型半导体】

受主接收电子， 空穴移动。

在制作 p 型半导体时，如图 2.4.1 所示，需要掺杂进比硅少 1 个电子的杂质。可以看出，图 2.4.1a 中的硼原子序数为 5，2s 和 2p 的轨道上有 3 个电子，比硅（4 个电子）少 1 个电子。

图 2.4.1b 为在硅晶体中掺杂硼的情况。因为有硼的存在，所以缺少 1 个电子。于是，硼原子在接收电子后，自身由中性变成带负电荷，以弥补缺失的电子。缺失电子的地方变成带正电荷，这个缺失电子的地方就好像一个带正电荷的空洞，所以被称为正孔（hole）或者空穴。空穴能在晶体中自由移动，也能起到导电的作用。这意味着，p 型半导体的载流子为带正电荷的空穴。

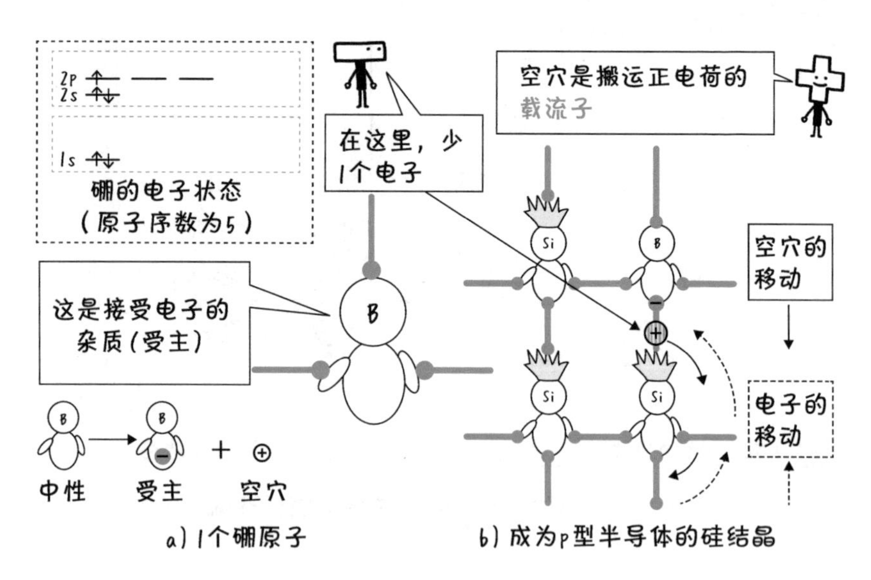

图 2.4.1 p 型半导体（硅 + 硼）的时候

像图 2.4.1 的硼一样，接收电子并产生空穴的物质被称为受主（acceptor：接受者）。作为受主的硼在掺杂之前是中性的，但是接收电子后，就会带负电荷，并产生相应的空穴。

图 2.4.2 用椅子说明了其导电的机制。假设如图 2.4.2a 所示，有很多电子坐在椅子上，只有一个座位空着（成为空穴）。连接上电池的话，电子会被吸引到正极，所以像图 2.4.2b 中那样，空座看起来像是向左移动了呢。通过如图 2.4.2b → 2.4.2c 这一连串的流程，其实就等同于正电荷向左移动了，如图 2.4.2d 所示，所以我们可以认为空穴是带正电荷的[㊀]。

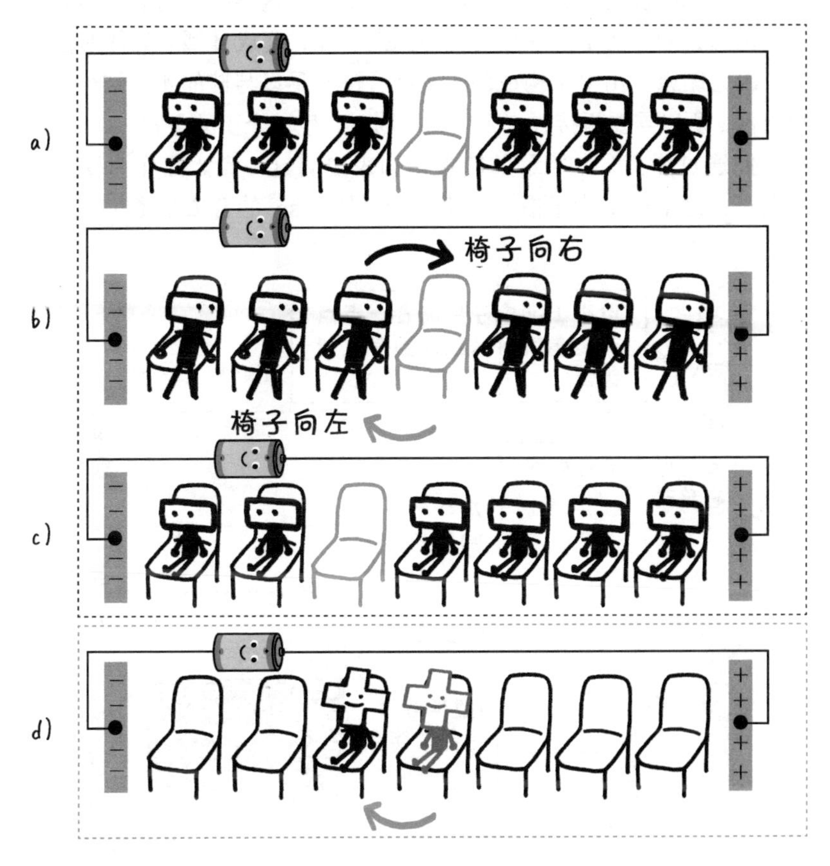

图 2.4.2　空穴的移动方式

㊀ 如果把图 2.4.2c 中的所有椅子上都加上正电荷，原来有带负电的椅子会被中和，变为空座；而原来是空座的椅子上会带上正电荷。

难易度 ★★★★★

2-5 ▶ p 型半导体的能带结构

~受主能级位于价带的正上方~

▶【p 型半导体的能带结构】

价带的电子进入受主能级， 在价带形成空穴。

在 2-3 节中说明了 n 型半导体的能带结构，这里我们对 p 型半导体的能带结构做说明。图 2.5.1a 是在硅中掺杂了硼，变成 p 型半导体时晶体的样子。因为硼原子由电子构成的 3 个结合键不足以与硅的 4 个结合键进行完全结合，所以需要再接收 1 个负电子同时产生 1 个正的空穴。

我们通过图 2.5.1b 所示的能带结构来说明这一点。硼作为受体接收到的电子，这个电子为了参与共价结合，处于 sp^3 的合成轨道上。该轨道

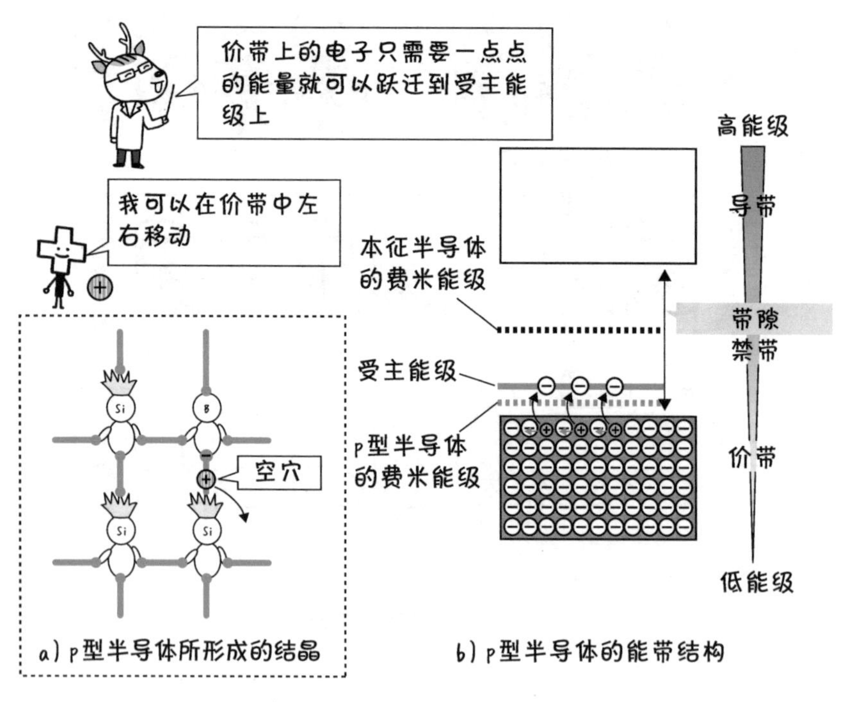

图 2.5.1　p 型半导体（硅 + 硼）形成结晶的样子与能带结构

能级是非常接近价带顶部的能级。受主接收的电子的这个能级被称为受主能级。

由于价带最顶部的能级和受主能级非常接近，所以只需要通过用电压提供少量的能量，价带顶部的电子就可以跃迁到受主能级。当价带最上面的电子跃迁到受主能级后，原来的能级处就没有电子存在了，就变成了带正电荷的空穴。价带中充满了很多电子，而空穴就好像空着的“孔”一样，和 2-4 节中介绍的空位移动一样，通过施加电压可以自由移动。这个空穴成为搬运正电荷的载流子，承担着流通电流的作用。

接下来，我们考虑一下 p 型半导体的费米能级。如图 2.5.2 所示的本征半导体、n 型半导体、p 型半导体的能带结构，本征半导体的费米能级处于价带的最上方和导带底部的正中间附近。在 p 型半导体的情况下，由于受主能级的形成，费米能级位于价带的最上方的能级和受主能级的正中间附近。

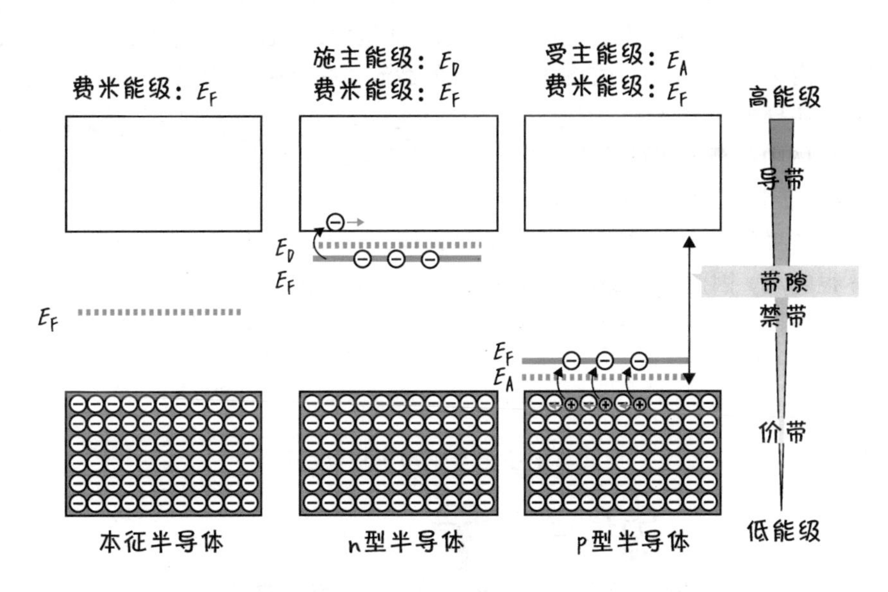

图 2.5.2　本征半导体、n 型半导体、p 型半导体的能带结构

难易度 ★★★★★

2-6 ▶ pn 结 = 二极管

~结合在一起会形成耗尽层~

▶【pn 结】

p 型半导体和 n 型半导体结合而成， 这就是二极管。

二极管是指将 n 型半导体和 p 型半导体结合在一起的器件。n 型半导体和 p 型半导体结合在一起叫作 pn 结。

图 2.6.2 显示了 pn 半导体结合后的样子。右侧的 n 型半导体中有很多电子作为载流子，左侧的 p 型半导体中有很多空穴作为载流子。考虑到接触的部分（用虚线包围的部分），正和负相互抵消、中和，变为中性，形成没有载流子的区域（见图 2.6.1）。意思是那里什么都没有，被称为耗尽层。

由于耗尽层中没有能够搬运电荷的载流子的存在，所以该区域就变成了无法导电的绝缘体。但是，如果施加电压，这将改变 n 型半导体、p 型半导体中的载流子的状态，就会产生既能通电又不能通电的有趣的现象（这在下个章节做详细说明）。

二极管是由 pn 结合而成的器件，但逐一描绘 n 型半导体、p 型半导体很麻烦。因此，图 2.6.3a 所示的实物二极管用图 2.6.3b 的电子器件符号表示。将 p 型半导体侧的电极称为 A（阳极）[㊀]、n 型半导体侧的电极称为 K（阴极）[㊁]。

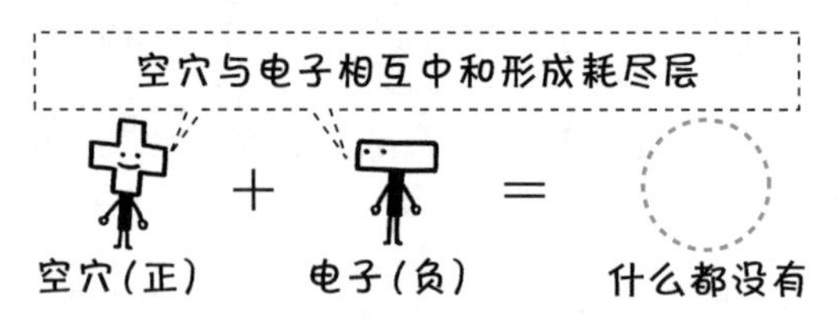

图 2.6.1　耗尽层的样子

㊀ 意思是带负电（带有负电子：带电的受主为负）的端口。
㊁ 意思是带正电（带有正电子：带电的施主为正）的端口。

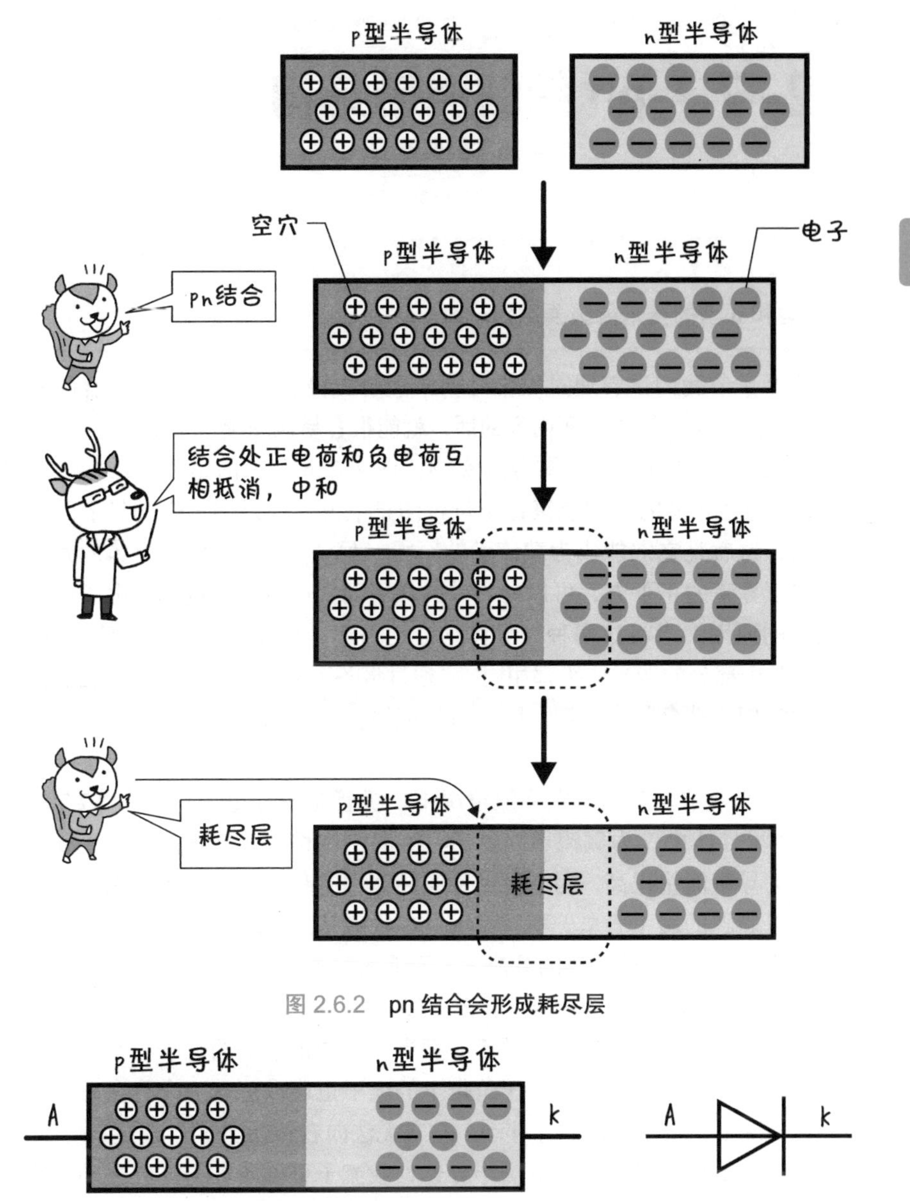

图 2.6.2　pn 结合会形成耗尽层

a）二极管的结构图　　b）电子器件图形符号

图 2.6.3　pn 结合而成的二极管

难易度 ★★★★☆

2-7 ▶ pn 结的能带结构

~ 基本是最难的 ~

▶【pn 结】

p 型和 n 型的费米能级要达到一致。

这个章节我们试着通过能带结构来理解二极管，也就是 pn 结合的机制。如果能完全掌握这方面内容的话，就能很容易地阅读本书了！

图 2.7.1a 显示的是 pn 结合的实物，图 2.7.1b 显示的是能带结构。一方面，p 型半导体的受主能级位于价带的正上方，可以向价带的最上面提供空穴，这就是空穴能成为载流子的原因；另一方面，n 型半导体的施主能级位于导带的正下方，可以向导带的最下面提供电子，这也是电子成为载流子的原因。当将这两种半导体结合在一起，如图 2.7.1b 的右侧所示，为了使各个部分的费米能级都相同㊀，通过将各个能级向上或向下移动的调整，使它们“粘合”在一起。除了费米能级，处于耗尽层的其他能级都被弯曲。

这个能带结构表明，在一般情况下二极管是不导电的。如图 2.7.2 所示，n 型半导体中作为载流子的电子不能向左侧移动。这是由于处于 p 型半导体的导带能量很高，对于在 n 型半导体中的载流子的电子看来，就像有堵难以逾越的墙（势垒）存在。因此在没有从外部获得跨越这个势垒的能量的情况下，n 型半导体的载流子是不能向左侧移动的。

对于空穴也是同样的情况。在图 2.7.3 中，为了使 p 型半导体的作为载流子的空穴向右移动，就需要处于 n 型半导体的价带上的电子与空穴以相反的方向向左移动。但是，处于价带上的电子也难以跨越这个势垒，所以在一般情况下，电子无法向左移动，空穴无法向右移动。

无论是 n 型半导体还是 p 型半导体，载流子可以向任何方向移动。然而，由 pn 结合组成的二极管限制了载流子可以移动的方向。这一现象是 2-8 节中说明的整流作用的基础。

㊀ 从能量较低的能级填充大量电子时，表示电子能进入的地方和不能进入的地方之间的能量就是费米能级。根据位置的不同，改变费米能级需要从外界获取能量。相反，如果电子没有从外界获取任何能量，可以认为它是处于一个稳定的状态，那么在任何地方的费米能级都是一样的。这就像湖中的水面（在没有风或月亮引力的影响下）在任何的地方都是平的，即使底部的深度不同。

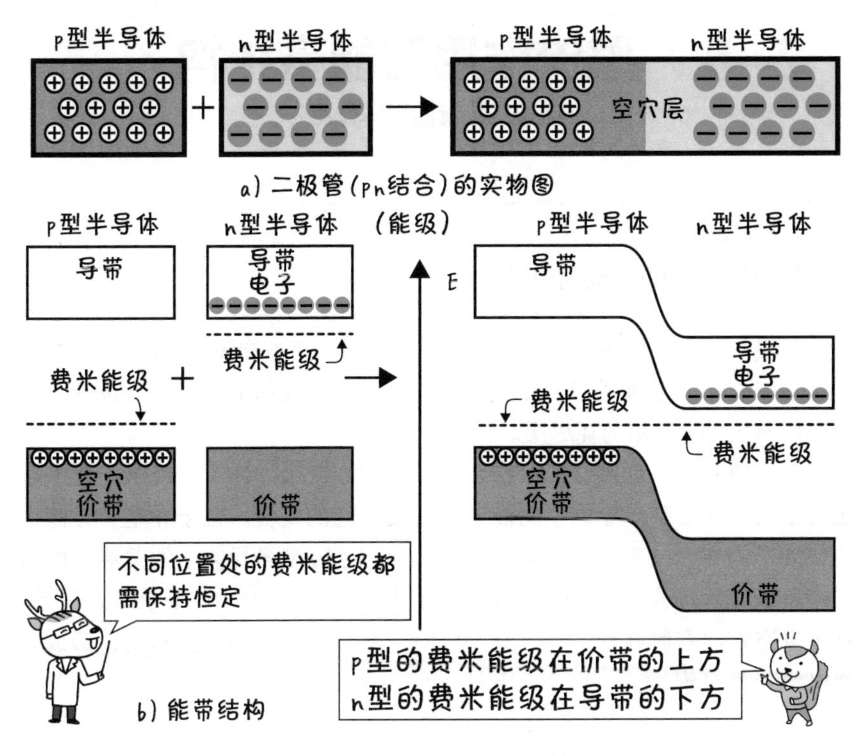

图 2.7.1 pn 结合的实物与能带结构

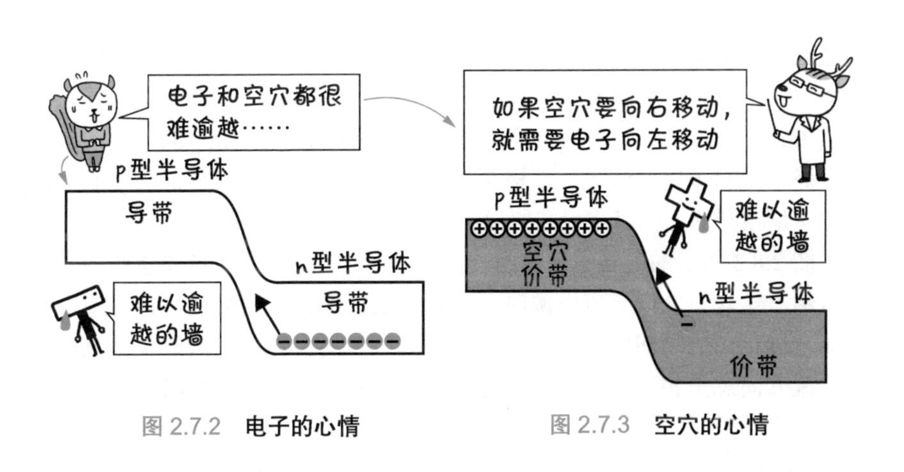

图 2.7.2 电子的心情

图 2.7.3 空穴的心情

难易度 ★★★★★

2-8 ▶ 整流作用和能带结构

~这是二极管的基本作用~

▶【整流作用】

是指使电流单向流动的作用。

二极管的基本作用是**整流**，即，使电流向一个方向流动。图 2.8.1 是二极管整流作用的图解说明，在没有给二极管施加任何电压时，二极管内会形成如图 2.8.1a 所示的耗尽层。

在二极管上，如图 2.8.1b 所示，试着在 p 型半导体（阳极）上接上电池的正极，在 n 型半导体（阴极）上连接电池的负极。位于 p 型半导体中的载流子的空穴被正极排斥向右侧移动，位于 n 型半导体中的载流子的电子被负极排斥向左侧移动，结果是，耗尽层不断减少，几乎消失。于是，有多少空穴向右侧移动，就会有同样对应数量的电子向左侧移动，形成导通电流，使灯泡发光。图 2.8.1b 所示的箭头方向和电流的方向是相同的，因此，这种情况下的二极管被称为**正向导通**。

接下来，如图 2.8.1c 所示，试着在 p 型半导体（阳极）上连接电池的负极，在 n 型半导体（阴极）上连接电池的正极。位于 p 型半导体中的载流子的空穴被负极所吸引而向左侧移动，位于 n 型半导体中的载流子的电子被正极吸引而向右侧移动。这样一来，会扩大耗尽层，而且此时二极管中完全没有电流通过。图 2.8.1c 所示的箭头方向没有电流通过，因此，这种情况下的二极管被称为**反向截止**。

也就是说，正向和反向电流的导通情况是完全不同的。图 2.8.2 的电路图很好地说明了这些情况。二极管的电路符号的箭头方向与正向导通电流的方向是相同的，所以这很方便记忆[㊀]。

图 2.8.3 所示的电路图被称为整流电路，这是最容易理解整流作用的应用示例。输入中使用交流电源时，电源的正负极会发生交替切换。二极管只能通过正向的瞬间电流，而反向的瞬间电流不会通过。因此，通过灯泡的电流方向总是相同的。综上所述，二极管具有调整电流方向的作用，即有“整流作用”。

㊀ 这个符号和原来的符号的意义是不同的。二极管刚被发明时，是通过矿石来形成 pn 结，当时这个符号表示通过向矿石插入探针形成 pn 结的样子。

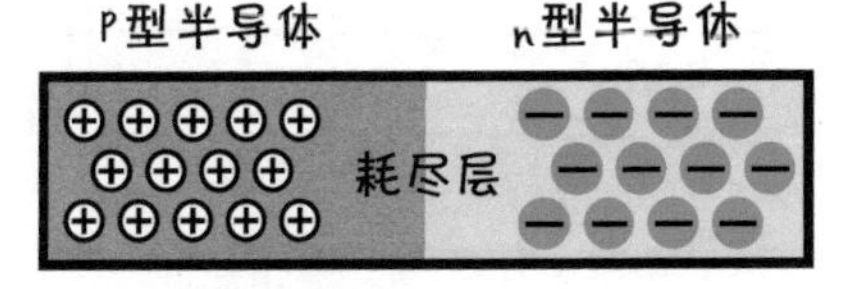

a) 没有施加任何电压的情况下

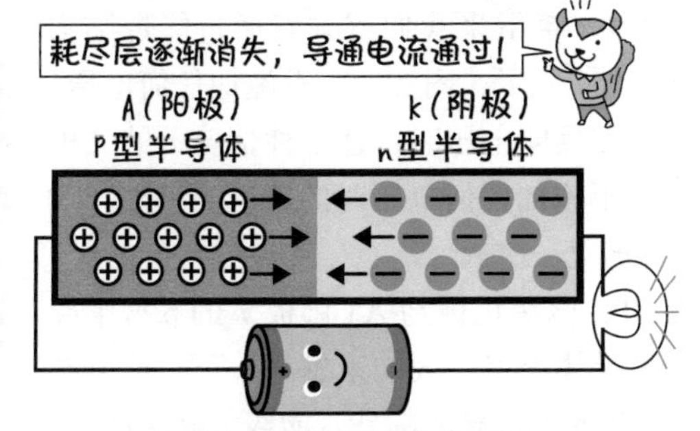

b) 施加正向电压的情况下

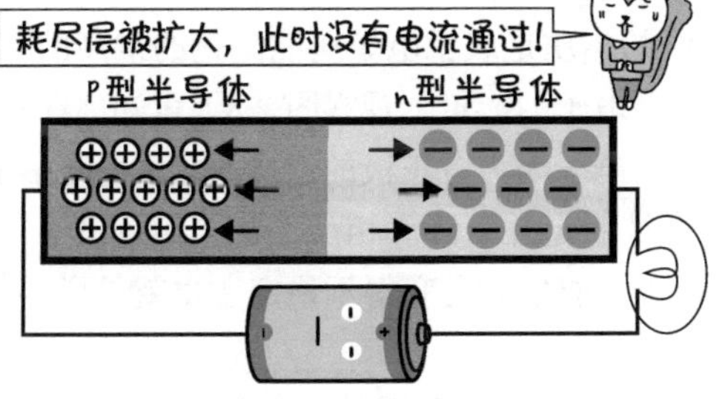

c) 施加反向电压的情况下

图 2.8.1　二极管整流作用的图解

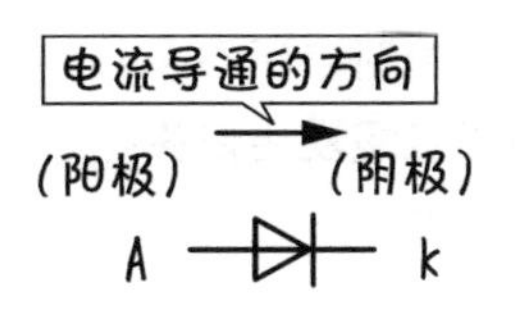

a) 没有施加任何电压的情况下

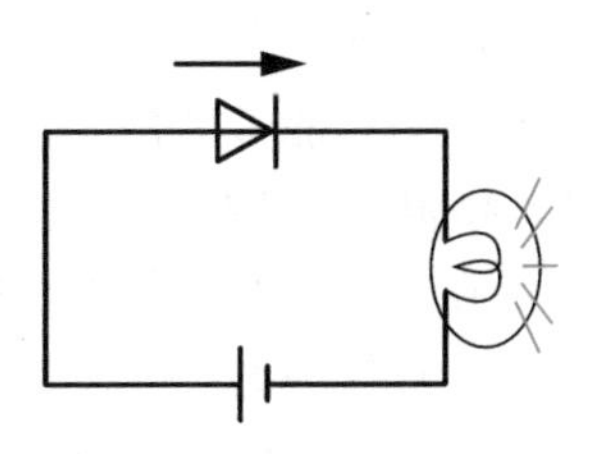

b) 施加正向电压的情况下

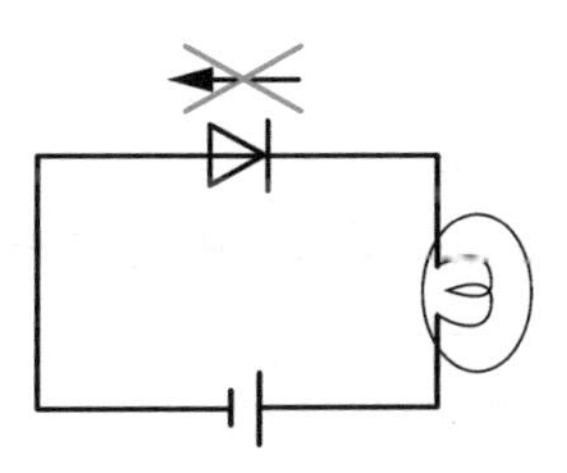

c) 施加反向电压的情况下

图 2.8.2　起整流作用的电路图

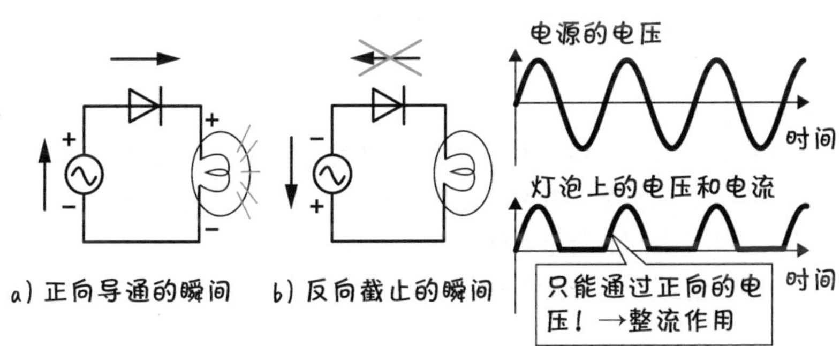

图 2.8.3　整流电路的作用

【施加电压时】

费米能级发生偏移。

在了解了二极管具有整流作用后，接下来我们就试着通过能带结构准确地解释整流作用的原理。如图 2.8.4 所示，图 2.8.4a 不施加任何电压、图 2.8.4b 施加正向电压、图 2.8.4c 施加反向电压时，这三种情况下的二极管的电路图和能带结构。以图 2.8.4a 不施加任何电压时的情况为基准，对图 2.8.4b 和图 2.8.4c 中的情况做个比较吧。

当在图 2.8.4b 中施加正向电压时，电源正极与 A（阳极）的 p 型半导体连接，负极与 K（阴极）的 n 型半导体连接。我们来思考一下，此刻在 p 型半导体的费米能级（受主能级）和 n 型半导体的费米能级（施主能级）会发生什么变化。

这里我们再复习一遍，费米能级的本质是表示电子所能到达的最高的能级，这里表示半导体中所有带负电荷电子的能量。观察图 2.8.5 可知，在连接正极的 p 型半导体中，带负电荷的电子因为有正极的连接而能量稳定。也就是说，费米能级（受主能级）会被稳定并下降。相反，在连接负极的 n 型半导体中，负电子因有负极的连接，能量上会变得不稳定。也就是说，费米能级（施主能级）会上升。

由以上可知，如图 2.8.4b 所示，在施加正向电压时，p 型半导体中的受主能级下降，而 n 型半导体中的施主能级上升。如果其他能级也相应地发生偏移，则如图 2.8.4b 所示，p 型半导体的导带和 n 型半导体的价带的能级间的间隔会变近，最终导致 p 型半导体中的空穴和 n 型半导体中的电子可以向相反方向移动。这就为二极管中耗尽层的消减和电流导通的原理提供了准确说明（参照 5-1 节）。

如图 2.8.4c 所示，在相反方向施加电压时，会发生与图 2.8.4b 相反的情况。p 型半导体中的受主能级会提高，同时 n 型半导体中的施主能级会下降。于是，导带之间、价带之间的能量差被进一步扩大，相应的耗尽层也被扩大。这种情况下，二极管中不会有电流通过。

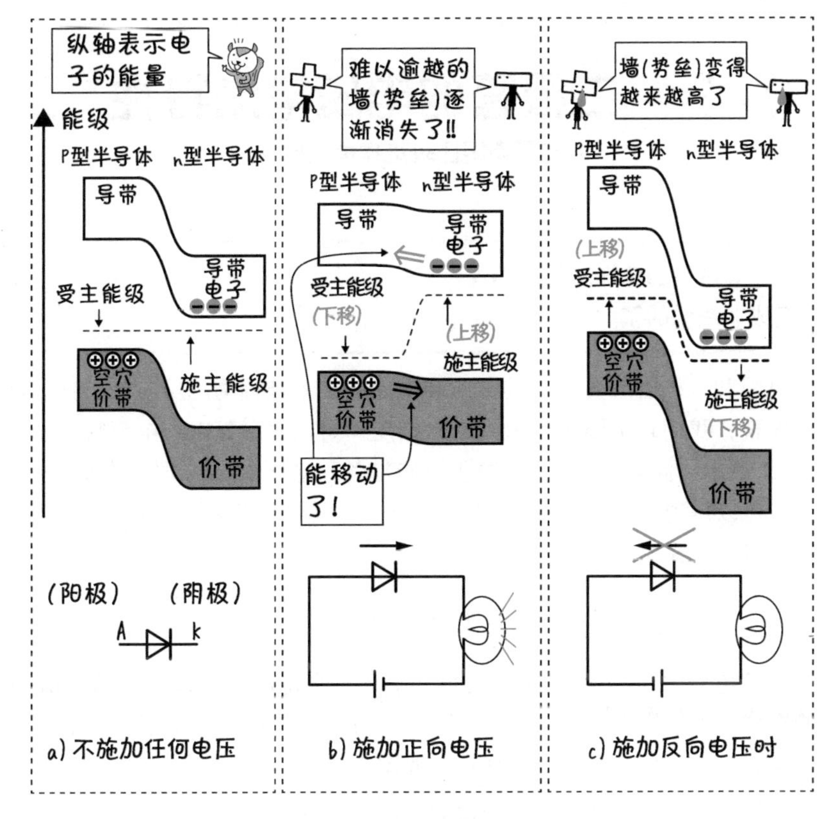

图 2.8.4　通过能带结构理解整流作用

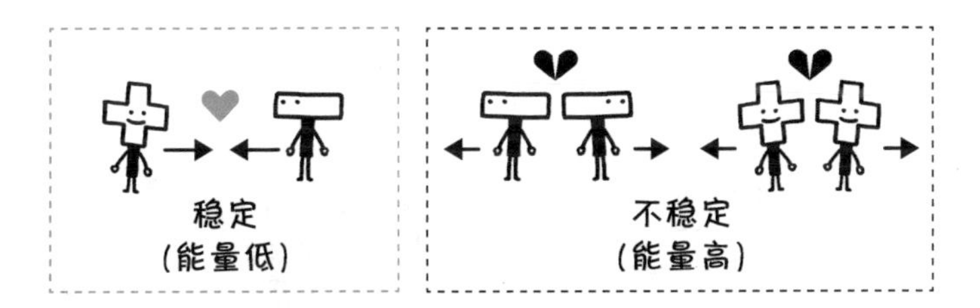

图 2.8.5　电压影响能量的一种思考方式

难易度 ★★★☆☆

2-9 ▶ 二极管的电压电流特性

~电子电路比较难理解之处~

▶【二极管的电压电流特性】

变成非线性的了。

电阻和二极管等元器件的电压和电流的关系被称为电压电流特性。就电阻而言，我们在电路中学习到的欧姆定律可以表示其电压电流特性。如图 2.9.1 所示，测量在电阻 R〔Ω〕上施加各种电压 V〔V〕时的电流 I〔A〕大小，可以得到如图 2.9.2 所示的关系图。电压和电流的关系显示为一条直线，可以用公式表示如下。

$$V=RI \text{ 或 } I=V/R$$

无论电压 V〔V〕值是正还是负，上述关系都成立。这样，图 2.9.2 所示的直线的关系称为线性，电路中所涉及的大部分电路都为线性关系。

但是，二极管情况就不一样了。如图 2.9.3 所示，测量了二极管，其电压电流特性如图 2.9.4 所示。和电阻的情况完全不同，像二极管这样的电压电流特性，由于呈现的不是直线的关系，被称为非线性关系。

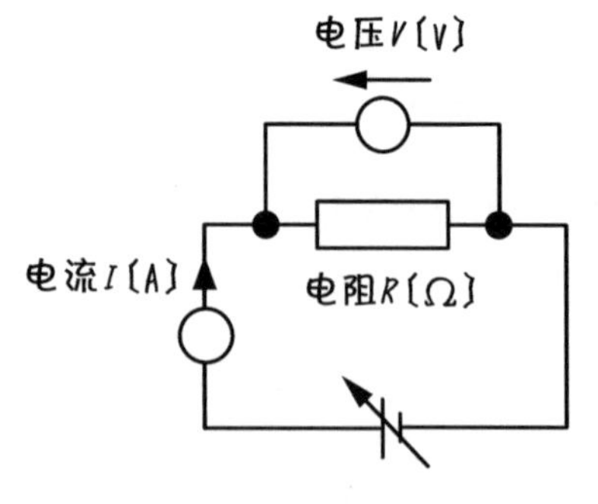

图 2.9.1　电阻的测量方法

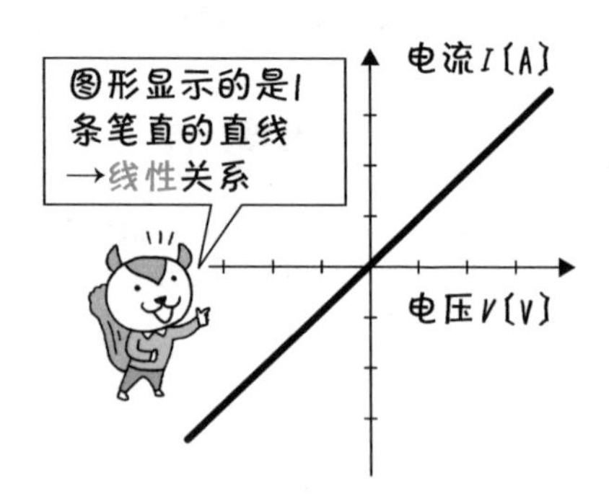

图 2.9.2　电阻的电压电流特性

电子电路的一个主要特点是使用半导体作为器件，所以非线性关系将大量存在。

我们来仔细分析图 2.9.4 中的电压电流特性。当施加反向电压时，几乎没有电流流过；另一方面，当正向施加电压时，即使施加很小的电压，也有很大的电流通过。这表示二极管具有整流作用。

需要对半导体施加多大的正向电压才会有电流通过呢？这是由半导体材料的带隙所决定的。硅材料为 0.6 ~ 0.7V，锗为 0.4V 左右，发光二极管一般在 2V 左右。

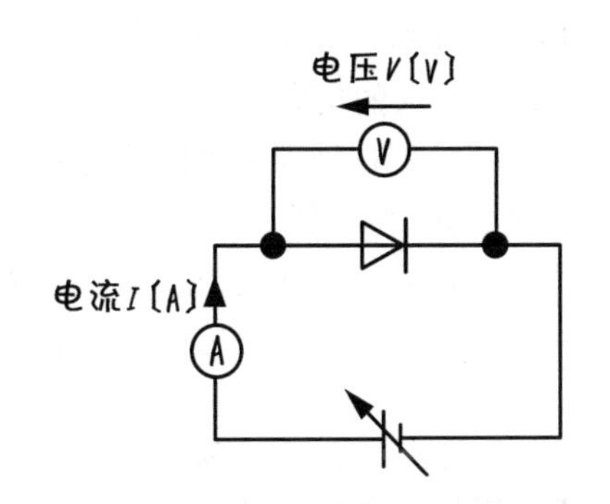

图 2.9.3　二极管的电压电流特性的测量方法

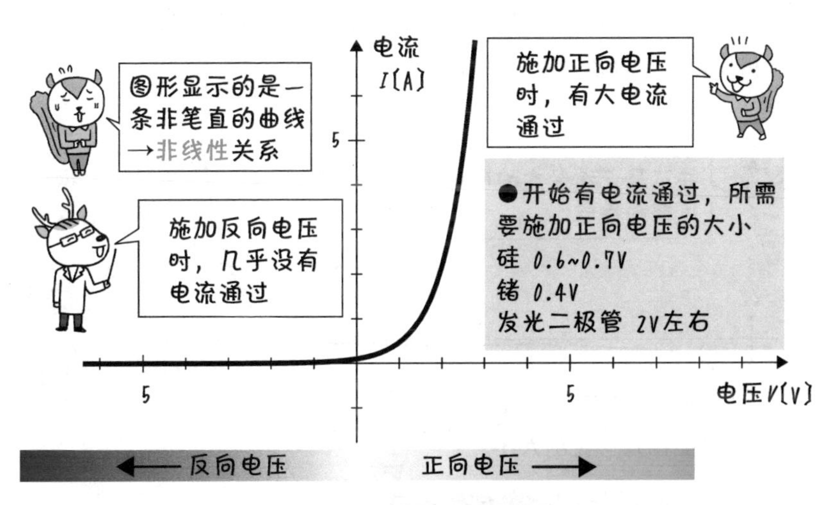

图 2.9.4　二极管的电压电流特性

难易度 ★★★★★

2-10 ▶ 反向电压

~被“损坏”还能用~

▶【向二极管施加较大的反向电压时】

器件 “坏” 了， 但是可以用。

二极管的整流作用也有极限。如图 2.10.1 所示，当反向施加较大的电压后，会在 −20V 左右产生较大的反向电流。虽然以整流为目的的二极管被“损坏”或被“击穿”了，但这种现象可以被利用在另一种用途上。当你希望电路中的电压保持恒定时，可以通过向二极管施加一个较大的反向电压，使其处于被“击穿”的状态，此刻，二极管在保持恒定电压的情况下，不论多少电流都能承载。设计用于保持恒定电压的二极管被称为齐纳二极管或雪崩二极管。

这个名字来自齐纳效应和雪崩效应。齐纳二极管的齐纳效应的发生机制如图 2.10.2 所示。如果在有大量掺杂的电子和空穴存在的情况下，施加较高的反向电压，极个别的价带上的电子就会像穿过隧道一样转移到导带上去，这在量子力学中被称为“隧道效应”。因为电子具有波的性质，这使得电子可以像波一样渗入并穿透墙壁。

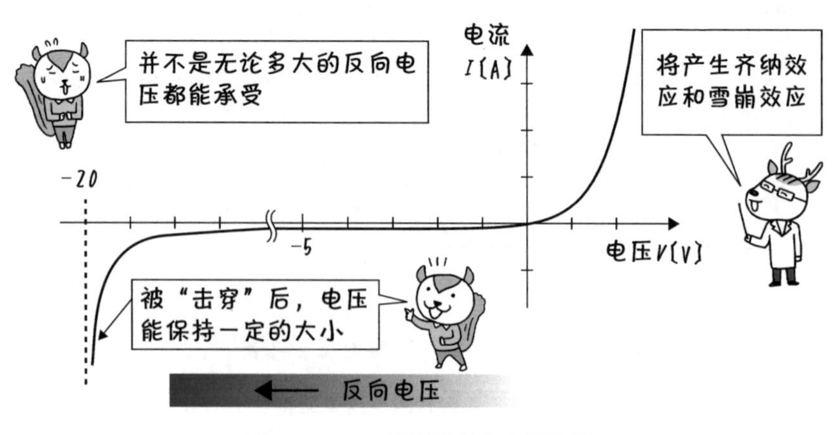

图 2.10.1 二极管的反向电压特性

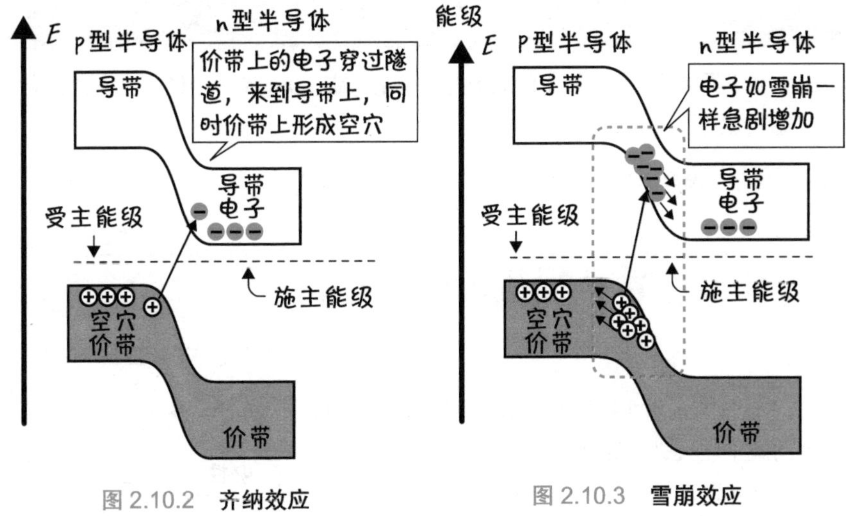

图 2.10.2　齐纳效应

图 2.10.3　雪崩效应

在雪崩二极管中，发生的雪崩效应如图 2.10.3、图 2.10.4 所示。雪崩和英文 avalanche 是一个意思，当掺杂的电子和空穴不太多时，就容易发生雪崩效应。

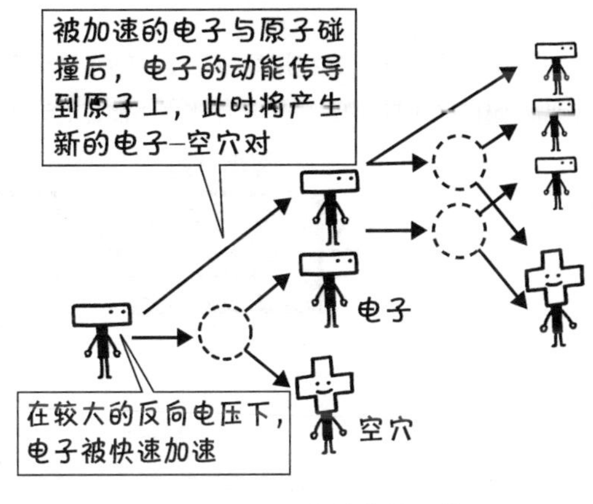

图 2.10.4　雪崩效应的细节

当施加非常高的电压时，一部分的电子会与原本为中性的半导体原子（如硅等）产生碰撞，并形成电子－空穴对。产生出的自由运动的电子将进一步撞击中性原子，再次形成电子－空穴对。这样一来，会产生越来越多自由运动的电子－空穴对，电流就如同雪崩一样急剧增加，所以被称为“雪崩效应”。

一般来说，在保持较低的恒定电压时使用齐纳二极管，保持较高的恒定电压时使用雪崩二极管。

EXERCISES

第 2 章 练习题

[1] n 型半导体中，作为施主的原子处于带正电荷、负电荷、中性这三种状态中的哪种状态？

提示 参照 2-2 节

练习题参考解答

带正电荷。

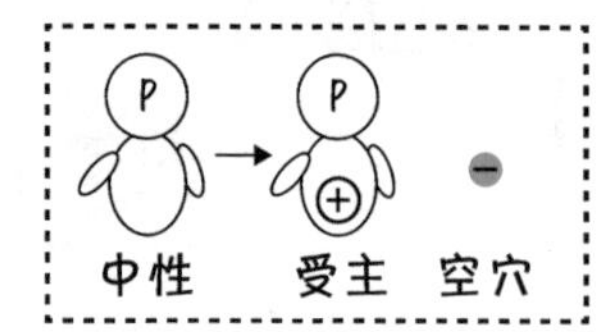

【注解】被注入的施主原子原本是呈中性的。如果将中性的施主注入进半导体中，施主原子就会捐献出电子（负电荷），这样一来自身就带正电荷。

COLUMN 这是二极管吗？

如下图所示，直接用导线连接 p 型半导体和 n 型半导体，这样能作为二极管吗？假设导线与 p 型、n 型半导体之间都有电流通过。

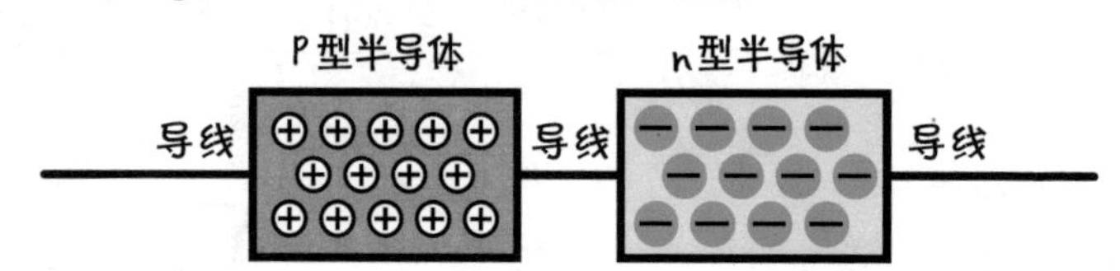

答案是否定的！ p 型和 n 型半导体之间如果夹有导线（金属）的话，就不能形成耗尽层，电流会向任何一个方向流动。为了作为一个二极管工作，在它们之间没有金属的情况下制造 pn 结。由于导线（金属）和半导体之间会产生肖特基势垒，这样如果将两个存在肖特基势垒的二极管以相反的方向串联，将很难有电流通过（详细内容请参照 5-8 节）。

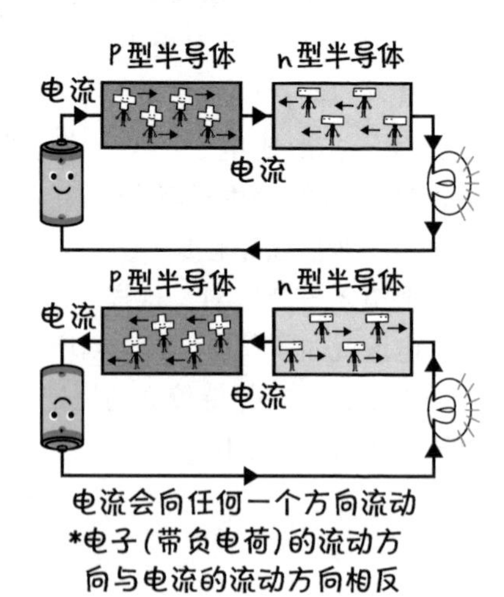

第3章 晶体管

晶体管具有“放大作用”，是非常有用的器件。为了充分利用放大作用，我们要通过本章的学习，好好了解一下晶体管的结构和性质。

难易度 ★★★★★

3-1 汉堡结构的晶体管

~三条腿的魔法师~

晶体三极管（以下简称为晶体管）是一种能将小信号放大（放大作用）的器件。1947 年，在美国贝尔电话研究所的巴丁、布拉顿和肖克利发明晶体管，并立刻引起了全世界的关注。晶体管的放大作用很快就被应用于收音机、电视机等几乎所有的电气产品中，为电气工程学的发展做出了巨大贡献。

他们三人在 1956 年获得了诺贝尔奖。以此发明为契机，半导体相关领域的技术得到了惊人的发展，如江崎二极管（1973 年获得江崎奖）、IC（2000 年获得基尔比奖）等，都取得了迅猛的进步。

图 3.1.1 简单地说明了晶体管的放大作用。晶体管具有将小的输入信号放大的功能。在实现放大作用时，请注意单个晶体管是无法实现放大的，需要一个电源，如电池，也就需要通过外部的能量供给来实现。

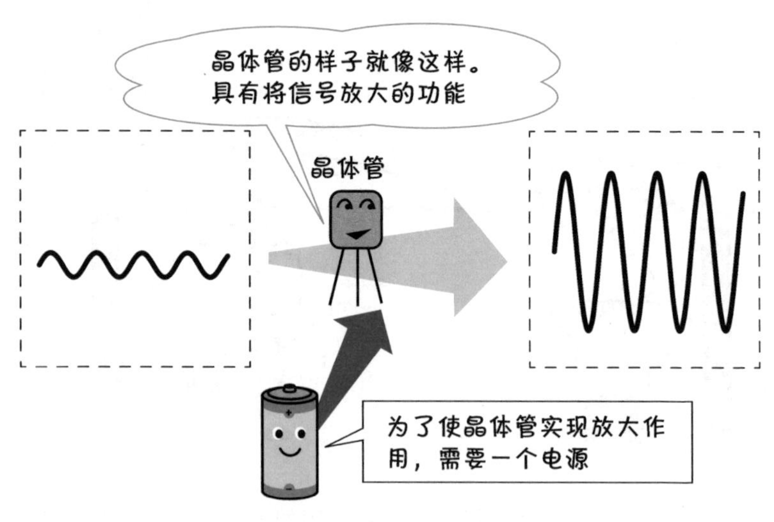

图 3.1.1　晶体管的作用

▶【晶体管】

用 npn 或 pnp 制作的像汉堡一样的结构。

晶体管的结构类似于汉堡（见图 3.1.2）。图 3.1.2a 是 npn 型晶体管，其结构是用两个 n 型半导体夹着 p 型半导体的晶体管。图 3.1.2b 叫作 pnp 型晶体管，是用两个 p 型半导体夹着 n 型半导体的晶体管。三个电极名称分别为 E（发射极）、B（基极）、C（集电极），其中 B 层被做得非常薄。

对应的图形符号如图 3.1.2 中的方框处所示。晶体管有“三条腿”，所以在发明之初也被称为“三条腿的魔法师”等。

在图 3.1.2 中，晶体管的结构就好似汉堡，但这里需要注意的是，汉堡上下的面包厚度或面包上是否撒有芝麻等各方面都存在差异。晶体管也一样，中间所夹的半导体也不尽相同。发射极的掺杂浓度比集电极高很多，所以发射极处存在很多的载流子。实际上，在图 3.1.2a 的 npn 型晶体管中，发射极的电子比集电极的电子多得多。

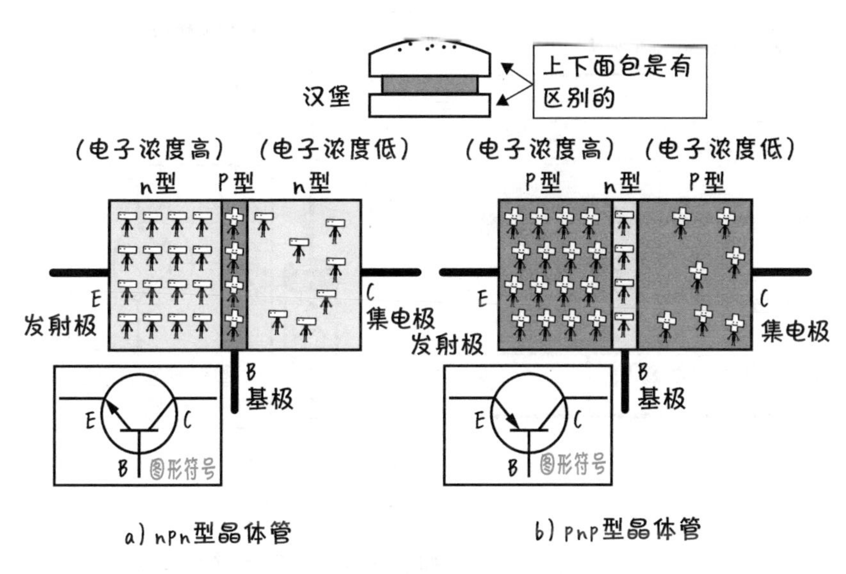

图 3.1.2　晶体管的引脚名和符号

难易度 ★★★★★

3-2 ▶ 引脚名字的由来

~根据三个引脚的作用命名~

▶【引脚名字的由来】

- E（发射极）：发射东西。
- B（基极）：基础、起点。
- C（集电极）：收集东西。

图 3.2.1 所示的是 npn 型晶体管在不工作时的情况。发射极和基极之间因 pn 结而存在耗尽层，基极和集电极之间也因 pn 结而存在耗尽层。此时，即使在发射极和集电极之间施加电压，由于存在耗尽层，也不会有电流通过。

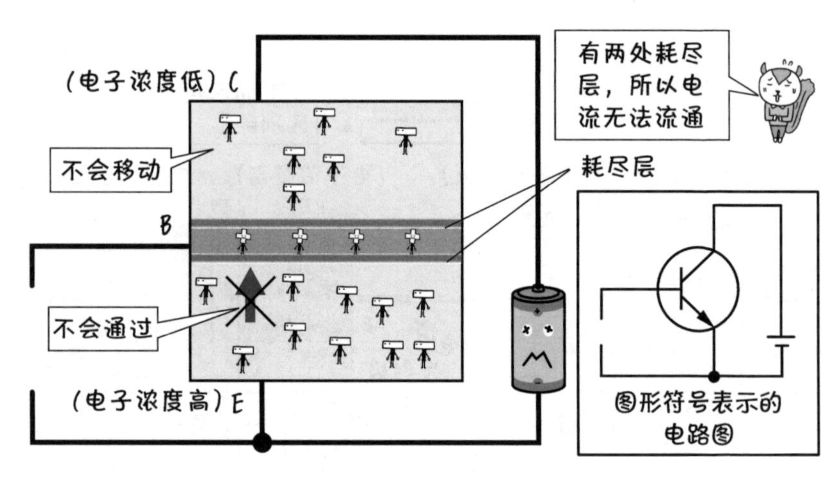

图 3.2.1 npn 型晶体管在不工作时

因此，如图 3.2.2 所示，在基极和发射极之间的 pn 结上施加一个电压，使其像二极管一样处于正向的导通方向。如同在二极管中的情况一样，空穴从基极移动到发射极，电子从发射极移动到基极，这样电流就通过了。这时，由于发射极中掺杂了许多电子，也就是载流子，而且作为基极的半导体层的厚度被制作的非常薄，所以与集电极相连的正极可以吸引来自发射极的电子，并使它们穿透基极。这意味着，电子可以从发射极传导到集电极。

这就是为什么发射极在英语中被命名为“发射”电子的引脚，而集电极被命名为“收集电子”的引脚。此外，电流是通过基极，使集电极和发射极之间的电流得以贯通，所以，基极被命名为“基础或起点”引脚。

由此可知，当电流流经晶体管的基极时，电流也会从集电极流向发射极。通过晶体管的基极、发射极、集电极的电流分别被称为基极电流 I_B〔A〕、发射极电流 I_E〔A〕、集电极电流 I_C〔A〕㊀。

pnp 型晶体管的工作机制也是一样的，只是在 pnp 型晶体管的情况下，载流子被空穴取代，只是电池的极性和电流方向呈相反方向，与 npn 型晶体管的工作原理相同㊁。

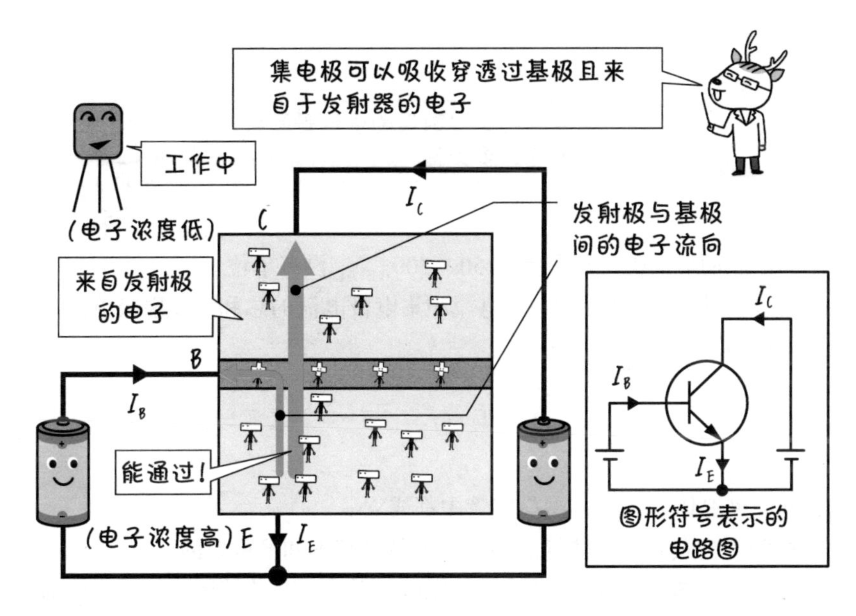

图 3.2.2 npn 型晶体管在工作时

㊀ 请注意，电子带负电荷，所以电子流向和电流的方向是相反的。
㊁ 空穴的有效质量比电子重，所以 pnp 晶体管不适合高频的应用场合。

难易度 ★★★★★

3-3 晶体管的放大作用

~ 这是晶体管的核心 ~

本节将对晶体管的最基本作用——放大作用进行说明。在 3-2 节中说明了，一旦有电流通过基极时，电流就能从集电极流向发射极。这里重要的是这部分电流的大小。集电极电流是基极电流的 100 倍左右。

与图 3.2.2 一样，图 3.3.1 所示的是晶体管在工作时的状态。电路图中电流和电压的大小通过量符号来表示。请参阅“如何读懂量符号”的内容。如图 3.3.1 所示，当晶体管只使用电池的直流电进行工作时，集电极电流 I_C〔A〕会被放大，达到基极电流 I_B〔A〕的多少倍被称为直流电流放大率 h_{FE}，用公式表示如下[㊀]。

$$h_{FE}=\frac{I_C}{I_B}$$

表示的是发射极的电流是基极电流的多少倍

虽然因产品而异，但一般范围在 50 ~ 200。h_{FE} 没有单位。

另外，从图 3.3.2 可知基极电流和集电极电流的总和为发射极电流。用公式表示如下[㊁]。

$$I_E=I_B+I_C$$

这在 npn 型晶体管和 pnp 型晶体管中都成立。

这两个公式对于晶体管的特性来说是最基本和最重要的。

另外，从图 3.3.2 的图形符号中还可以看出，晶体管图形符号中的箭头表示的是发射极电流的方向。

㊀ 因为只是电流的倍率，所以不存在单位（稍微难懂的表达为“没有维度”）。

㊁ 用过基尔霍夫电流定律，就能理解了。

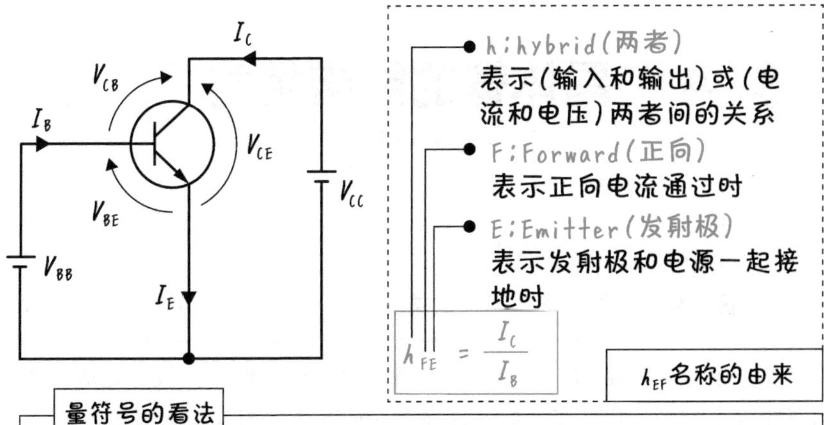

量符号的看法

· V_{BE}、V_{CE}、V_{CB}：不同的下标字母→表示各个引脚间的电压
(例如)V_{BE}是表示基极(B)和发射极(E)之间的电压
· V_{BB}、V_{CC}：有相同的下标字母→表示的是与引脚相连接的电源电压
(例如)V_{CC}：表示的是与集电极连接的电源电压
· I_E、I_C、I_B：电流的下标字母→表示的是各个引脚(E、C、B)间的电流
(例如)I_B表示的是基极(B)电流

图 3.3.1　晶体管的基本作用

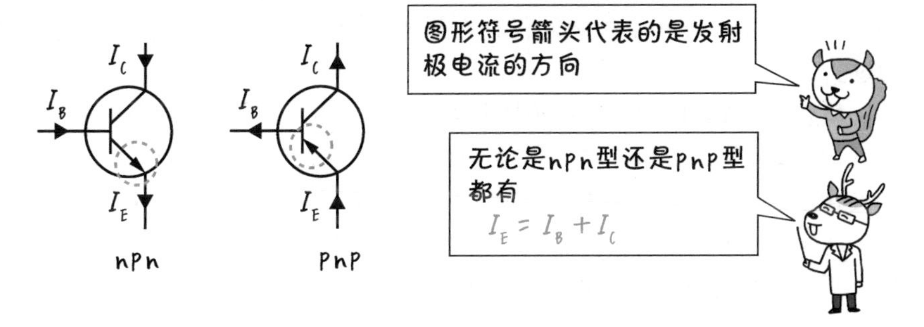

图 3.3.2　晶体管各引脚电流间的关系

● 例题　求出基极电流为 1mA、发射极电流为 100mA 的晶体管所具有的直流电流放大率。

答　集电极电流 $I_C=I_E-I_B=100\text{mA}-1\text{mA}=99\text{mA}$，直流电流放大率$h_{FE}=\frac{I_C}{I_B}=\frac{99\text{mA}}{1\text{mA}}=99$

难易度 ★★★★★

3–4 ▶ 晶体管的能带结构

~ 能通过吗？ ~

▶【晶体管的能带结构】

发射极的载流子能否通过基极是关键。

通过解读能带结构，就可以完全理解晶体管如何产生放大效应。让我们按照以下顺序分析在图 3.4.1a 未施加任何电压、图 3.4.1b 施加 V_{CE}〔V〕、图 3.4.1c 施加 V_{BE}〔V〕和 V_{CE}〔V〕时，晶体管的状态。

首先是图 3.4.1a，因为未施加电压，所以与二极管时的状态一样，晶体管内的费米能级 (施主能级和受主能级) 是一致的。另外，虽然发射极中存在很多的载流子 (电子)，但是由于发射极和基极之间势垒的存在，所以载流子无法直接到达基极。

接下来，在图 3.4.1b 中施加电压 V_{CE}〔V〕，即集电极与电源的正极连接。右图中的竖直方向代表带负电荷电子的能量，当集电极与电源的正极相连接时，集电极处的施主能级就会被降低，得到稳定的电子能级。尽管如此，由于发射极和基极之间仍存在势垒，所以晶体管中还是没有电流通过。

最后，图 3.4.1c 表示，在施加电压 V_{CE}〔V〕的基础上再连接上电压 V_{BE}〔V〕，即基极与正极相连接，此时基极中的受主能级也被降低。于是，如二极管正向导通时状态一样，发射极中的电子就能向基极流动了。此外，由于基极的厚度非常薄，再加上 V_{CE}〔V〕的连接，使集电极中施主能级降低，所以发射极中大量的电子会贯通基极并到达集电极，也就是大量的电子被聚集到集电极上了。

这就是放大效应的机制，通过较小的基极电流获得较大的集电极电流。

很少有入门书说明晶体管的能带结构，但要真正理解它的工作原理是十分必要的

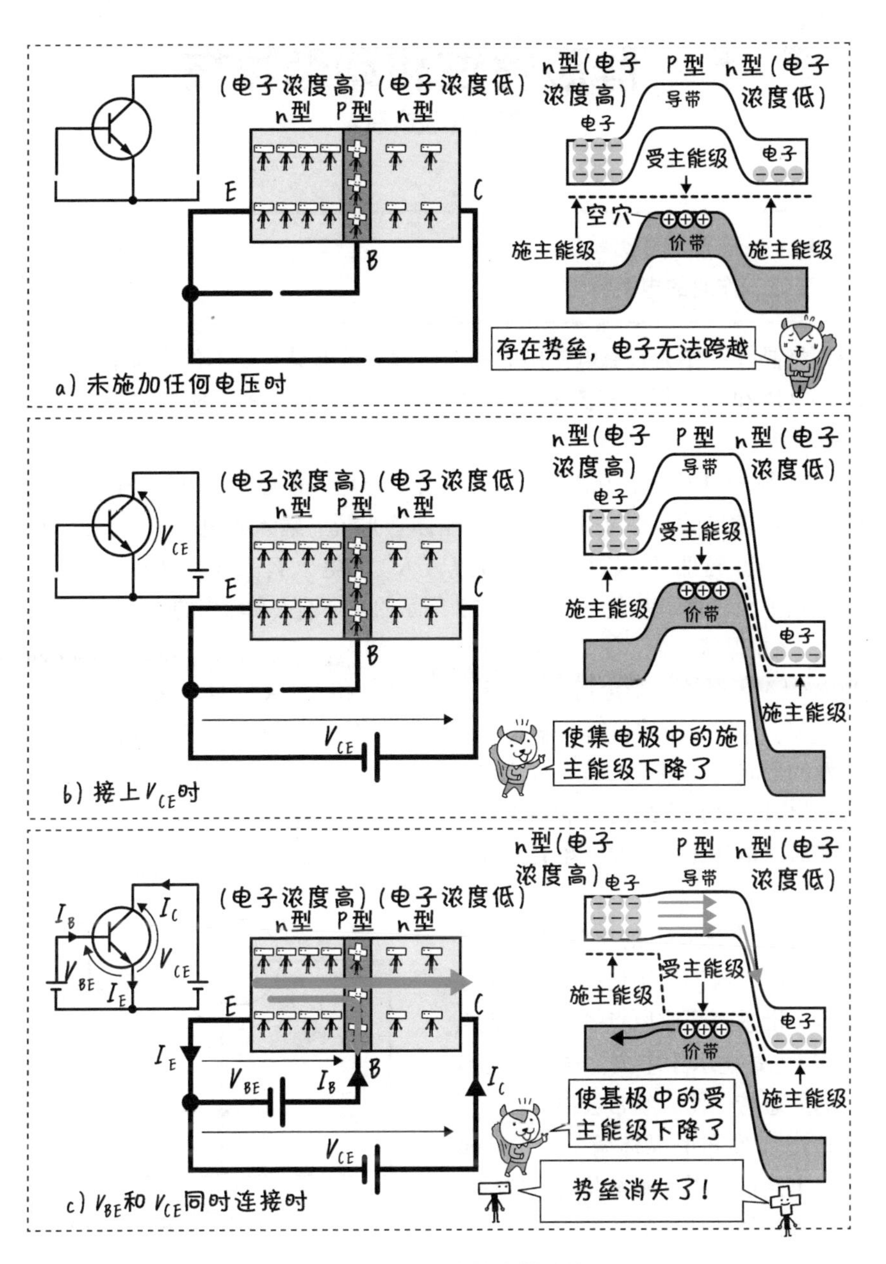

图 3.4.1 晶体管的能带结构

难易度 ★★★★★

3–5 ▶ 静态特性和动态特性

~ 瞬态比较麻烦 ~

▶【晶体管的静态特性】

直流工作时的电气特性。

将晶体管作为直流电使用的特性统称为静态特性。不像交流电那样变动，电压和电流都是直流（恒定的），保持一定的“静”时的“特性”的意思。

如图 3.5.1 所示，在晶体管处于工作状态时，晶体管的电气特性可以通过输入和输出的关系来表示。对于晶体管来说，输入有电流 I_B〔A〕和电压 V_{BE}〔V〕这两种。输出也有电流 I_C〔A〕和电压 V_{CE}〔V〕这两种。

接下来，我们考虑一下如图 3.5.2 所示的 4 个输入和输出的关系。（1）是当 I_B〔A〕保持一个定值时，输出（I_C〔A〕和 V_{CE}〔V〕）之间的关系。（2）是当 V_{CE}〔V〕保持一个定值时，电流（I_C〔A〕和 I_B〔A〕）间的关系，（3）是 V_{CE}〔V〕保持一个定值时，输入（I_B〔A〕和 V_{BE}〔V〕）之间的关系。该电气特性的形状与二极管的电压电流特性形状相同。（4）是 I_B〔A〕保持在一个定值时，电压（V_{BE}〔V〕和 V_{CE}〔V〕）之间的关系。

为了将这 4 组的电气特性图整合在一起，我们适当地将坐标轴做了翻转（沿垂直线或原点做对称和旋转操作），并显示于中央。这就是晶体管的静态特性图，经常会出现在器件制造商所发布的晶体管的产品手册中。电路设计工程师都是通过这些特性，来选择并使用晶体管。

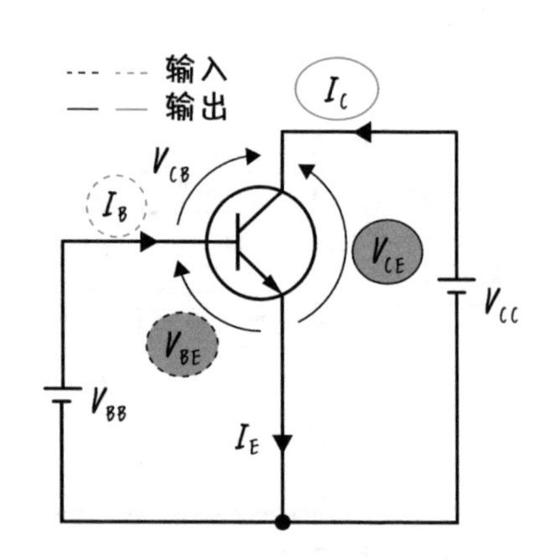

图 3.5.1 晶体管的输入与输出

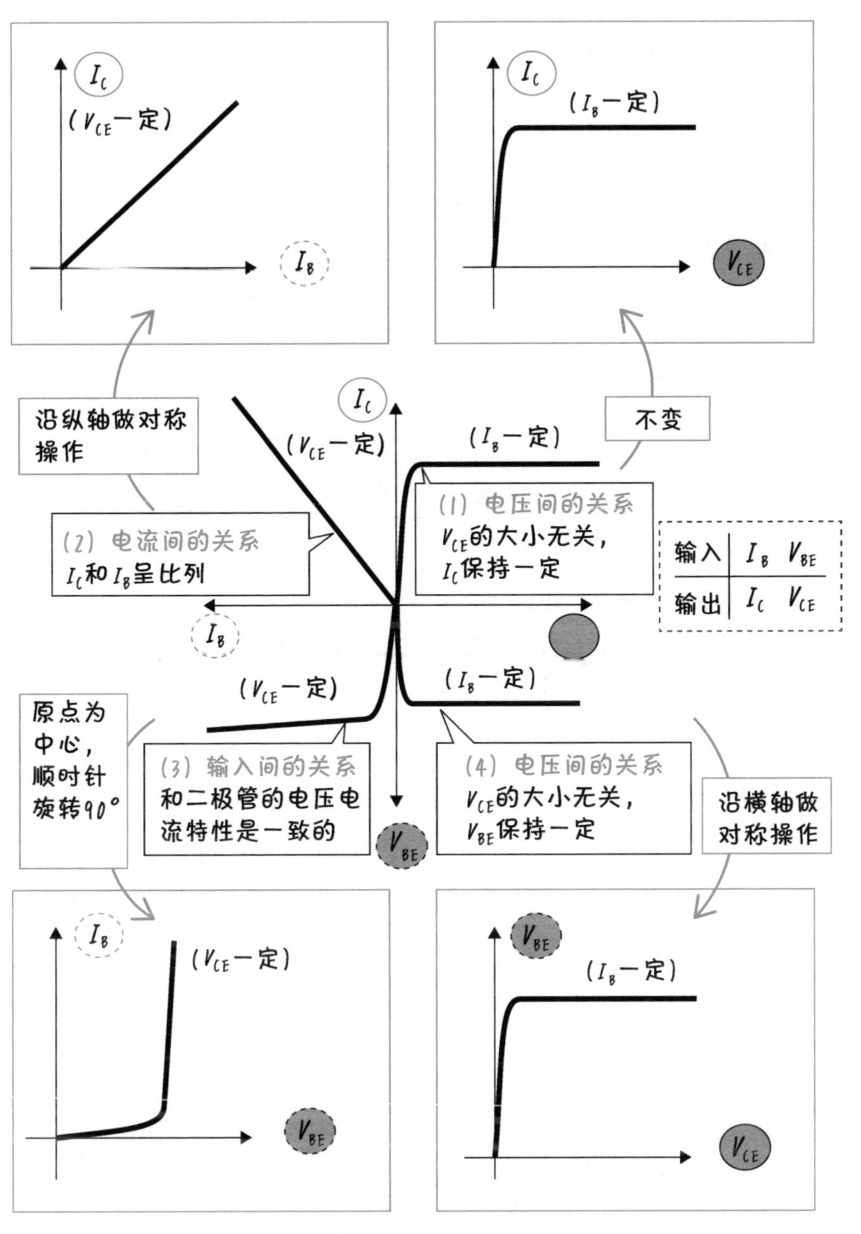

图 3.5.2 晶体管的静态特性

▶【晶体管的动态特性】

交流情况下的电气特性。

静态特性是在直流情况下的电气特性，而**动态特性**是在交流情况下的电气特性。图 3.5.3 是在图 3.5.1 所示电路图的基础上，将交流电源 v_{bb}〔V〕串联到基极侧电源 V_{BB}〔V〕上，并显示了基极电流中有交流信号分量的电流 i_b〔A〕通过时的情况。此时，集电极电流中也会出现交流分量的电流 i_c〔A〕。i_c〔A〕是 i_b〔A〕被放大后的交流电流，交流情况下的电流放大倍率通常比直流时要小。我们将这个时候的放大倍率称为**小信号交流放大率** h_{fe}，用公式表示如下[㊀]。

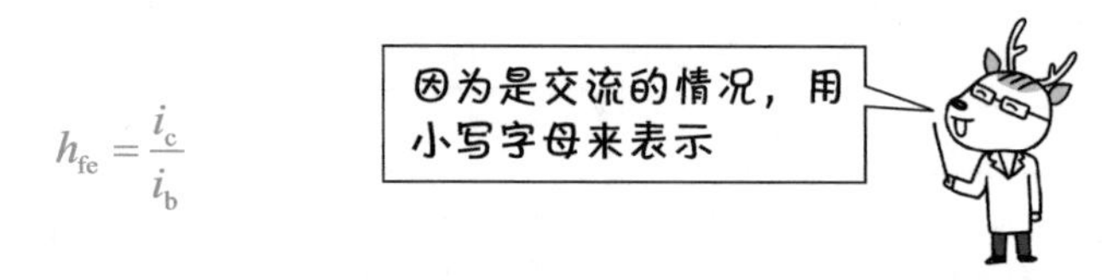

$$h_{fe}=\frac{i_c}{i_b}$$

交流电的频率越高，小信号交流放大率通常会比直流放大率要小。

在交流的情况下，晶体管中作为载流子的电子和空穴的运动方向会频繁地被切换，因此放大效果也会被减弱。

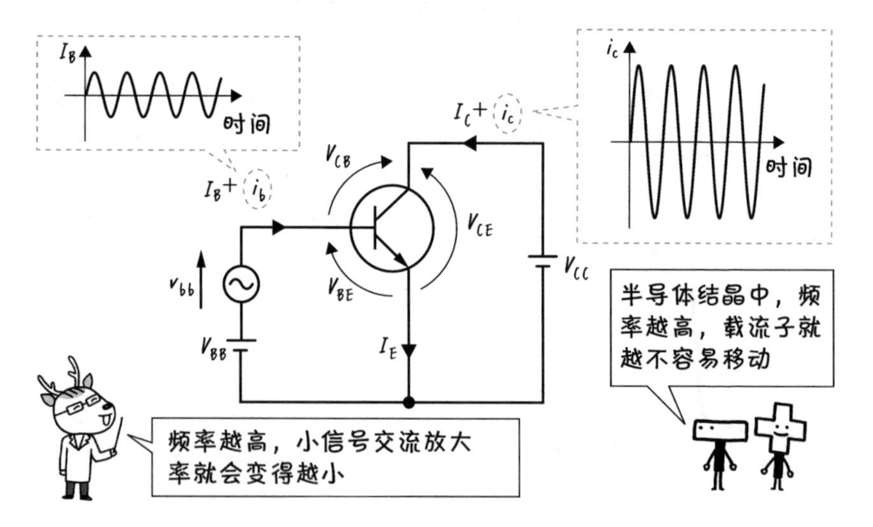

图 3.5.3　晶体管的动态特性

㊀　实际上是有效值的比，而不是瞬时值的比。

图 3.5.4 显示了信号频率越高，小信号交流放大率就会变的越小。这种针对频率变动的特性被称为**频率响应**。像小信号交流放大率的频率响应等一些典型性能指标都能在晶体管的产品手册中找到。

在设计电子电路时，需要根据电路中所使用信号的频率作为标准，确定小信号交流放大的范围，并选择匹配的晶体管。接下来的 3-6 节中将要学习的 h 参数也会随着频率而改变，不过，这和小信号交流放大率一样，都是根据使用信号的频率作为标准来选择匹配的晶体管的。如何处理频率响应，具体方法将在 7-17 节中学习。

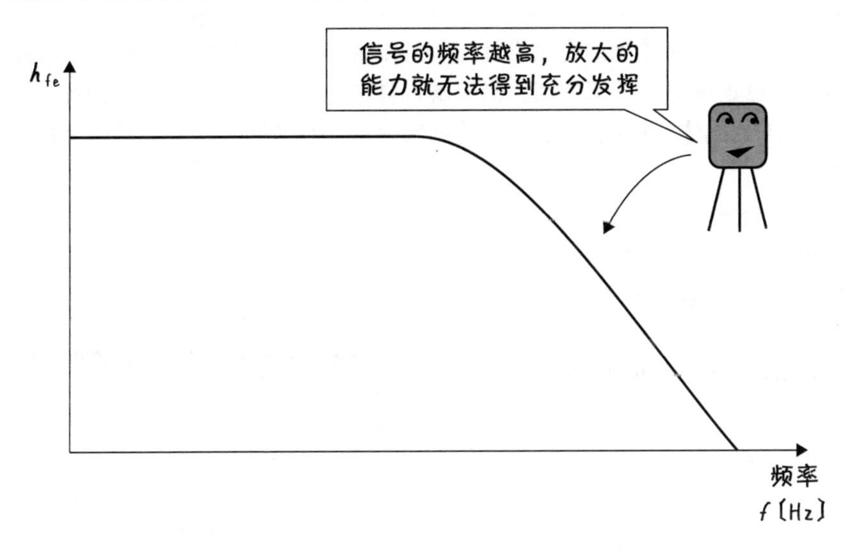

图 3.5.4 **小信号交流放大率与频率的关系**

难易度 ★★★☆☆

3-6 ▶ h 参数

~ 表示输入和输出的 4 种关系 ~

▶【h 参数】

用 4 个值表示晶体管的输入和输出之间的关系。

对于使用晶体管的电路设计工程师来说，比起器件内在结构等的详细信息，更重视通过外部的回路来了解器件的输入和输出的信息。因此，将图 3.6.1 的晶体管用图 3.6.2 的电路图来表示，只着眼于输入和输出间的电气关系。

作为输入，向基极施加直流电压 V_{BE}〔V〕和交流信号分量 v_{be}〔V〕，基极就会有直流电流 I_B〔A〕和交流信号分量 i_b〔A〕的通过。如果在输出的直流电压 V_{CE}〔V〕上再叠加上交流信号分量 v_{ce}〔V〕，则集电极电流中也会含有交流信号分量 i_c〔A〕。

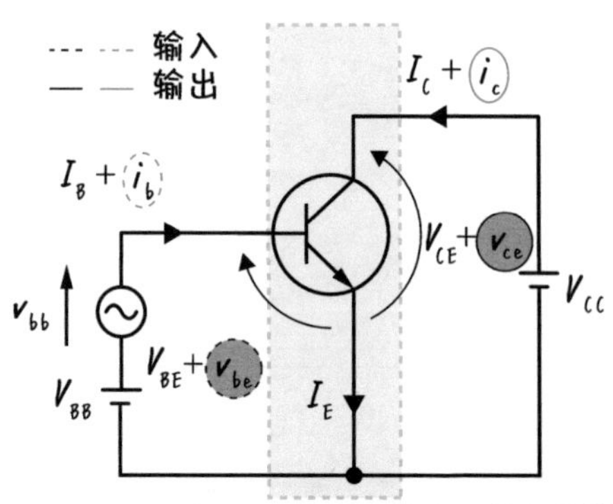

图 3.6.1 图 3.6.2 中所示的实际的晶体管

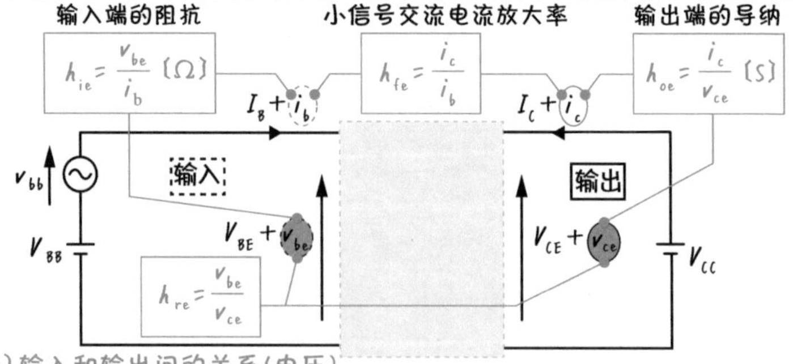

图 3.6.2 只考虑输入和输出间电气关系的电路图

此时，电压 v_{be}〔V〕和电流 i_b〔A〕作为输入、电压 v_{ce}〔V〕和电流 i_c〔A〕作为输出，将图 3.6.3 所示的这 4 组关系[一] 称为 **h 参数**，具体的关系式如图 3.6.4 所示[二]。

	输入	输出
电流	i_b	i_c
电压	v_{be}	v_{ce}

(1) 输入和输出间的关系(电流)小信号交流放大率 h_{fe}　f：forward（正向）正向电流通过的时候

(2) 输入和输出间的关系(电压)电压的反馈系数 h_{re}　r：ratio（比）电压之间的比值

(3) 输入和输入间的关系阻抗　输入端的阻抗 h_{ie}　i：input（输入）

(4) 输出和输出间的关系导纳　输出端的导纳 h_{oe}　o：output（输出）

图 3.6.3　**h 参数所表示的关系与下标字母的含义（也可参照图 3.3.1）**

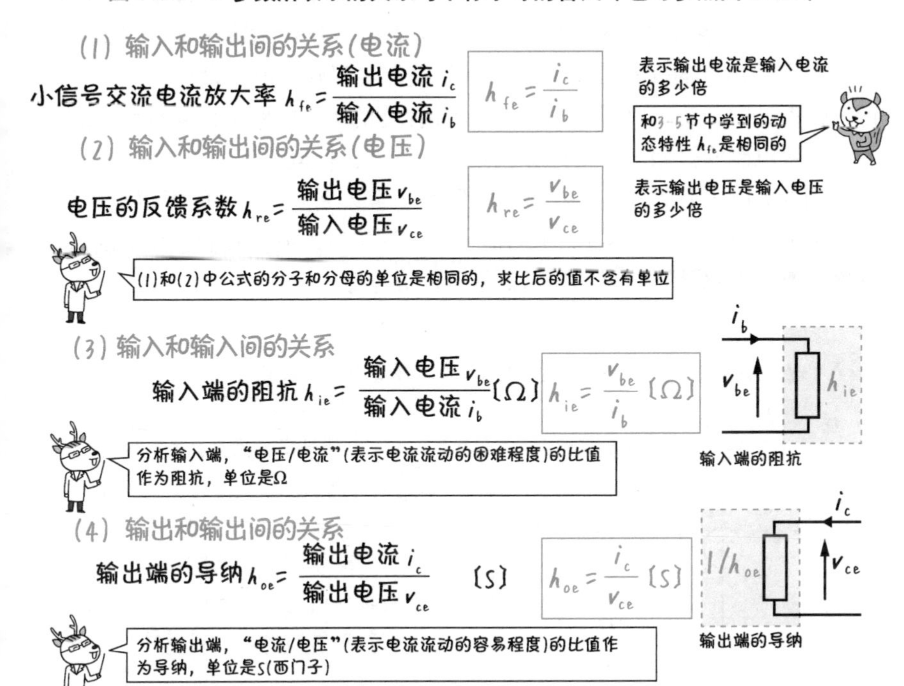

图 3.6.4　**h 参数所表示的关系与下标字母的含义（也可参照图 3.3.1）**

[一] 输入电流、输入电压、输出电流、输出电压共 4 个未知数，因此需要 4 个关系式（或方程式）。通过学习二端子电路的 h 矩阵可以更深入地了解这方面的内容。

[二] h 参数表示的是在动态的情况下，输入与输出的交流信号分量间的关系。具体来说，它们是静态特性中得到的 4 条关系曲线的切线的斜率（微分系数）。

难易度 ★★★★★

3-7 ▶ 等效电路

~ 将其交给电路设计工程师 ~

▶【等效电路】

为了便于计算，用电源和阻抗来表示晶体管。

利用在 3-6 节中学到的 h 参数，可以很方便地对晶体管的电路做计算。图 3.7.1 中仅用电源和阻抗[㊀] 等价表示了图 3.6.2 中的 4 个 h 参数所表示的电路图，该电路图被称为晶体管的等效电路图。设计制造晶体管的工程师只需要把晶体管的 h 参数信息交给电路设计工程师，电路设计工程师在进行电路设计时，就可以利用图 3.7.1 的晶体管的等效电路来计算设计。实际上，等效电路既被用于手动计算也被用于计算机模拟计算。

图 3.7.1 的等效电路是由理想电压源（常数 $h_{re}v_{ce}$〔V〕的恒定电压源）和理想电流源 $h_{fe}i_b$（常数〔A〕的恒定电流源）所组成。我们来简单确认一下这个等效电路是否能真的表示晶体管的 h 参数。

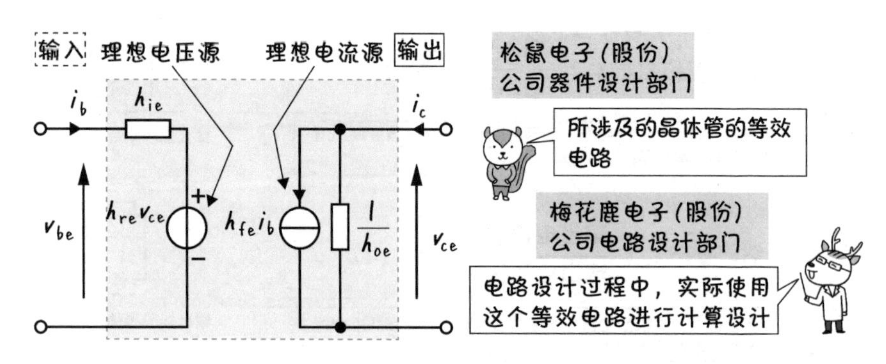

图 3.7.1 晶体管的内部的等效电路通过电源和阻抗来表示

㊀ 简单地说，直流电路中的电阻包含电感和电容的特性，可以通过交流电路来计算。具体内容可参阅《易学易懂电气回路入门（原书第 2 版）》一书。

图 3.7.2 说明了 h_{fe} 和 h_{re}、图 3.7.3 说明了 h_{ie} 和 h_{oe} 都可以用等效电路表示。在确认 h 参数时，如图 3.7.2 所示，输入电流 I_B+i_b 和输出电压 $V_{CE}+v_{ce}$ 是保持恒定的。

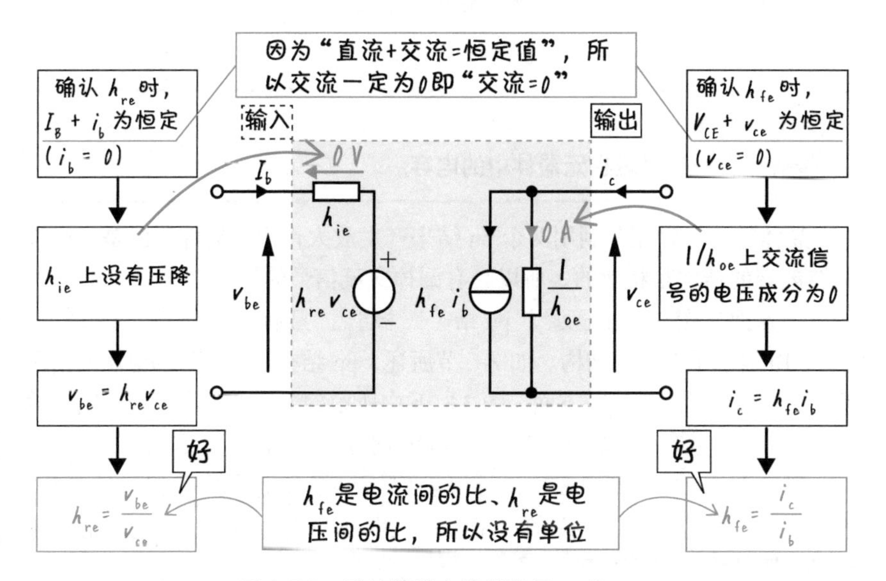

图 3.7.2 确认等效电路能表示 h_{fe} 和 h_{re}

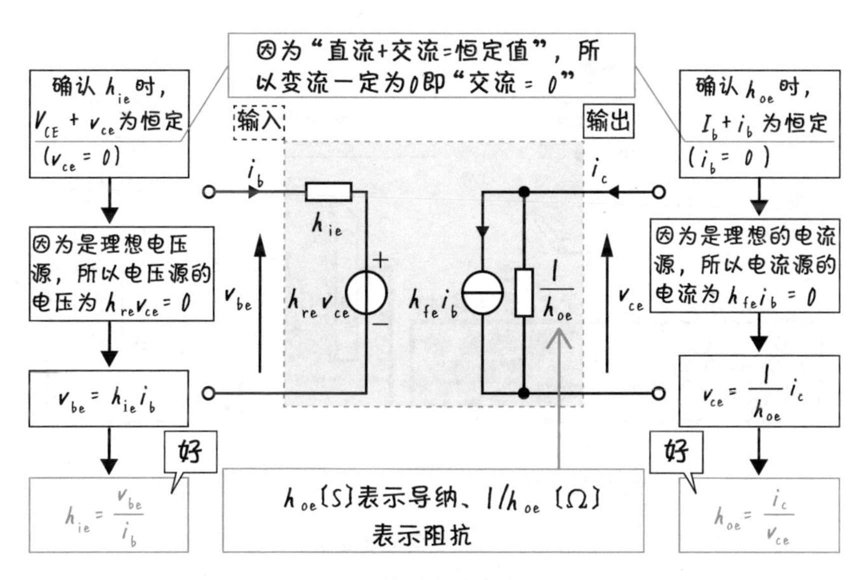

图 3.7.3 确认等效电路能表示 h_{ie} 和 h_{oe}

难易度 ★★★★★

3-8 ▶ 寄生电容

~ 一个恼人的存在 ~

▶【寄生电容】

像寄生虫一样潜藏在元器件中的电容。

晶体管是一种充分利用两个 pn 结来产生放大作用的器件。但是，由于 pn 结电容的结构是相似的，所以具有漏掉交流信号的恼人特性。

一方面，图 3.8.1a 显示了 pn 结（二极管：只有一个结合）的结构，图 3.8.1b 显示了电容的结构。如 2-6 节所述，pn 结在不施加外部电压的情况下也会形成耗尽层。另一方面，图 3.8.1b 中所示的电容在两个电极之间夹着电介质，在对电容两极施加电压时，电极处会产生正电荷和负电荷㊀。

观察图 3.8.1a 和图 3.8.1b，可以发现耗尽层和电容具有相似的结构。在什么都没有的耗尽层的两侧，聚集有正电荷和负电荷，这和电容的结构不是一样的吗？换个角度来看，可以说具有 pn 结的器件中潜藏着电容的

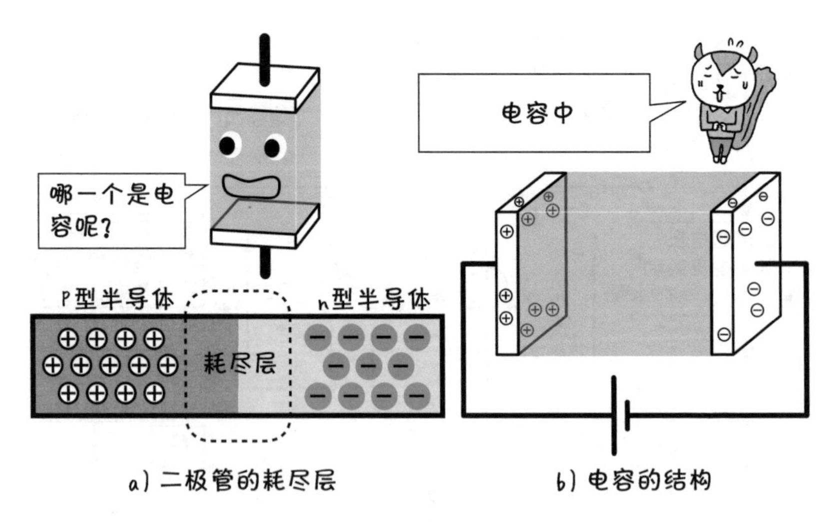

图 3.8.1 耗尽层会变成电容

㊀ 这方面的内容在《易学易懂电气回路入门（原书第 2 版）》一书有详细论述。

性质。

像这样，如寄生虫一样隐藏在器件中的电容的静电电容被称为寄生电容（限制电容）或浮游电容。

晶体管中含有两个 pn 结，因此有必要考虑两个寄生电容。图 3.8.2a 为晶体管的结构。让我们分析下存在于集电极和基极之间、基极和发射器之间的各个 pn 结中的寄生电容。用电路图来表示的话，如图 3.8.2b 所示。虽然这些寄生电容的值很小㊀，但在高频率下，电抗会变得很小，这样会漏掉交流分量的成分㊁。因此，在设计高频电路时，必须在等效电路中添加上寄生电容，并考虑漏电的影响（可以参照 7-18 节）。

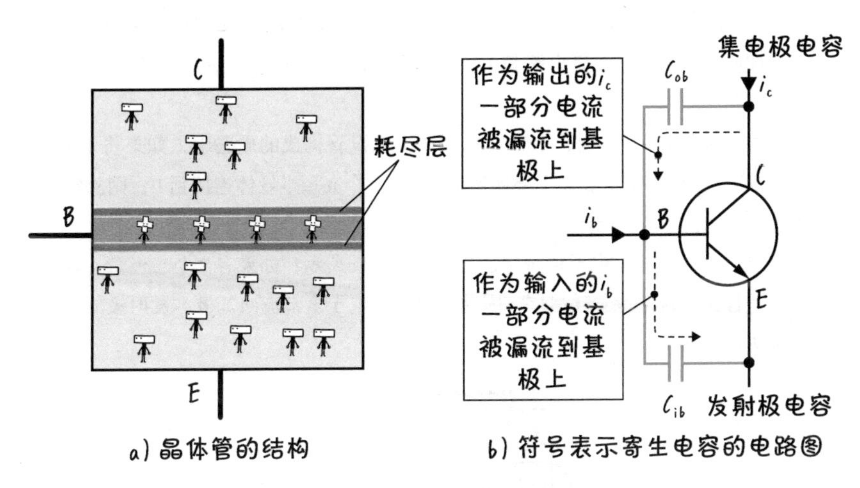

图 3.8.2　耗尽层在晶体管中形成电容

将 BC 间的寄生电容表示为集电极电容 C_{ob}〔F〕，在交流工作时，一部分的集电极电流会通过 C_{ob} 漏流到基极上。由于是从作为输出（output）的集电极电流漏流到基极（base）上，所以下标为 ob。同样的，将 BE 间寄生电容表示为发射极电容 C_{ib}〔F〕，在交流工作时，基极电流的一部分通过 C_{ib} 漏流到发射极。由于是从作为输入（input）的基极电流漏流到发射极，所以下标为 ib。

㊀ 通常大小为几 p〔F〕~几百 p〔F〕。
㊁ 这方面的内容在《易学易懂电气回路入门（原书第 2 版）》一书有详细论述。

2个二极管和1个npn型晶体管的电气特性是相同的吗?

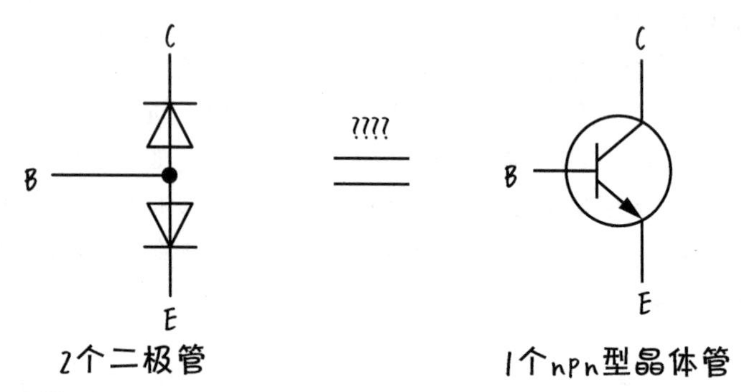

上面所示的2个二极管电路和1个npn型晶体管电路，二者间会不会有相似的电气特性呢?

答案是“否定的”，为什么呢?在用2个二极管构成的电路中，如果将1个n型半导体连接到C，1个p型半导体连接到B，1个n型半导体连接到E，则感觉上会构成与晶体管相似的结构。

这里的重点是E的电子能否穿透基极。如下图所示，如果有2个二极管，则上面的二极管会一直保持着耗尽层，因此发射极的电子全部流向基极，发射极的电子无法移动到集电极。

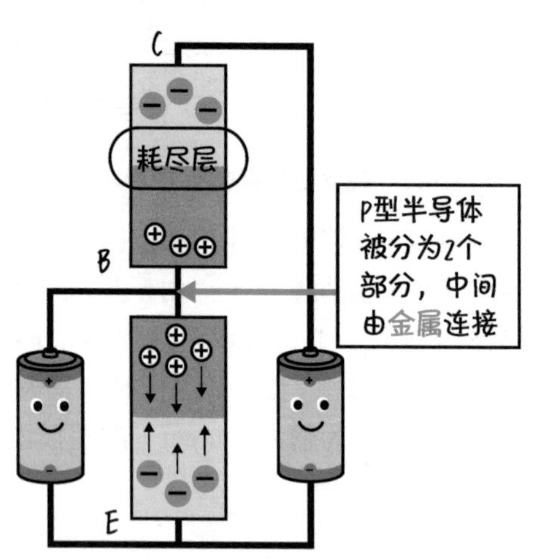

为什么二极管会形成耗尽层呢?这是因为连接二极管之间的金属影响的结果。实际上，当半导体与金属连接后，就会有和pn结一样的整流作用（详细内容请参阅5-8节）。

第4章

场效应晶体管

场效应晶体管的外观和晶体管是一样的，但它们的内部结构完全不同。场效应晶体管是由“电压驱动”的，因此，它们可以更方便地用于电子电路的实际设计中。

难易度 ★★★★★

4-1 电流驱动和电压驱动

~来自电路工程师的订单~

▶【电流驱动和电压驱动】

- 晶体管由电流驱动。
- 场效应晶体管由电压驱动。

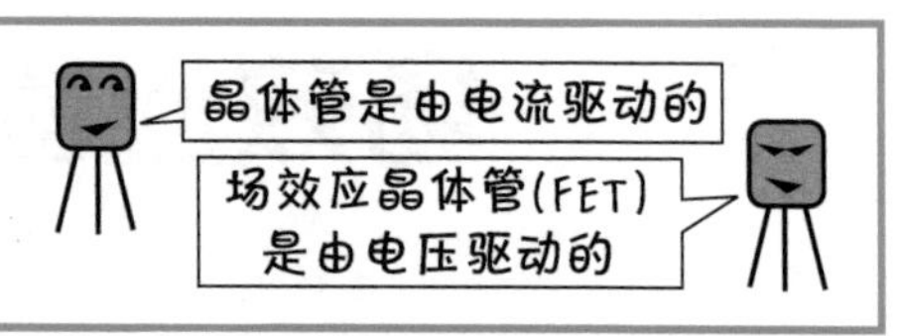

目前为止，我们学习过的晶体管，是将电流作为输入来工作的电流驱动型器件。在基极和发射极之间形成的 pn 结中通过正向电流，使集电极通过相应的被放大的电流。通过图 4.1.1 的示意图来说明晶体管的作用。用电流表测量从传声器流出的电流，与之相对应的输出电流会通过作为输出端的扬声器。实际上，如图 3.7.1 的等效电路所示，晶体管的输出可以通过一个电流源来表示的，大小为输入电流的 h_{fe} 倍。

然而，对电路的设计工程师来说，通过电流驱动的器件是会存在一些问题的。例如，如图 4.1.2 中所示的传声器这样的输入设备，流过它的电流越大，输出电压越小，信号传输的正确性就越差。准确地说，作为输入端的传声器可以等效为由一个电源和内部阻抗 Z_i〔Ω〕所构成的回路，如图 4.1.2 右侧中所示的电路。等效电路中有电流 i〔A〕通过时，Z_i〔Ω〕上就会产生压降，传声器的输出电压 v〔V〕就相应地变小了。因此，电路的设计工程师追求的是没有电流通过，而是能根据电压进行放大作用的电压驱动型器件。

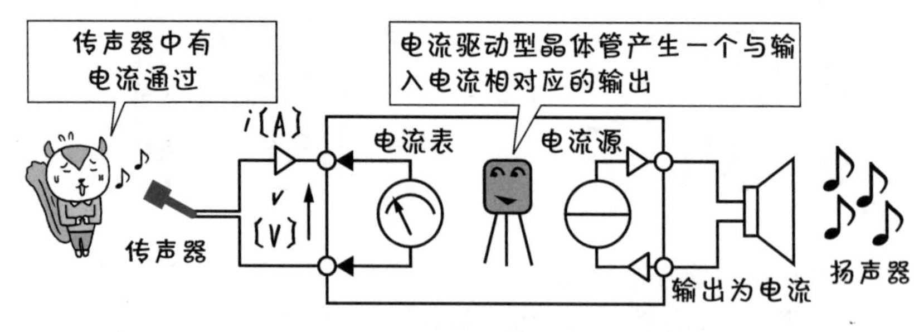

图 4.1.1 电流驱动型晶体管（示意图）

正是基于这样的背景，在晶体管之后诞生了场效应晶体管。顾名思义，场效应晶体管是利用电压产生的电场效应[一] 来控制输出电流。因为名字很长，所以简称为 FET[二] 。如图 4.1.3 所示，FET 对传声器的信号电压做放大，并向扬声器输出电流。这个输出电流是与输入端电压表的测量电压相对应的[三] 。

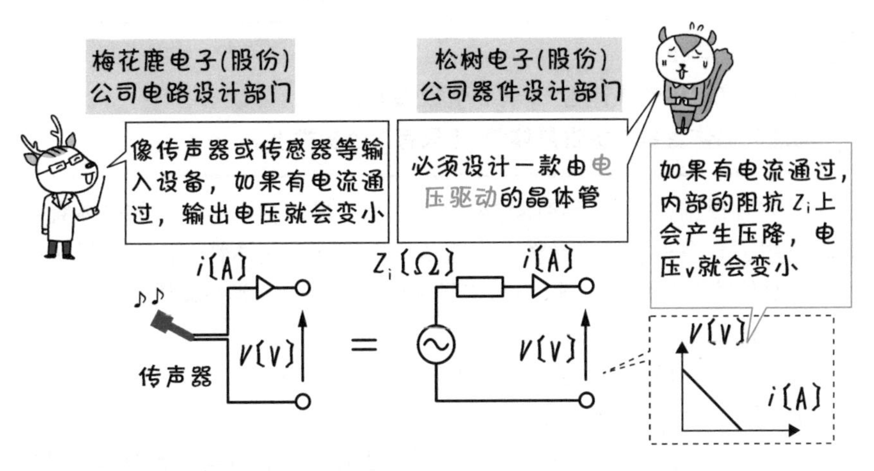

图 4.1.2　传声器的等效电路图以及内部的阻抗

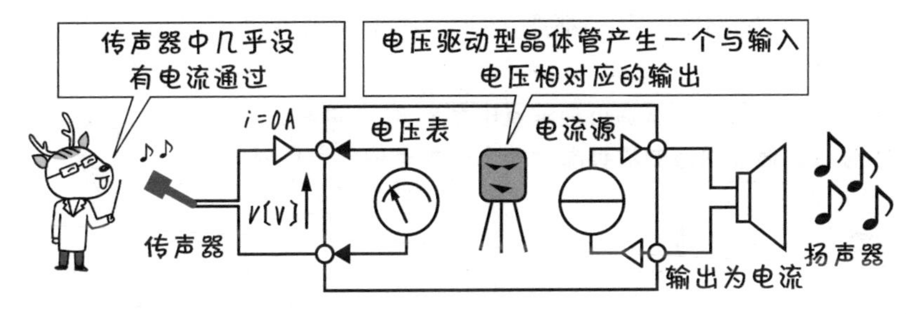

图 4.1.3　电压驱动型晶体管（示意图）

㈠ 施加电压的空间被称为“电场”，力作用于存在电场的空间中的电荷。

㈡ Field Effect Transistor 的缩写。

㈢ 电压表的内部阻抗很大，几乎不会有电流通过。FET“电压驱动型晶体管 = 内部阻抗很大的器件”可以用电压表来表示。然而，并不是说电压驱动在任何时候都有效，只有在传声器侧和放大电路侧的内部阻抗相同的时候，才能传递最大的功率。详细内容将在 7-19 节、7-20 节中做阐述。

难易度 ★★★★★

4-2 ▶ 单极性

~只有 n 型或 p 型的其中一种~

▶【双极和单极】

晶体管是双极性晶体管（有 2 个极性）。

场效应晶体管是单极性晶体管（只有 1 个极性）。

晶体管根据使用的半导体种类分为两种。目前为止所涉及的晶体管是同时使用了 n 型和 p 型半导体，也就是“双极性”晶体管。接下来说明的场效应晶体管是只使用n型或p型半导体中的一种，这类晶体管被称为“单极性”晶体管。

拉丁语中“bi”是“2”的意思，希腊语中“mono”是“1”的意思。“Polar”在英文中是“极”意思。

一方面，如图 4.2.1 所示，双极性晶体管是一种同时具有 n 型和 p 型两种极性半导体的晶体管。为了与场效应晶体管区别开来，接下来只要提到是电流驱动型晶体管，我们都把它们归为双极性晶体管。

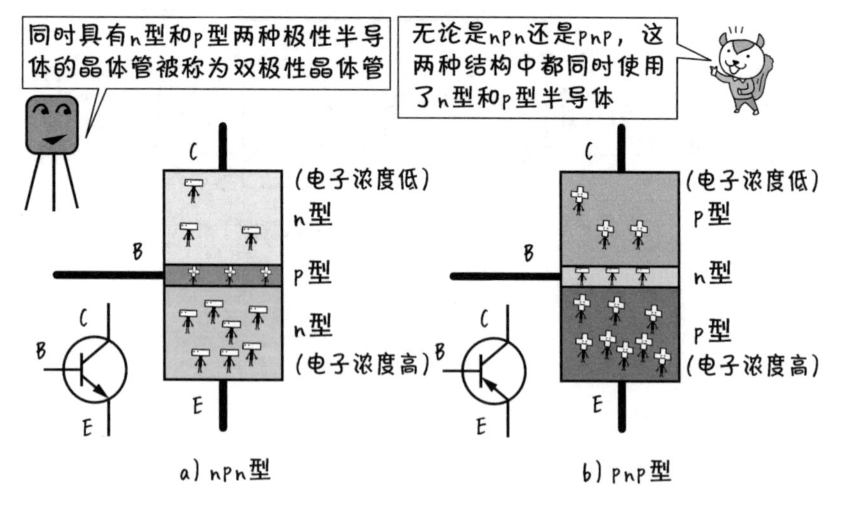

图 4.2.1 晶体管是双极性晶体管

另一方面，场效应晶体管只允许电流在 n 型或 p 型半导体其中的一个中流动。载流子只由一个极性的半导体控制。如图 4.2.2 所示，只具有一个极性的场效应晶体管可以说是**单极性**晶体管。场效应晶体管也被称为**单极性晶体管**。

如图 4.2.2 所示的场效应晶体管，它是通过一个被称为栅极的电极电压来控制电流。就像水龙头一样，栅极电压对应于水龙头，电流对应于自来水。

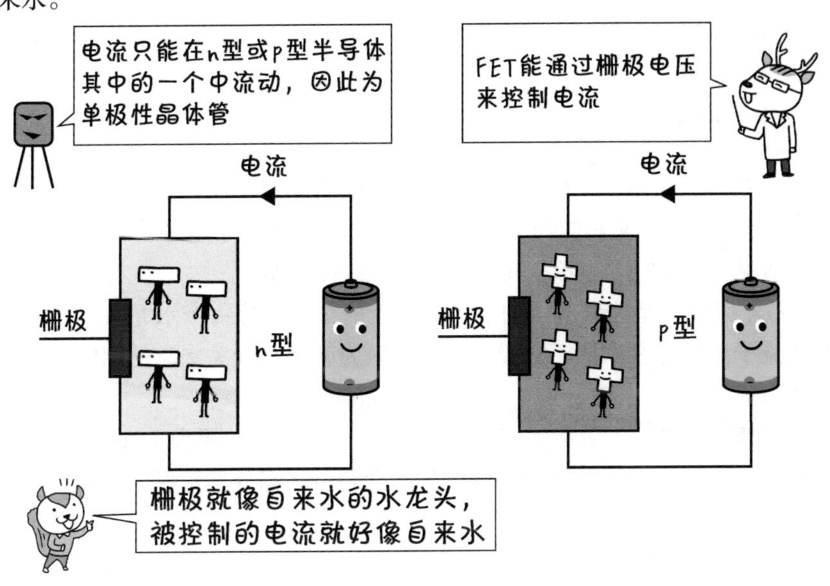

图 4.2.2　**场效应晶体管是双极性的**

工程师们发明了很多制作栅极的方法，本书将介绍两种在实际应用中经常使用的接合型 FET 和 MOSFET。以下，本书中场效应晶体管都被称为 FET。

- **本书将介绍的场效应晶体管（FET）**

  接合型 FET：利用 pn 结的耗尽层进行控制→ 4-4 节、4-5 节、4-6 节；

  MOSFET：利用反型层进行控制→ 4-7 节、4-8 节、4-9 节。

难易度 ★★★★★

4-3 ▶ 引脚的名字和沟道

~n 型也好，p 型也好，载流子都是从源极到漏极 ~

▶【FET 引脚的名字】

- **G：栅极。**
- **S：源极。**
- **D：漏极。**

和双极性晶体管一样，FET 也有三个引脚，每个引脚都有相对应的名称。图 4.3.1 说明了 FET 是如何工作的，图 4.3.1a 表示电子作为载流子流动的情况，图 4.3.1b 表示空穴作为载流子流动的情况。

G（栅极）是控制电流的端子。栅极的作用就像一个水龙头，器件中的载流子流动与否取决于栅极的电压。因为就像是开关水流的闸门，所以被称为“门极”，也就是栅极。

载流子是从 S（源极）流向 D（漏极）。源极是“源头（Source）”[一]，“漏极”是“排水口”，所以场效应晶体管的引脚都分别是根据其作用来命名的。

▶【FET 的沟道】

从源极（S）到漏极（D）的载流子的沟道。

图4.3.1a中电子和图4.3.1b中空穴作为载流子从源极流向漏极[二]。图4.3.1a中电子可以通过的沟道被称为 n 沟道，而图 4.3.1b 中空穴可以通过的沟道则被称为 p 沟道。无论沟道的类型如何，载流子出发的终端被称为源极，载流子到达的终端被称为漏极。这里需要注意的是，**漏极和源极之间的半导体类型（n 型、p 型）和沟道的类型是不一致的。**

[一] 经常被问到，调味料写作“sauce”，是不同的单词。

[二] 电子被正极吸引，与负极相排斥。空穴被负极吸引，正极相排斥。

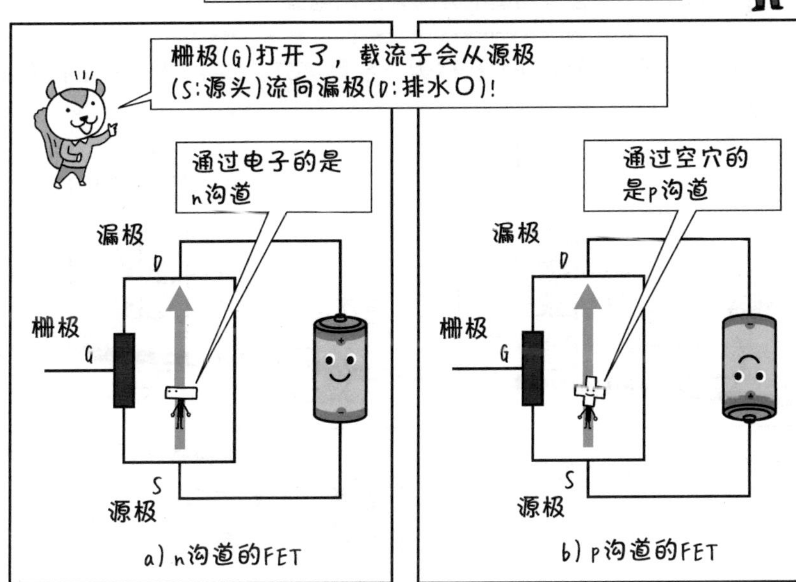

图 4.3.1　FET 引脚的名称和沟道

利用通过载流子沟道的是电子还是空穴，来判断沟道的种类，n 型半导体不一定是 n 沟道。后面会讲到，接合型 FET 的 n 沟道是由 n 型半导体制成，而 MOSFET 的 n 沟道是由 p 型半导体制成。

另外，“沟道”这个词和电视，广播的“频道”一样，都是来自英语“channel”。

难易度 ★★★★★

4-4 ▶ 接合型 FET

~ 关断时，沟道不流过载流子 ~

▶【接合型 FET】

用 pn 结的耗尽层控制沟道的开断来控制电流。

使用 pn 结作为栅极 FET 被称为接合型 FET。图 4.4.1 显示了接合型 FET 的结构和电路符号。

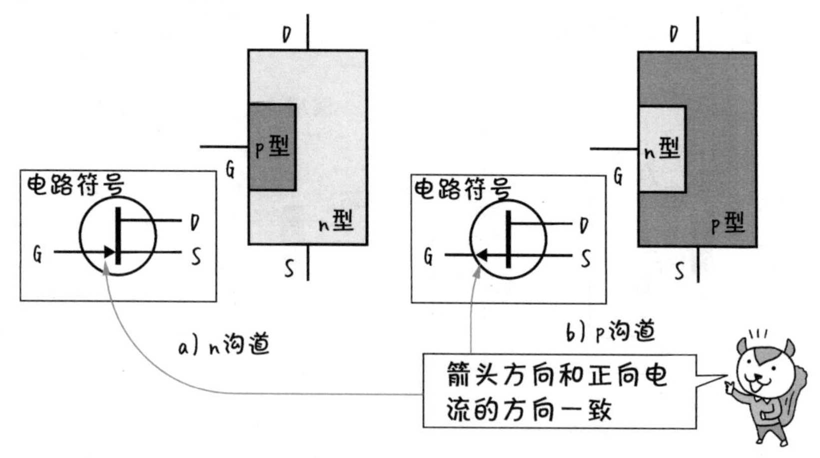

图 4.4.1　接合型 FET 的结构和电路符号

图 4.4.1a 中的 n 沟道接合型 FET 在源极（S）和漏极（D）间使用 n 型半导体，在栅极（G）使用 p 型半导体，而图 4.4.1b 中的 p 沟道，情况则正好相反。由于结构上采用了与二极管相同的 pn 结，所以在接合型 FET 的电路符号中，用箭头代表了正向电流的方向。

在实际中，使用接合型 FET 时，栅极和源极之间会连接上一个电源，对栅极施加反向电压。图 4.4.2 显示了 n 沟道的接合型 FET 是如何工作的。图 4.4.2a 表示还没有对栅极施加任何电压的情况，所以只在 p 型半导体和 n 型半导体之间存在耗尽层。但是，源极和漏极之间没有耗尽层，所以 n 型半导体的载流子的电子可以很轻松地通过沟道。也就是说，有 I_D〔A〕的电流从漏极流向源极。

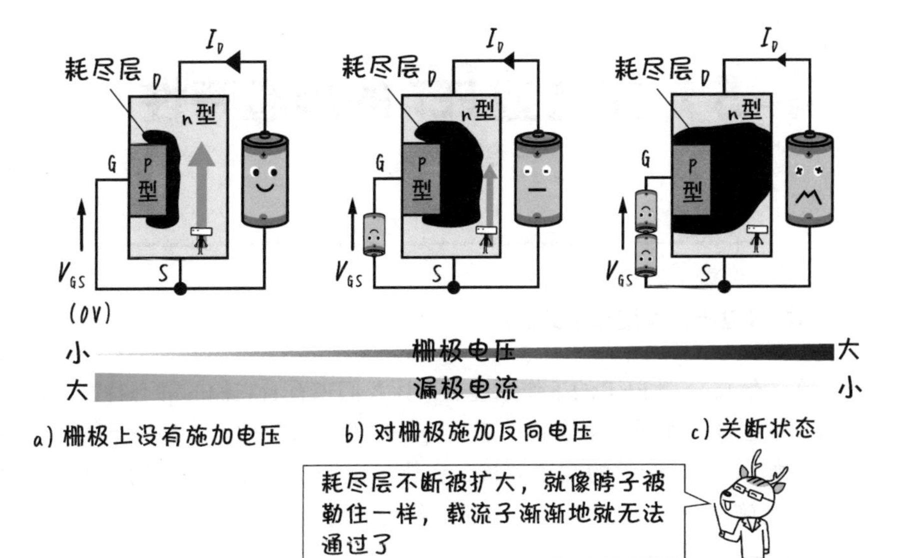

图 4.4.2　接合型 FET 的工作原理

然而，正如第 2 章所说明的那样，如图 4.4.2b 所示，当向栅极施加反向电压时，会扩大耗尽层，此时载流子变得不那么容易流动，漏极电流减少。如果进一步增加反向电压，耗尽层会被进一步扩大，直到载流子完全不能通过为止，漏极电流为零。这个时候，沟道就好像是被勒住了脖子，空气的沟道被堵塞了一样，无法通过载流子。这种状态称为关断（pinch-off：勒紧脖子）状态。这个时候的栅极电压被称为关断电压。

在接合型 FET 中，是通过栅极电压使耗尽层导通或关断，进而控制漏极电流，自来水龙头的作用是相似的。

▶【关断】

沟道不能通过载流子，就像脖子被勒住不能呼吸一样。

难易度 ★★★☆☆

4-5 ▶ 接合型 FET 的静态特性

~电压驱动！~

▶【接合型 FET 的静态特性】

用栅极电压控制漏极电流。

在了解接合型 FET 的工作原理后，让我们来看看它们的静态特性。正如第 3 章已经说明过，静态特性表示的是器件在直流的工作环境下的电气性能。如图 4.5.1 所示的共用源极，在栅极上施加一个 V_{GS}〔V〕的电压，在漏极上施加一个 V_{DS}〔V〕的电压。作为参考，量符号的命名方法也在图 4.5.1 中进行说明。

图 4.5.1 所示的是一个 n 沟道的接合型 FET，为了能通过“关断”现象对漏极电流进行控制，必须将栅极电压 V_{GS}〔V〕的栅极连接到负极，将源极连接到正极，如图 4.4.2 所示。然而，如果在栅极的施加电压值前添加一个负号，来表示此时“栅极上施加的一个反向电压”的情况，这样绘制电气特性图时就更加容易理解，就能很清楚地知道施加的是一个反向电压。为此，图 4.5.1a 中，栅极与正极连接，源极与负极连接，电源 V_{cc}〔V〕被设为负值。此时的静态特性 $V_{GS}-I_D$ 特性如图 4.5.1b、$V_{DS}-I_D$ 如图 4.5.1c 中所示。

图 4.5.1b 的 $V_{GS}-I_D$ 特性是在 V_{DS}〔V〕恒定的情况下得到的静态特性。$V_{GS}=0V$ 时漏极电流最大，但是如果施加反向电压，随着反向电压的不断增大，漏极电流将逐渐减小。最终在 $V_{GS}=-0.4V$ 左右，不再有漏极电流流过。因此该接合型 FET 关断电压约为 −0.4V。

图 4.5.1c 中所示的 $V_{DS}-I_D$ 特性是针对 4 个不同栅极电压 V_{GS}〔V〕进行的电气特性分析。让我们先看看 $V_{GS}=0V$ 时的情况。随着 V_{DS}〔V〕增大，漏极电流很快就稳定在一定的值上，这叫作“饱和电流”状态。当施加反向的 V_{GS}〔V〕电压时，随着反向电压的变大，漏极电流 I_D〔mA〕变得越来越小。换句话说，栅极电压 V_{GS}〔V〕能控制漏极电流 I_D〔mA〕。正如 4-1 节中提到的“FET 是电压驱动型器件”，这不就是吗？完全是通过电压来驱动的器件。

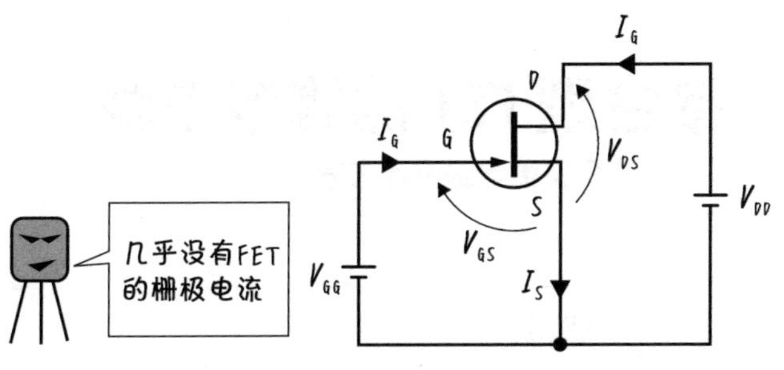

a) 测试FET静态特性的电路

量符号的说明

- V_{GS}、V_{DS}：不同的下标→下标之间的电压
  （例）V_{GS}表示栅极（G）和源极（S）之间的电压
- V_{GG}、V_{DD}：相同的下标→连接在下标字母所有引脚上的电源电压
  （例）V_{GG}表示与栅极（G）连接的电源电压
- I_G、I_D、I_S：电流的下标→通过每个引脚（G、D、S）上的电流
  （例）I_D表示通过漏极的电流

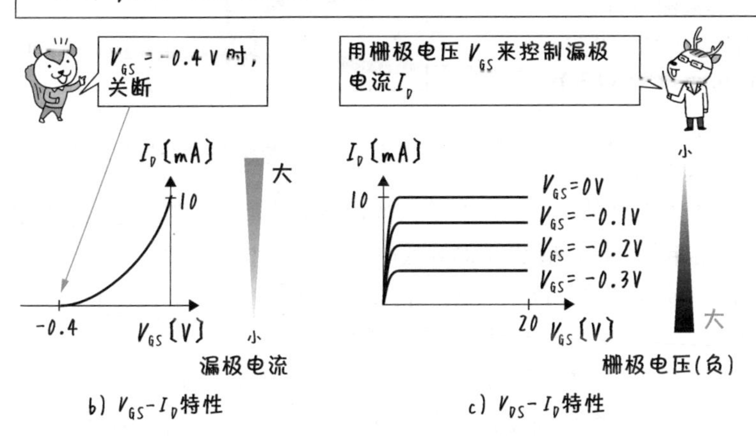

b) V_{GS}-I_D特性　　c) V_{DS}-I_D特性

图 4.5.1　接合型 FET 的基本操作

难易度 ★★★★★

4-6 ▶ 接合型 FET 的等效电路

~ 把这个交给电路设计工程师 ~

▶【接合型 FET 的等效电路】

输入阻抗很大。

和 3-7 节一样，接合型 FET 也可以通过等效电路来表示，为了方便电路设计工程师的分析与计算，电路中通常用电源和电阻来等效 FET。如图 4.6.1 所示，如果在电源 V_{GG}〔V〕加上信号分量 v_{gg}〔V〕，栅极电压变为 $V_{GS}+v_{gs}$，考虑此时的等效电路。

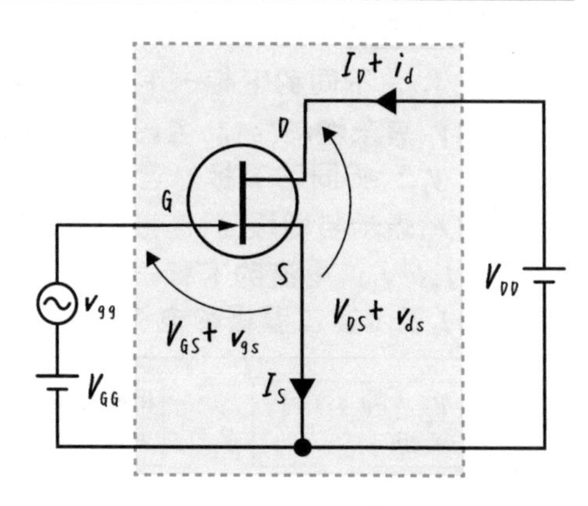

图 4.6.1 考虑 FET 的等效电路

源极和漏极间的电压 $V_{DS}+v_{ds}$ 和漏极电流 I_D+i_d 作为输出。输入用栅极电压 $V_{GS}+v_{gs}$ 表示。由于 FET 是电压驱动的，所以作为输入的栅极电流可以看作为零。与晶体管的等效电路相比，接合型 FET 的等效电路就显得非常简单。

为了求出输入和输出间的关系，将图 4.5.1b 的 $V_{GS}-I_D$ 特性放大，并显示在图 4.6.2 中。现在，由于作为输入的栅极中存在信号分量 v_{gs}〔V〕，所以栅极电压会随着这个信号分量发生振动，则作为输出的漏极电流 i_d〔A〕将产生与输入振动幅度相对应的振幅。其大小的比例，即放大的程度称为相互跨导〔S〕，表示如下。

▶【相互跨导】

栅极电压和漏极电流的变化比例 $g_m=\dfrac{i_d}{v_{gs}}$〔S〕。

跨导表示单位栅极电压所能放大的漏极电流的大小，相当于 FET 的放大率。但是，由于它是一个通过电流除以电压得到的数值，因此单位与电导相同，为〔S〕。“相互”这个名字的含义是“表示输入和输出的相互关系”。

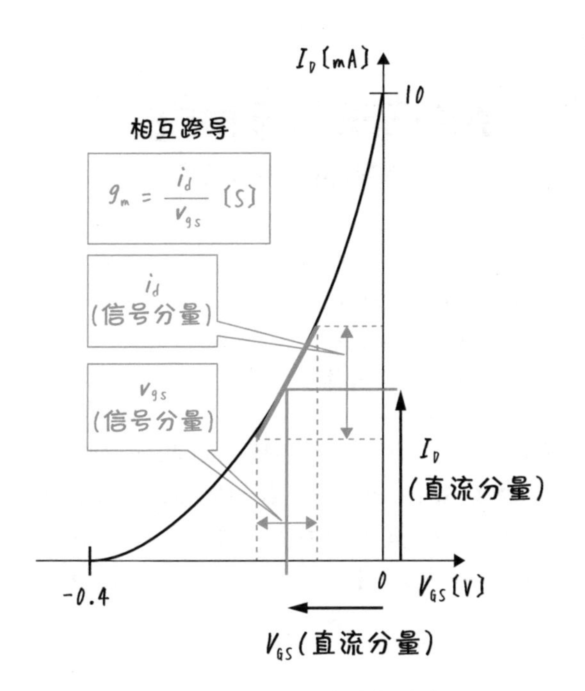

图 4.6.2　$V_{GS}-I_D$ 的电气特性

如果知道相互跨导 g_m〔S〕，则可知根据输入的栅极电压的信号 v_{gs}〔V〕，通过公式 $i_d = g_m v_{gs}$ 求出漏极电流，然后加上输入阻抗 r_g〔Ω〕和输出阻抗 r_d〔Ω〕，就可以绘制出等效电路了，如图 4.6.3 所示。

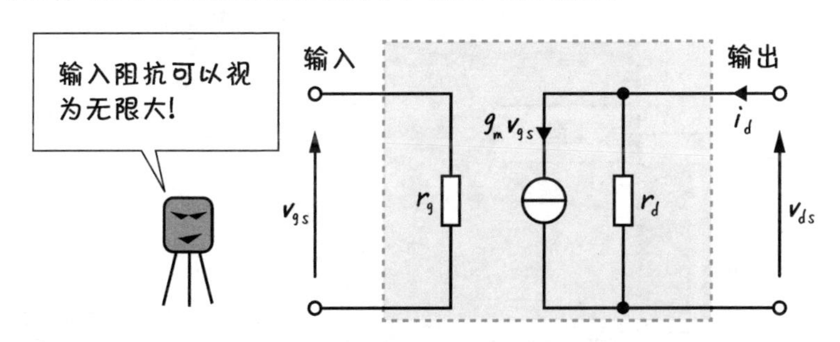

图 4.6.3　接合型 FET 的等效电路

r_g〔Ω〕和 r_d〔Ω〕是与晶体管中的输入阻抗 h_{ie} 和输出导纳的倒数 $1/h_{oe}$ 是相同的。但是由于 r_g〔Ω〕可以看作几乎是无限大，所以栅极电流可以作为零来计算。因此，在分析计算 FET 时比晶体管更加简单。

4
场效应晶体管

难易度 ★★★★★

4-7 ▶ MOSFET 的特性

~ 用栅极电压使其反转 ~

▶【MOSFET】 M： 金属。
O： 氧化物。
S： 半导体。

除了接合型以外，FET 也经常会使用到 MOSFET。MOSFET 由 Metal（金属）、Oxide（氧化物）、Semiconductor（半导体）的首字母连接而成。

MOSFET 的结构中 M 和 O 是附在 S 上的，如图 4.7.1 所示。在现实中，M 和 O 都非常薄，但是为了结构上更容易理解，这里特意把它们放大。

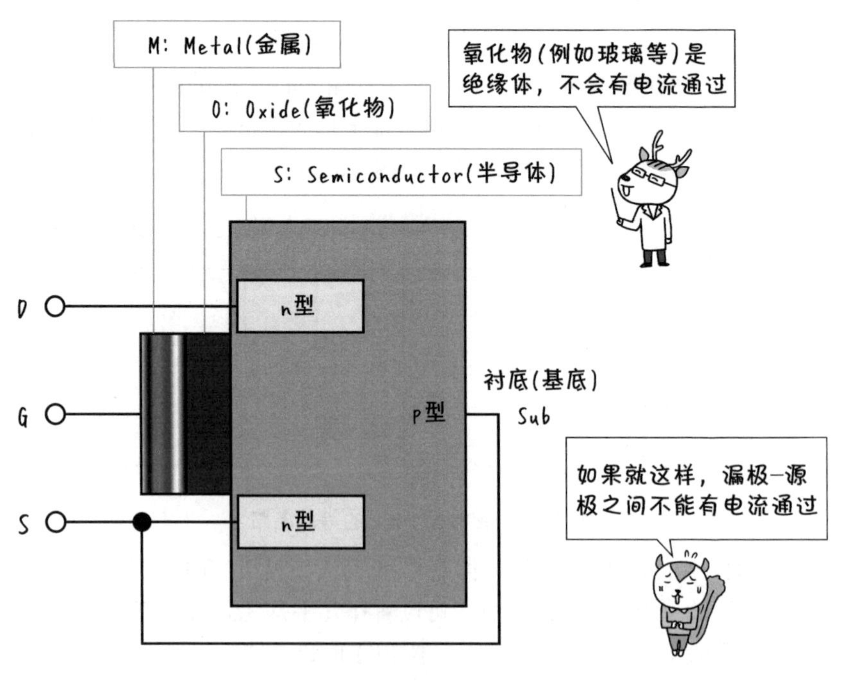

图 4.7.1 MOSFET 的结构（n 沟道）

在 S(半导体) 的内部，有两个 n 型半导体，分别是 D(漏极) 和 S(源极)，它们被嵌入到一个大的 p 型半导体内。在 M 和 O 的另一侧，也就是衬底（基底）侧与栅极相连接。这样一来，就像晶体管的集电极 - 发射极之间一样，两个 pn 结存在，所以漏极 - 源极之间不可能有电流通过。

现在，如图 4.7.2 所示，对 S（源极）和 G（栅极）施加一个电压。一方面，因为 M（金属）与 O（氧化物 = 绝缘体）是连在一起的，所以不流过电流，但是 p 型半导体中有少数的电子由于施加的正向电压的影响，会聚集在 O 处；另一方面，由于衬底与负极相连，所以 p 型半导体中大量存在的载流子的空穴会聚集到衬底侧。于是，明明是 p 型半导体，但是电子会聚集在 M 和 O 附近，并形成电子沟道。这被称为**反转层**，成为 MOSFET 的沟道。也就是说，MOSFET 是 n 沟道的 FET，因为电子可以通过。

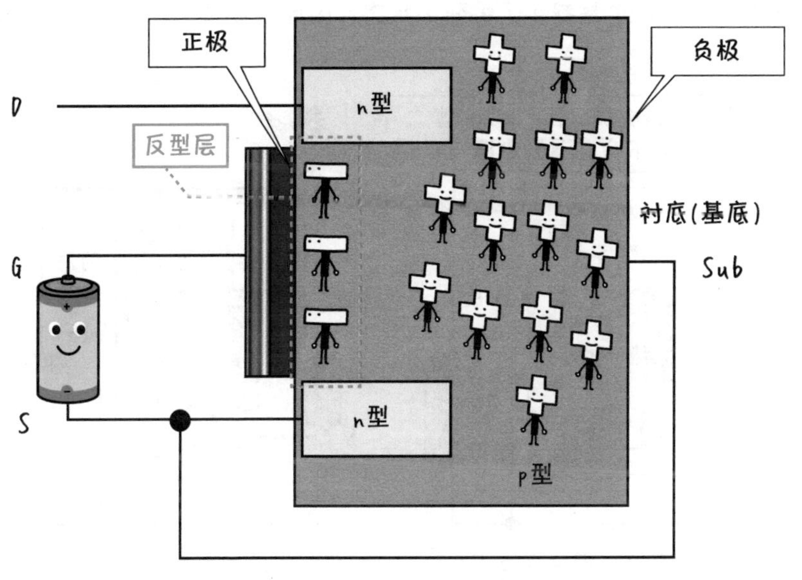

图 4.7.2　反转层的形成机制

难易度 ★★★★★

4-8 ▶ 增强型和耗尽型

~为电路设计工程师而制作~

▶【增强型】常断。

▶【耗尽型】常通。

如图4.8.1所示，4-7节中介绍的MOSFET是一种增强（enhancement）型MOSFET，只有在对栅极施加电压时才会进入导通状态。这意味着，MOSFET的开启是因为栅极电压的增加所导致的。由于在没有对栅极施加电压时，MOSFET是截止（关断）状态，因此增强型MOSFET被认为是常断的。

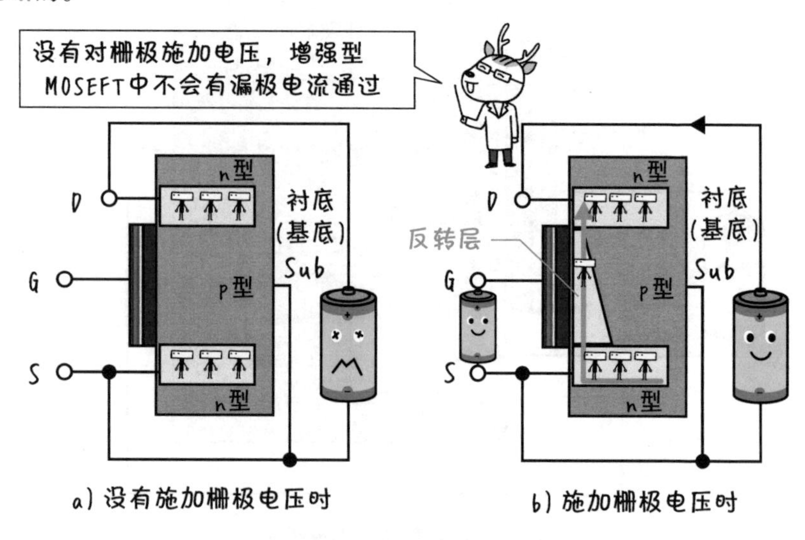

图4.8.1 增强型是对栅极施加电压才形成反型层

与增强型相反，在没有对栅极施加电压的情况下，就能有漏极电流通过而设计的常断MOSFET如图4.8.2所示，该MOSFET被称为耗尽（depletion）型MOSFET。这意味着，MOSFET的开启是因为栅极电压的减小所导致的。在n沟道的耗尽型MOSFET的情况如图4.8.3所示，为了形成反型层，预先注入了作为沟道载流子的电子。

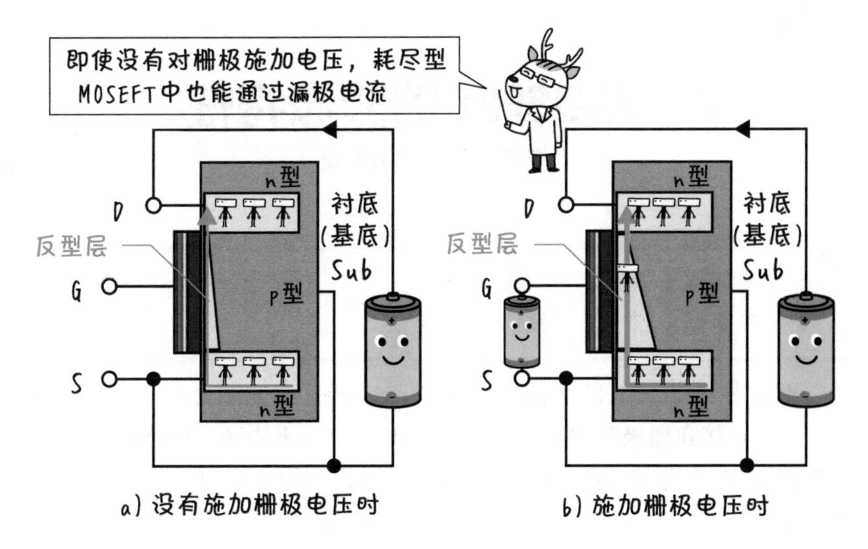

图 4.8.2 在耗尽型中预先制作了反型层

如上所述，MOSFET 分为增强型和耗尽型，可根据不同的用途，选择合适的类型。因此，MOSFET 的电路符号也如图 4.8.4 所示，按增强型和耗尽型、n 沟道和 p 沟道分为 4 种。电路设计工程师只需要根据设计电路的情况，选择合适的类型即可。

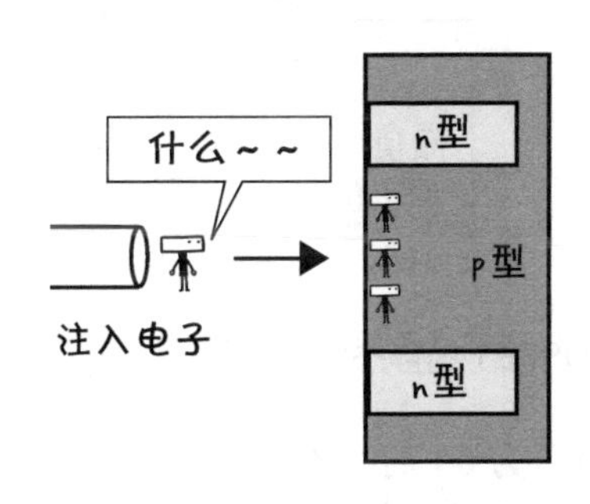

图 4.8.3 通过注入电子预先制作了反型层

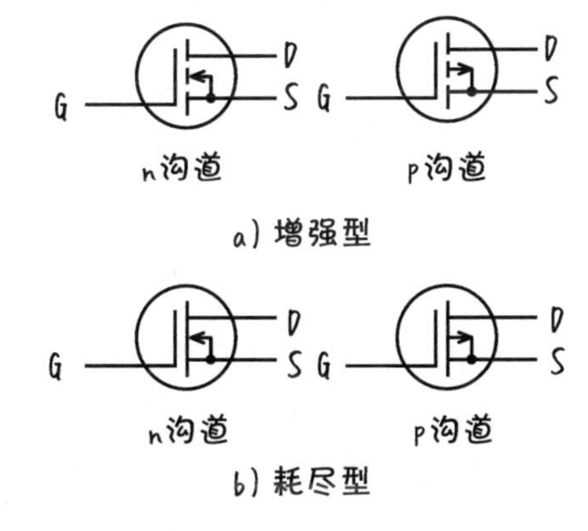

图 4.8.4 MOSFET 的电路符号

难易度 ★★★★★

4-9 ▶ MOSFET 的静态特性

~ 增强型和耗尽型不同 ~

▶【增强型】常断，“阈值”为正。
▶【耗尽型】常通，“阈值”为负。

本章节将介绍增强型 MOSFET 的静态特性。如图 4.9.1 所示，电源 V_{GG}〔V〕连接在栅极和源极之间，电源 V_{DD}〔V〕连接在漏极和源极之间。该电路中 FET 引脚（G、S、D）的连接方式与图 4.5.1 中介绍的接合型 FET 是相同的。此时的漏极电流 I_D〔A〕和栅极电压 V_{GS}〔V〕的关系如图 4.9.1 的右图所示。

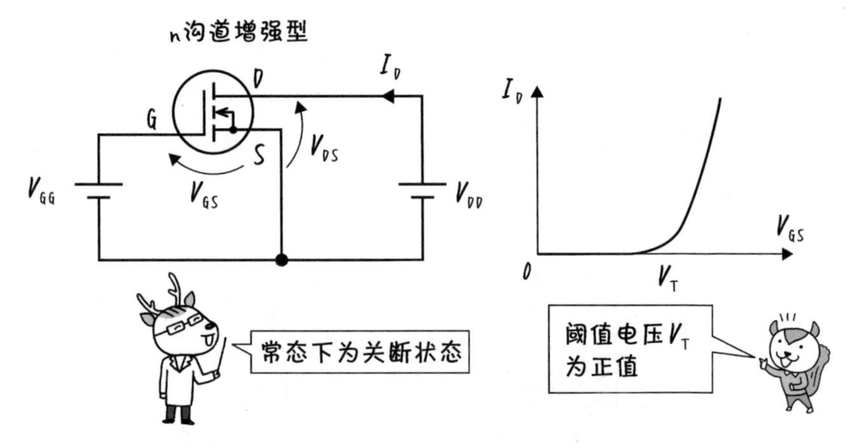

图 4.9.1 n 沟道和增强型 MOSFET 的静态特性

由于增强型常态下是关断的，栅极电压为 0V 时，不会有漏极电流流动。随着栅极电压的增加，产生了一个反型层，漏极电流就能开始快速通过。这时的电压被称为**阈值**，这是一个非常重要的数值，是 MOSFET 的导通和关断状态之间的分界线。对于增强型 MOSFET，阈值为正值。

耗尽型的情况如图 4.9.2 所示。由于常态下为导通状态，所以即使栅极电压为 0V，漏极电流也会流动。因此，如果向栅极施加反向电压，则反型层会消失，此时就不会有漏极电流通过。也就是说，耗尽型 MOSFET 的阈值为负值。

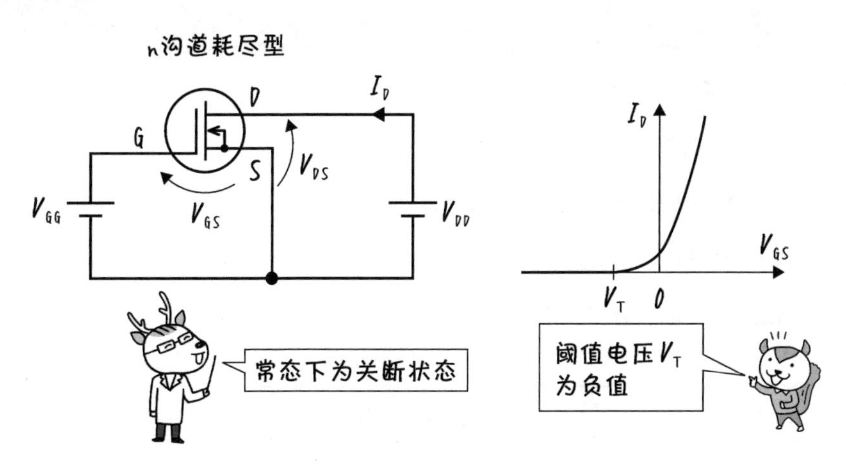

图 4.9.2　**n 沟道和耗尽型 MOSFET 的静态特性**

与增强型 MOSFET 相比较，耗尽型的漏极电流和栅极电压之间的电气特性向左移动了。

根据静态特性来确定相互跨导以及等效电路的方法，MOSFET 和接合型 FET 是相同的。然而，由于增强型和耗尽型的阈值电压的不同，所以在设计电路时，在定义栅极电压（也称为“偏置电压”）的方式上存在差异。从这里开始，电路设计工程师将负责接下来的工作了。

▶【FET 的特性（总结）】

接合型 FET，常通。

增强型 MOSFET，常断。

耗尽型 MOSFET，常通。

EXERCISES

第 4 章　练习题

[1]　n 沟道接合型 FET 的载流子是什么?

[2]　p 沟道接合型 FET 的载流子是什么?

[3]　n 沟道 MOSFET 的载流子是什么?

[4]　接合型 FET 是常通还是常断?

[5]　MOSFET 是常通还是常断?

练习题参考解答

[1]　电子（参照 4-3 节、4-4 节）

[2]　空穴（参照 4-3 节、4-4 节）

[3]　电子（参照 4-3 节、4-7 节）

[4]　常通（参照 4-4 节、4-9 节）

[5]　增强型为常断，耗尽型为常通（参照 4-9 节）

COLUMN　栅极电流的大小和计算机的极限（定标定律）。

我们解释过 FET 是一种几乎没有栅极电流通过的电压驱动型器件，但实际上还是有一些非常小的漏电流会通过，最大也就在 1μA 左右。如果漏极电流为 1A 的话，这是通过栅极电流的 10^6 倍。因为有这么大的差异，所以就把栅极电流忽略不计了。

但是，计算机的 CPU（实现计算功能的器件）使用了非常多的 FET。具体来说，如果使用 10^9 个（即 10 亿个）的话，整体上电流会流过 1000A。现实中，由于缩小了 FET 的尺寸，所以不会有这么大的电流流过，但是由于尺寸的缩小，会导致隧道电流（参照 5-6 节）的产生。据说隧道电流的发生限制了计算机的设计极限。有兴趣的人可以用关键词来研究一下“定标法则”。

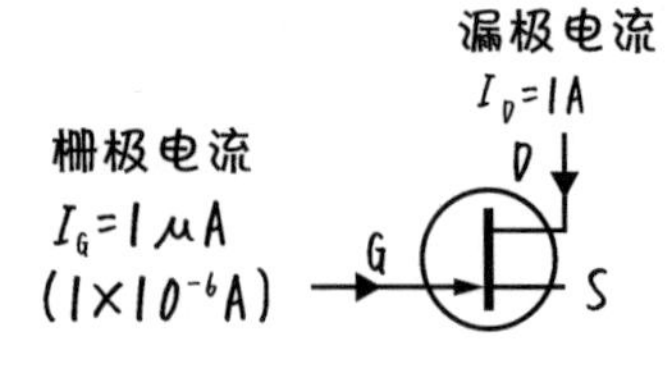

如果将栅极电流增加10^9倍

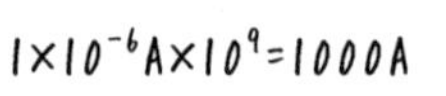

第5章

二极管的伙伴们

二极管是有趣的器件，可以发光、发电，也可以充当电容器……，并且还有许多其他的功能。

难易度 ★★★★★

5-1 ▶ LED（发光二极管）

~ 电子和空穴再次相遇时会发光 ~

▶【LED（发光二极管）】

电子和空穴再结合时会发光。

作为二极管的经典应用例子，在这里介绍 LED。LED 由 Light（灯：光）、Emitting（发射：发射）、Diode（二极管）的首字母连接而成，是发光二极管的意思。其结构如图 5.1.1 所示，在 pn 结的地方会发出笔直的光。如图 5.1.2 所示，电路符号在一个普通的二极管上面附着箭头，表示的是“发光”的意思。

正如第 2 章所述，对 pn 结施加正向电压后，作为 n 型半导体中多数载流子的电子和作为 p 型半导体中多数载流子的空穴会聚集在 pn 结，通过互相结合并消失。电子和空穴消失时，正、负电荷刚好抵消，但伴随着会释放出与电子和空穴剩余能量相等能量的光。通过再结合，消失部分的电子和空穴可以由电源（如电池等）再次补充供给。

这样通过电源供给生成的电子和空穴再结合的现象被称为电子空穴再结合。LED 只是利用以电子空穴再结合时能发出光的这一现象设计而成的二极管，如图 5.1.3 所示。

和 LED 一样，灯泡也是把电转化为光的装置。然而 LED 和灯泡发

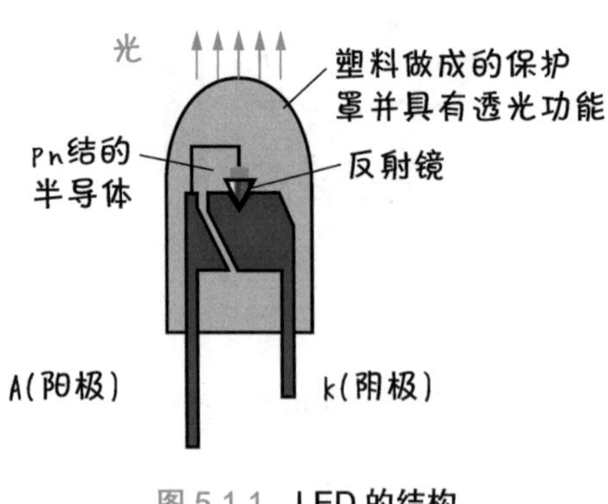

图 5.1.1　LED 的结构

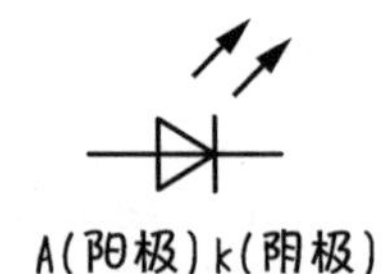

图 5.1.2　LED 的电路符号

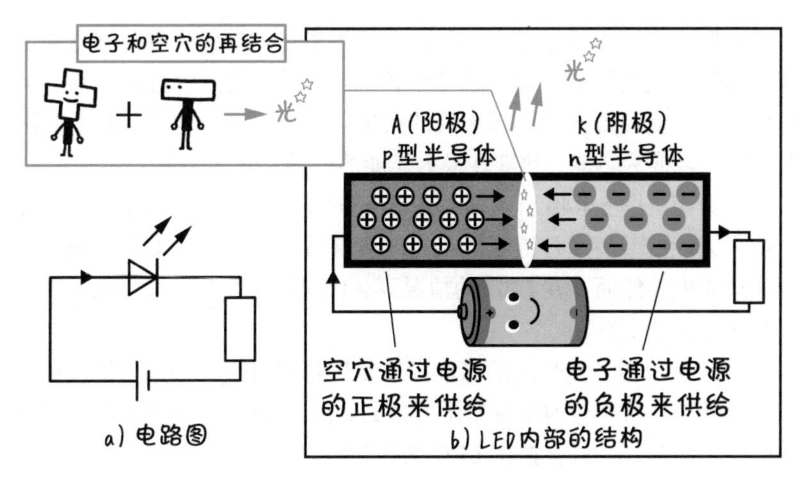

图 5.1.3 LED 的发光机制

光原理是完全不同的。图 5.1.4a 所示的是灯泡的情况，通电时会发热的导线被称为灯丝（材料为钨）㊀，被装在一个真空的玻璃管内㊁。

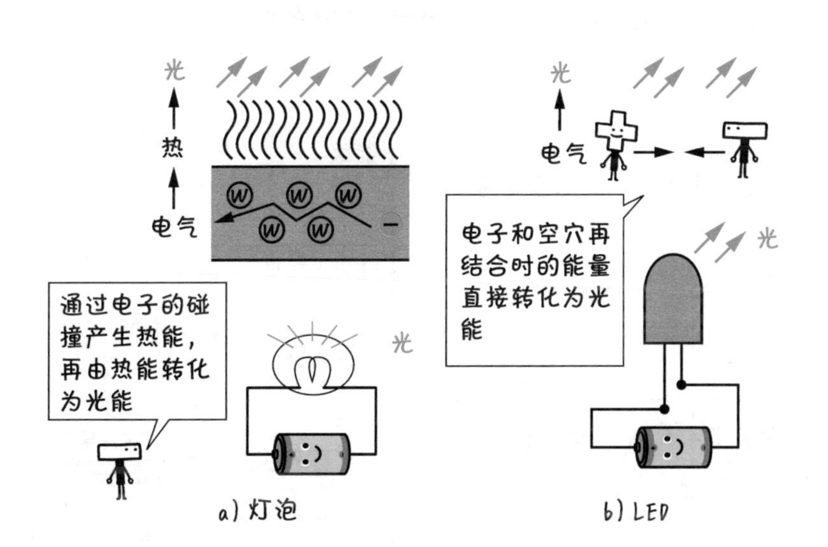

图 5.1.4 灯泡与 LED 的区别

㊀ 钨（原子序数为 74），一种具有高熔点（>3000℃）的物质，经常被使用。
㊁ 这是为了防止发热时被空气中的氧气所氧化。

一方面，当有电流通过灯丝时，在灯丝中运动的电子会猛烈地撞击原子核，同时产生大量的热量，像“香草包”一样发热。当温度达到 1000℃左右的时候，就会像火柴和打火机的火焰一样发出光。也就是说，灯泡是将电能暂时转换为热能，热能转换为光能的一种发光的装置。

另一方面，图 5.1.4b 所示的 LED 是通过电子和空穴的再结合将电能直接转换为光能的装置。灯泡不能将热能全部转换为光能，部分热能以损失的形式被流失。然而，在 LED 的情况下，能量转换是直接发生的，因此可以以非常高的效率发光。

另外，由于电子在灯泡的灯丝内反复进行着碰撞，如果长期使用，它就会发生断裂，所以灯泡是有使用寿命的。但是 LED 本身理论上是没有使用寿命的。然而，光线会损伤 LED 的塑料罩，使其透光能力下降。所以当 LED 灯泡亮度下降到新灯泡亮度的大约 70% 时，此过程灯泡的使用时间作为产品的使用寿命。

LED 能发出什么颜色的发光呢，我们从能带结构的角度出发一起分析吧！图 5.1.5 是二极管的能带结构，图 5.1.5a 为未施加任何电压时的情况，图 5.1.5b 为施加正向电压时的情况（详细内容参照 2-8 节）。在图 5.1.5a 中，p 型和 n 型的半导体中间形成一个 pn 结，带隙为 E_g。

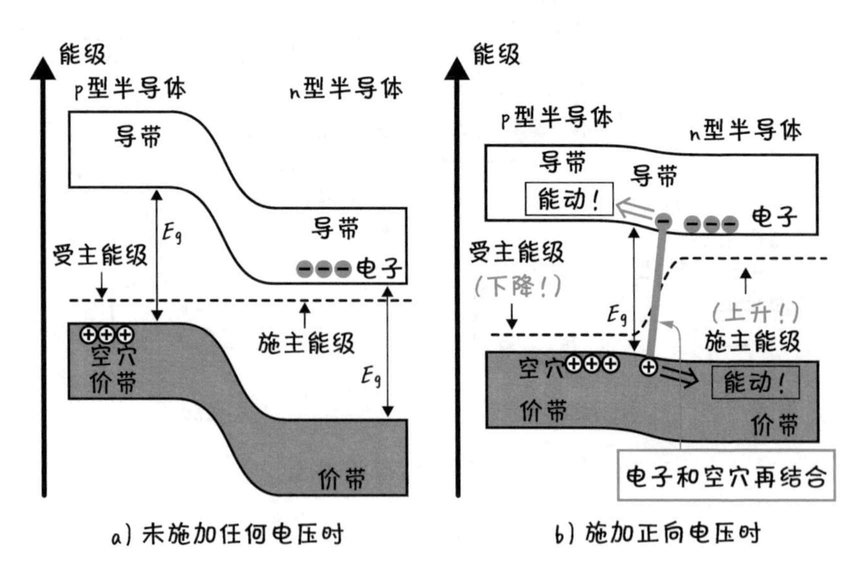

图 5.1.5　LED 的发光机制

由于费米能级的不同，导带和价带在 pn 的结合处呈阶梯状，但无论在哪个位置，带隙的大小都几乎相同。如图 5.1.5b 所示，在施加正向电压后，电子和空穴在结合处会再结合㊀，电子和空穴之间的能量差和带隙 E_g 大致相等。这意味着，LED 发出的光的颜色是与带隙 E_g 相对应的。

图 5.1.6 总结了不同的能量所对应的光的波长。理论上，能量和波长的关系表示如下。

$$E[\mathrm{eV}] = h\frac{c}{\lambda} = \boxed{\frac{1240}{\lambda[\mathrm{nm}]}}$$

式中，c 为光速（3×10^8〔m/s〕）；h 是被称为普朗克常量（6.62×10^{-34}〔J·s〕），它是一个常数。等号的右边，方框框住部分的单位为 eV，表示能量，波长的单位为 nm，常用于估算 LED 发出可见光的颜色。根据该公式，可以求出如图 5.1.6 中所示能量与波长间的对应关系。例如，一个发射蓝光（波长为 460nm）的 LED，通过该公式逆推可得出这个半导体的带隙约为 2.7eV。

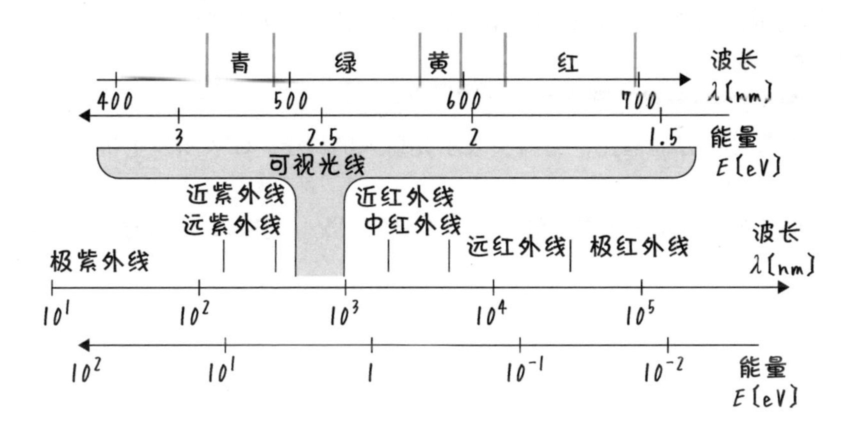

图 5.1.6　**能量与波长间的对应关系**

㊀ 如图 5.1.3b 所示，电子和空穴在结合处相互碰撞并再结合，图 5.1.5 中的电子和空穴处在不同的高度，好像看不出有发生碰撞。这是因为能带结构的纵轴代表能量，横轴表示位置。

难易度 ★★★★★

5-2 ▶ 太阳能电池

~光产生电子和空穴来发电~

▶【太阳能电池】

与 LED 相反：获得光能时产生电子和空穴。

正如字面意思，太阳能电池是指利用太阳光制造电力的电池。太阳能电池实际上与 LED 的工作原理正好相反。图 5.2.1a 显示了将电池与 LED 连接，通过电池供电，发出光的样子。图 5.2.1b 显示了将一个电流表与 LED 连接，并暴露在太阳光下。

虽然它还不能产生足够的电力使灯泡发光，但是电流表的指针会发生微小的移动。在实际应用中的太阳能电池和 LED 的结构是相同的，也是由 pn 结构成的器件，但是太阳能电池被设计成比 LED 能产生更大的电流和具有更高的发电效率。

图 5.2.2 显示的是太阳能电池的发电机制。图 5.2.2a 显示的是电路图。电池的符号用方框框住，用箭头表示光射入的样子。G 表示发电机（Generator：发电机）。

图 5.2.2b 表示太阳能电池正在工作时的情况。光射入 pn 结时，会产生

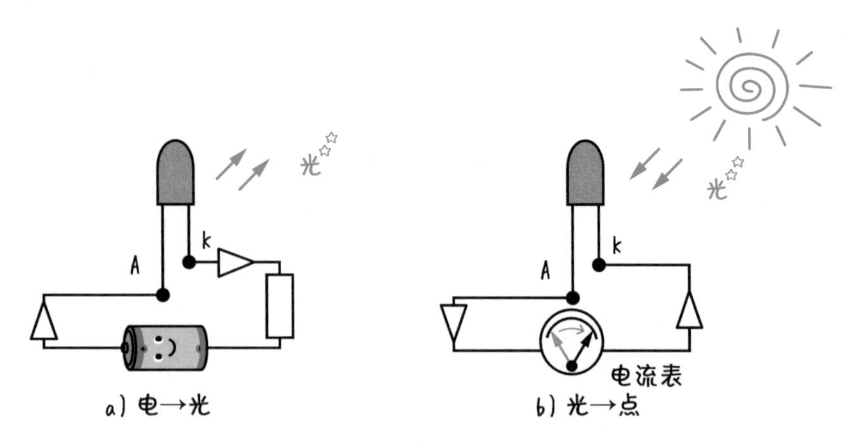

图 5.2.1 LED 也能成为太阳能电池

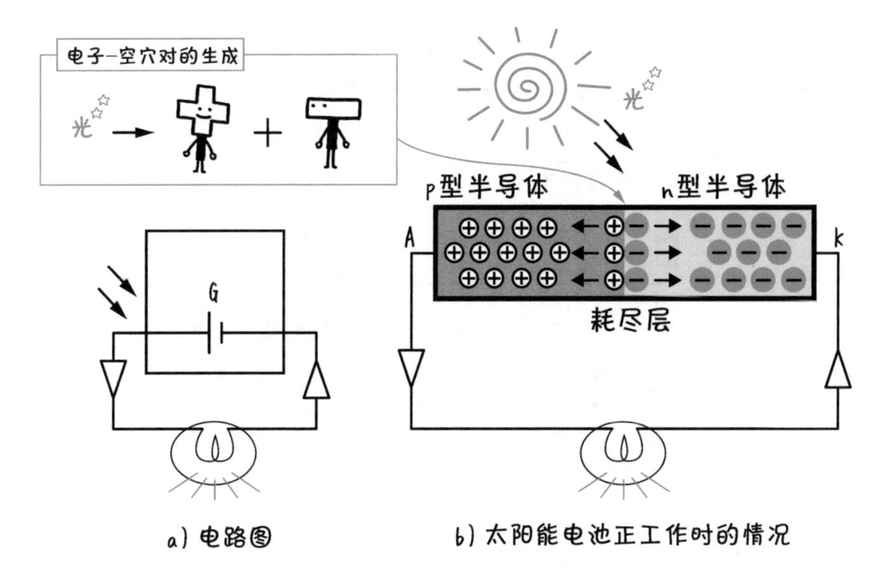

图 5.2.2 **太阳能电池的发电机制**

同等数量的电子和空穴，这些电子和空穴的能量与入射光的能量大小相对应。以这种方式产生的电子－空穴对（pair），被称为电子－空穴对生成。

通过吸收光能产生的电子－空穴对，分别向能量稳定的方向移动。电子向 n 型半导体移动，空穴向 p 型半导体移动。在这些由光照所生成的电子和空穴中，电子从 K（阴极）端口流向作为负载的灯泡，空穴从 A（阳极）端口流向灯泡。也就是说，太阳能电池是能使电流从 A 流向 K 的器件，如果我们把它换成一个电池，A 是正极，K 是负极。当发电的时候，相反方向的电流会流过。

▶【LED 和太阳能电池都是由 pn 结构成。但是工作原理是相反的】

LED： 电→光 （电子－空穴的再结合）。

接下来，让我们通过能带结构来说明电子－空穴对的生成原理。图 5.2.3 所示的是当光射入带隙为 E_g 的半导体时的样子。

回顾一下之前的内容。半导体的价带充满了电子，但导带是空的，没有电子存在（参照 1-12 节）。当比 E_g 更大能量的光射入时，价带的电子会被赋予使其能够跃迁到导带的能量。当电子从价带跃迁到导带，价带中同时产生相对应的空穴。这是对电子－空穴对产生的一个更加准确的描述。

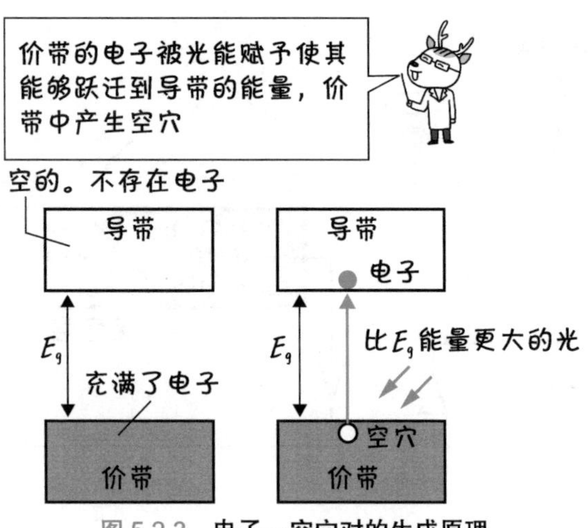

图 5.2.3　电子 – 空穴对的生成原理

图 5.2.4 显示了生成的电子和空穴是如何移动的。图 5.2.4a 显示了电子 – 空穴对是如何在 pn 结上生成的。通过吸收光的能量，生成的电子和空穴处于高能量（不稳定）状态。因此，为了达到稳定的状态，会向能量较低的一侧移动。如果我们注意到纵轴代表的是“电子”的能量，如图 5.2.4b 所示，我们看到电子向能量下降的 n 型半导体方向移动，空穴向电子能量上升（对于空穴来说能量是下降的）的 p 型半导体方向移动。这是因为 pn 结

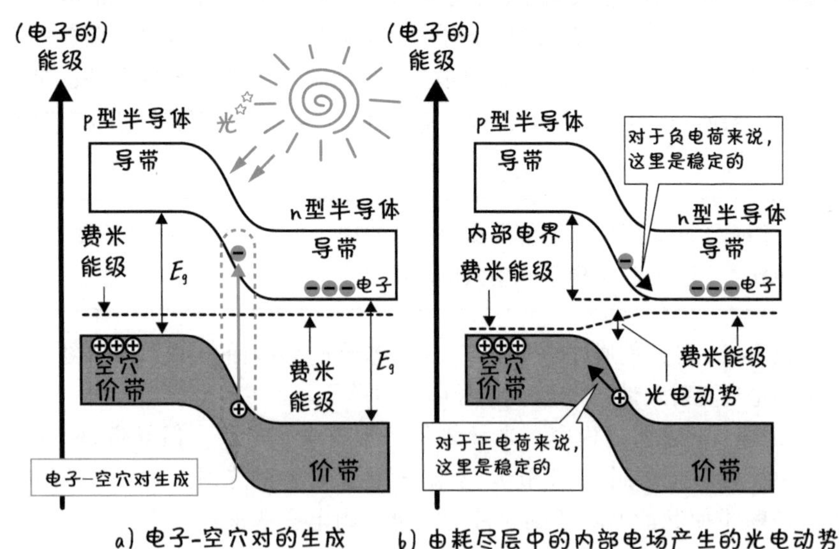

图 5.2.4　太阳电场的能带结构

的存在，在耗尽层处的导带和价带的能级存在阶差（使得费米能级水平一致）。阶差的大小与耗尽层的电场强度相对应，这电场被称为内部电场。

吸收光能产生电子－空穴对时，带正电的空穴会源源不断地涌入到 p 型半导体中，同时，带负电的电子会源源不断地涌入 n 型半导体中；此时 p 型半导体可以被看作是电池的正极，n 型半导体可以被看作是作为电池的负极。这就是太阳能电池具有电动势（能使电流流动）的原因，该电动势被称为光电动势。进入 p 型半导体的空穴降低了费米能级（因为电子的减少），进入 n 型半导体的电子提高了费米能级（因为电子的增加）。这部分费米能级的差对应着光电动势的大小。

当有光线照射时，太阳能电池的电压电流特性如图 5.2.5 所示。LED 发光时（消耗电力）的电流方向为正方向，太阳能电池发电（产生电力）时的电流方向为负方向[一]。图 5.2.5 中的①是没有光照射时的电压电流特性，这里和普通二极管一样。光照时，曲线会产生与发电电流一样大小的偏移，如图 5.2.5 中的②所示。太阳能电池的（I，V）曲线关系中，将 $I \cdot V$〔W〕达到最大值时（图 5.2.5 中的③的四边形的面积）的电流设为 I_{max}〔mA〕、电压设为 V_{max}〔V〕，则从理论上看，下面的公式为太阳能电池能够提供的最大功率值。

$$P_{max} = I_{max} V_{max} \text{〔mW〕}$$

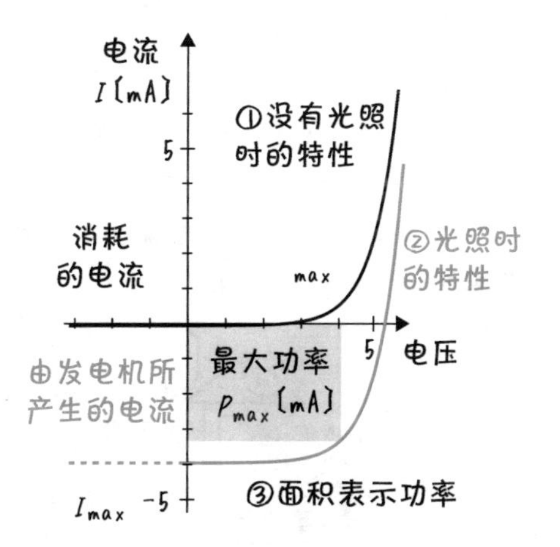

图 5.2.5　**太阳能电池的电压电流特性**

[一] 发光和发电时，电压的方向都是相同的。

难易度 ★★★★★

5-3 ▶ 光电二极管、pin 二极管

~ 检测光 ~

▶【光电二极管】

比太阳能电池反应更加灵敏。

光电二极管（ PhotoDiode ：简称 PD ）与太阳能电池一样，都是接收光并产生电的二极管。然而，它们并不像太阳能电池那样产生大量的电，而是为了容易检测出微小的信号而设计的。光电二极管电路符号中的光方向与 LED 的光方向是相反的，如图 5.3.1 所示，这与基于以电池为基础的太阳能电池的电路符号有很大的不同。

如图 5.3.2 所示，光电二极管作为身边的传感器（探测器）被应用于各种场合。它们主要利用 LED 发出的光（不仅使用可见光，还使用红外线和紫外线）照射到想要检测的目标物上，然后检测反射的光。

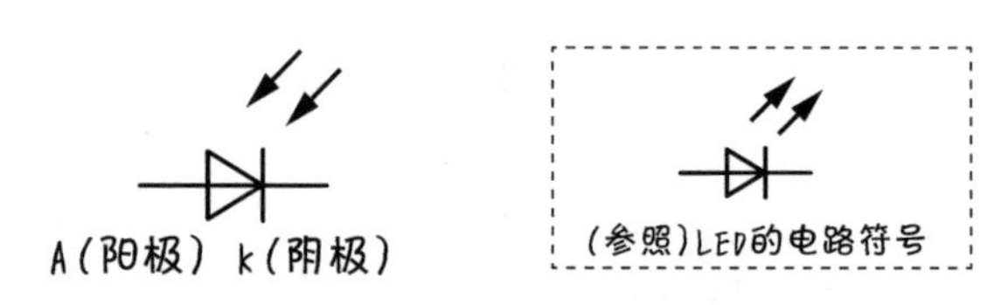

图 5.3.1　光电二极管（ PD ）的电路符号

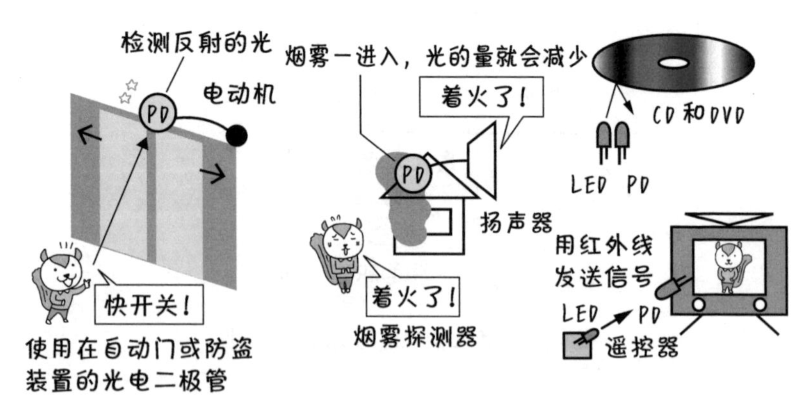

图 5.3.2　被应用于各种场合的光电二极管

▶【pin 二极管（高频二极管）】

比光电二极管反应更加灵敏。

PD 的工作原理与太阳能电池是相同，当光线射入时，通过生成的电子－空穴对输出电流。

也就是说，通过 pn 结的内部电场的电动势从而输出电流。由此可见，在 PD 中，对光的响应速度由该内部电场的强度所决定的。

pin 二极管（也称为高频二极管）是为了具有比光电二极管更高响应而设计的器件。pin 二极管的结构如图 5.3.3a 所示，由于在 pn 结之间夹有本征半导体（intrinsic semiconductor），因此被称为“pin”二极管。如图 5.3.3b 所示，电路符号是在二极管的 A 和 K 之间斜向插入一个四边形。如果在 pn 结的正中间夹杂有本征半导体的话，则没有载流子的耗尽层区域会扩大。如图 5.3.4 所示，对 pin 二极管施加反向电压，电子－空穴对生成后，电子和空穴被内在电场所加速，从而电流对光信号的反应会变得更加灵敏。

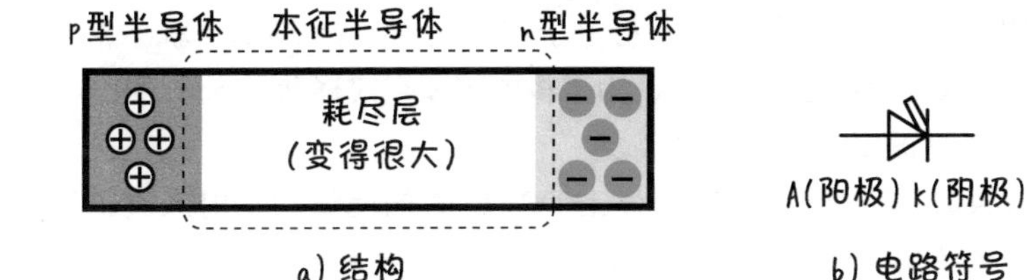

图 5.3.3　pin 二极管的结构和电路符号

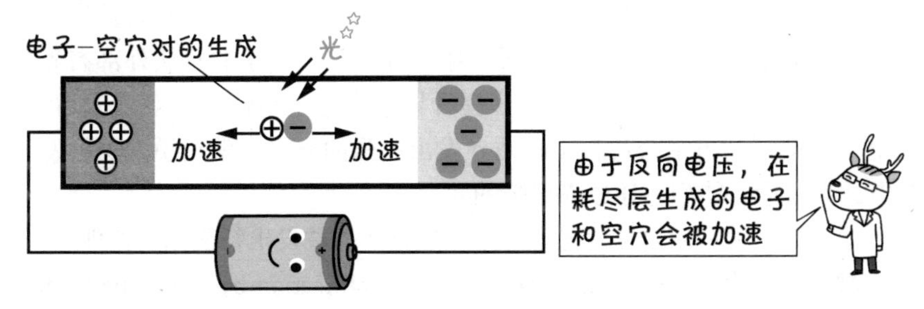

图 5.3.4　pin 二极管的使用

难易度 ★★★★★

5-4 ▶ 激光二极管

~ 产生激光 ~

▶【到底什么是激光】

1. 用镜子封闭光线。
2. 多次加强光线 （使用诱导发光）。
3. 统一强光。
4. 发出极强而整齐的光。

就像激光指示器的光一样，激光的光是笔直而且颜色清晰的。在此，让我们首先解释一下诱导发光的这一现象，这是激光器发光的必要条件。我们将光能量的转化分为图 5.4.1a 自然发光、图 5.4.1b 吸收、图 5.4.1c 诱导发光这三个部分进行说明。

图 5.4.1a 自然发光是高能级的导带的电子落入低能级的价带时自然发光的现象。与 LED 相同，只要将电子和空穴带到 pn 结部，就会自然发光（电子 - 空穴的再结合）。但是，为了将电子和空穴移动到 pn 结部分，这就需要通过外部的电源提供能量。

图 5.4.1b 吸收指的是当具有比带隙 E_g 大的能量的光射入时，位于低能级的价带的电子吸收能量，跃迁到高能级的导带的现象。价带的电子吸收能量跃迁到导带，同时价带会生成相对应的空穴（电子 - 空穴对的生成现象）。

图 5.4.1c 诱导发光是图 5.4.1a 自然发光和图 5.4.1b 吸收同时发生的现象。发生的条件是位于高能级的导带中存在大量的电子并且从外部有光源源不断射入。通过入射光，进一步提升导带中电子与价带中空穴的数量，在电子 - 空穴的再结合过程中，诱导发出更强的光。也就是说，诱导发光具有放大效应，能产生比原来更强的光。

激光是一种利用诱导发光原理对光进行放大并发出特征光的器件。

激光这个名字是由英语单词“Light Amplification by Stimulated Emission of Radiation”（通过诱导发光对光进行放大）的首字母及“LASER”来命名的。图 5.4.2 简要显示了激光的发光机制。从外部给予能量并发生诱导发光的区域被称为活性层，在该处的两侧放置镜子。左边是全反射镜，

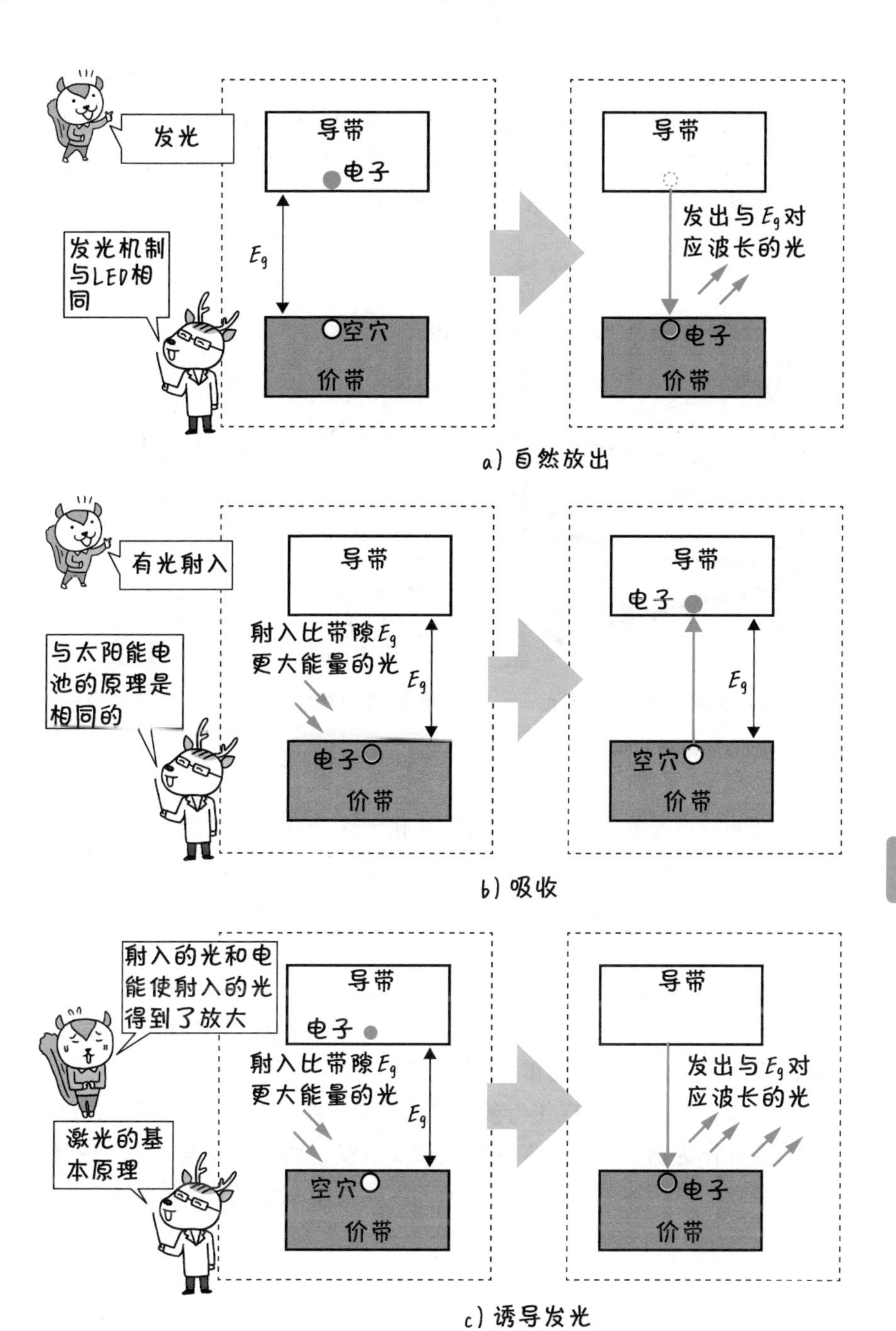
发光
发光机制与LED相同
导带
电子
E_g
空穴
价带
导带
发出与E_g对应波长的光
电子
价带
a) 自然放出
有光射入
与太阳能电池的原理是相同的
导带
射入比带隙E_g更大能量的光
E_g
电子
价带
导带
电子
E_g
空穴
价带
b) 吸收
射入的光和电能使射入的光得到了放大
激光的基本原理
导带
电子
射入比带隙E_g更大能量的光
E_g
空穴
价带
导带
发出与E_g对应波长的光
电子
价带
c) 诱导发光

图 5.4.1 **光能量的转化**

右边是半反射镜，只允许一半的光通过。如图 5.4.2a 所示，在活性层中，光被多次来回反射到镜子上，通过诱导发光现象被不断放大。如图 5.4.2b 所示，通过调整镜子之间的距离，使穿过半反射镜的光的波长和相位得到很好的对准，就会输出如图 5.4.2c 中所示的被对准的光。这就是激光发光的机制。

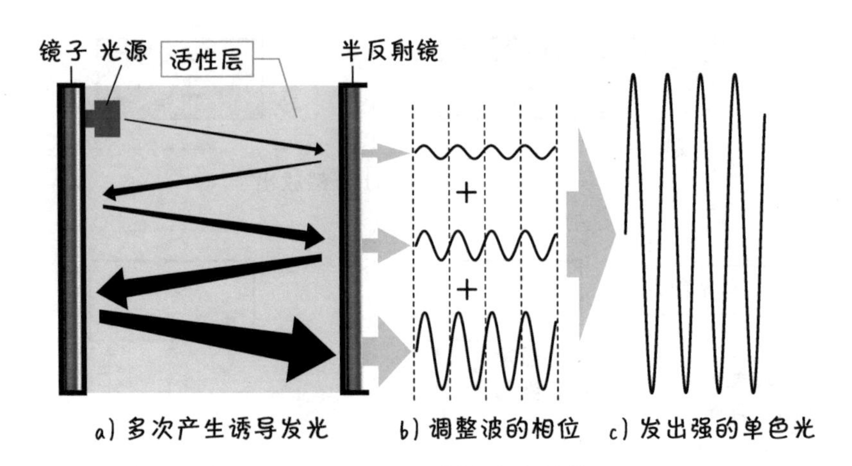

图 5.4.2 激光的发光机制（简要说明）

激光的特点是具有很强的单色性和相干性。单色性是指波的组成部分几乎完全由一个单一频率组成的程度。简而言之，就是没有混合其他颜色的波长。相干性是指波的相位一致的排列程度。相干性（相位一致）越强，当光线碰到另一盏灯的光或墙壁时，就越容易看到相位的变化（越容易发生干涉现象）。

如图 5.4.3 所示，普通光（太阳光和灯泡）的单色性和相干性弱，而 LED，特别是激光的单色性和相干性很强。

激光二极管是将 LED 作为激光器的原始光源。如图 5.4.4 所示，以 pn 结的结合部作为活性层，并在两侧夹杂反射镜，通过诱导发光产生更强的光。由于它们体积小、重量轻、省电，因此被用在便携式激光器上，也经常被作为测量距离用的光源。

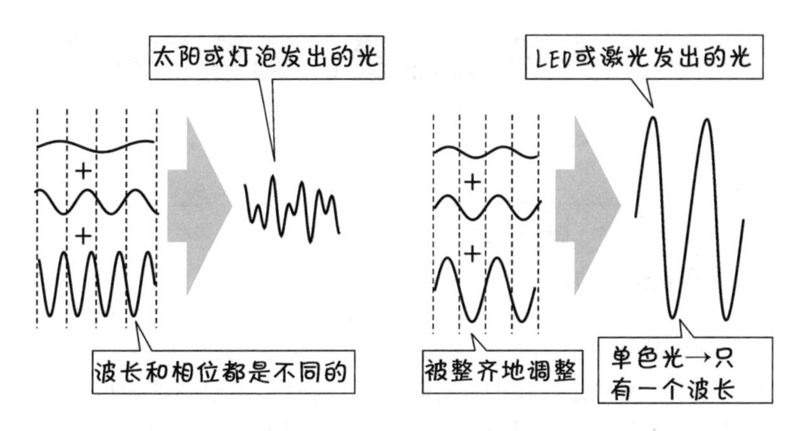

图 5.4.3 单色性和相干性（发生干涉现象的容易程度）

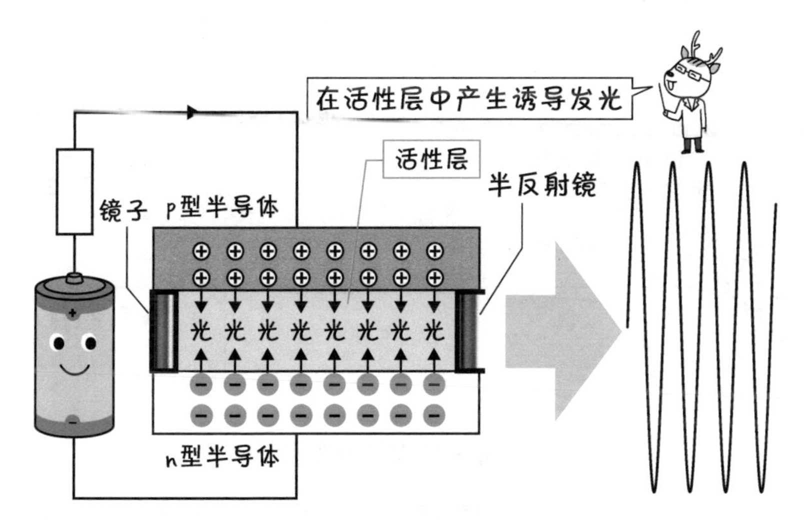

图 5.4.4 激光二极管的结构

5
二极管的伙伴们

难易度 ★★★★★

5-5 齐纳二极管、雪崩二极管

~ 使电压恒定 ~

▶【齐纳二极管、雪崩二极管】

击穿电压是恒定的。

这里介绍使用方法有点特别的齐纳二极管和雪崩二极管。如 2-10 节中说明的那样，施加高的反向电压后，二极管会引起齐纳效应和雪崩效应，电气特性如图 5.5.1 中所示，此时瞬间会有较大的反向电流流过。反向电流急剧增加时的电压被称为击穿电压，几乎是一定的值（见图 5.5.1 中的 V_Z）。

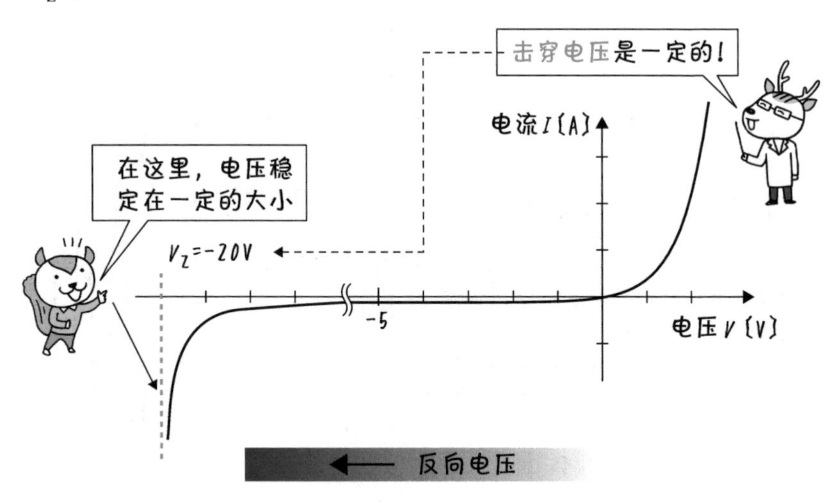

图 5.5.1 二极管的电压电流特性（施加反向电压时）

齐纳二极管和雪崩二极管都是利用击穿电压的特性产生稳定电压的器件。齐纳二极管利用的是齐纳效应，雪崩二极管则利用的是雪崩击穿效应，二者具有相似的特性。齐纳二极管的击穿电压较小，雪崩二极管的击穿电压较大。

齐纳二极管和雪崩二极管的电路符号如图 5.5.2 所示。因为除了击穿电压不同，齐纳二极管和雪崩二极管具有相同的特性，所以它们的电路符号是相同的。它们能产生恒定电压，为此，也被称为**恒压二极管**。

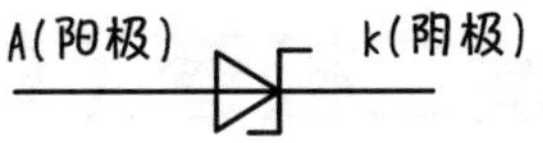

A(阳极)　k(阴极)

图 5.5.2　**齐纳二极管和雪崩二极管的电路符号**

使用恒压二极管产生恒定电压的“恒压电路”如图 5.5.3 所示。

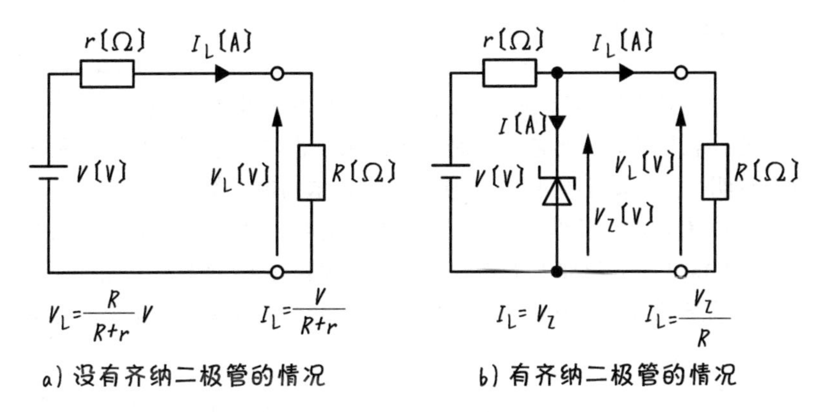

图 5.5.3　**恒压电路的例子**

首先，如图 5.5.3a 所示，在没有恒压二极管的情况下，在具有电动势 V〔V〕和内阻 r〔Ω〕的电源下，使负载 R〔Ω〕工作。负载和内阻的合成电阻为 $R+r$〔Ω〕，所以流过负载的电流为 $I_L=V/(R+r)$。根据欧姆定律，负载上的电压为 $V_L=V\cdot R/(R+r)$，V_L〔V〕会因电阻值 R〔Ω〕而发生改变。

但是，在图 5.5.3b 的情况下，由于恒压二极管的存在，所以流过二极管的电流 I〔A〕会发生变化，使负载上的电压稳定在 $V_L=V_Z$。

电压和电流之间具有非线性关系的器件，例如这个恒压二极管，被使用在电路中时，就会出现欧姆定律不成立的现象。电子电路的主要作用之一就是在实际应用中有效地利用这一点。

难易度 ★★★★★

5-6 ▶ 隧道二极管（Esaki 二极管）

~ 隧道 ~

▶【隧道效应】

像穿过隧道一样。

隧道二极管也被称为 Esaki 二极管，以其发明者江崎（Esaki）博士命名。该器件利用了隧道效应，一种发生在微观世界的不可思议的现象，因为这个发明，江崎博士在 1973 年获得了诺贝尔物理学奖。

关于隧道效应，让我们用图 5.6.1 来说明吧。两个空间被一个墙壁隔开，图 5.6.1a 表示“呀吼”的声音（声波），图 5.6.1b 是石头，图 5.6.1c 是电子撞击墙壁的样子。在图 5.6.1a 的情况下，虽然声音并不能全部穿透过

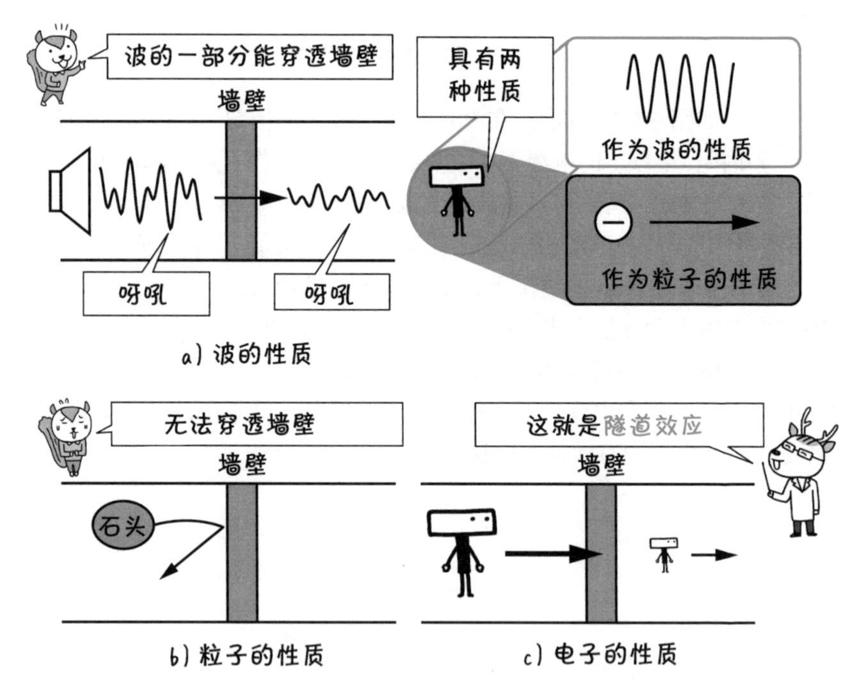

图 5.6.1　隧道效应的说明

墙壁，但左侧墙壁的振动会传导到右侧，声音变弱，一部分声音可以穿过。在图 5.6.1b 的情况下，石头不会穿透墙壁，只有当石头获得破坏墙壁的能量时，才能穿透墙壁（参照本章末的专栏）。

正如 1-4 节中提及的那样，由于电子具有波粒二象性，所以如图 5.6.1c 所示，电子也可以部分穿透墙壁。这种现象看起来就像电子穿过隧道逃到墙壁的另一侧，因此被称为隧道效应。墙壁越薄，电子就越容易穿透墙壁。

▶【隧道二极管（Esaki 二极管）】

大量掺杂达到能穿越隧道的程度。

在隧道二极管中，为了产生隧道效应，掺杂了大量的 p 型和 n 型载流子。与图 5.6.2a 中的普通二极管相比较，图 5.6.2b 中的隧道二极管在 p 型半导体中掺入了大量的空穴，在 n 型半导体中掺入了大量的电子，这样就形成了一个非常狭窄的耗尽层。

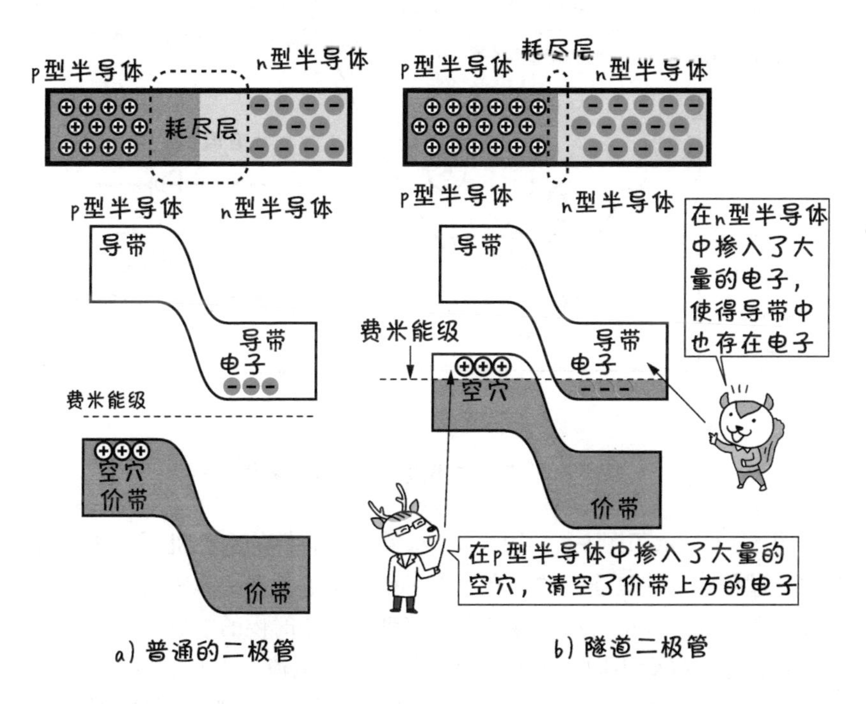

图 5.6.2　隧道二极管的构造

用能带结构理论来说明的话，n 型半导体中由于过多电子的存在，使得一部分的电子也进入到导带中，p 型半导体中由于过多空穴的存在，清空了价带上方的电子能级。由于 p 型半导体价带上方没有了能级存在，这部分的电子被完全清空了，被空穴所占据了。

▶【负阻特性】

电阻变成负值。

图 5.6.3 显示了隧道二极管中电压和电流之间的关系。施加电压的过程中，在图 5.6.3 的（1）中随着正向电压增加，导通电流也增加，但图 5.6.3 的（2）中会发生电流减少这种不可思议的现象。在图 5.6.3 的（3）中再次表现出与普通二极管相似的动作。如图 5.6.3 的（2）中所示，电压增加而电流反而减少，根据欧姆定律，这意味着（电阻）=（电压）/（电流）的值为负值。隧道二极管这种电阻变为负的性质被称为负阻特性，经常被应用在高频放大、振荡电路、高速开关等领域。

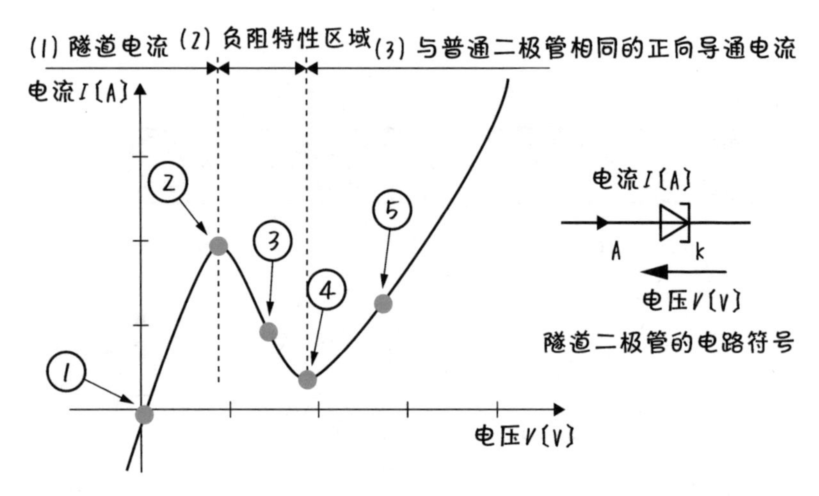

图 5.6.3　**隧道二极管的电压电流特性**

图 5.6.4 显示了图 5.6.3 中隧道二极管电气特性的内在机制。在这两张图中，过程①～⑤是连续的。在过程①中，由于耗尽层非常薄，产生隧道效应，电子和空穴都可通过隧道自由移动。这个时候的电流被称为隧道电流，和普通二极管不同，正向和反向都能通过电流。当电压增加时，n 型半导体中的电子通过隧道进入到 p 型半导体的价带，p 型半导体中的空穴，

也能通过隧道加入到 n 型半导体的导带，因此电流会迅速增大。在过程②中，p 型半导体的价带最上方的能级与 p 型半导体中导带的电子能级一致时，电流达到最大值。但是，如过程③所示，如果电压进一步上升，则能级偏移，隧道电流减少，在过程④中电流达到最低（这就是产生负阻特性的原因）。当进一步提高电压后，如过程⑤所示，此时与普通 pn 结二极管的能带结构是相同的，耗尽层消失，有普通的正向导通电流通过。

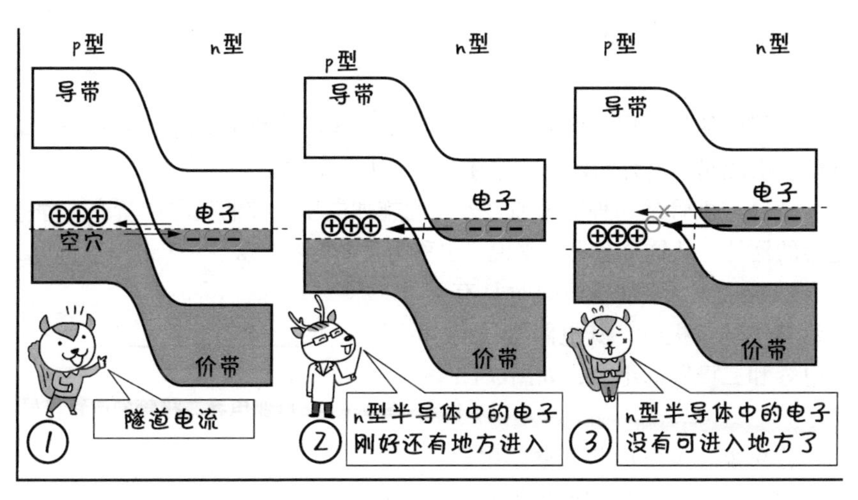

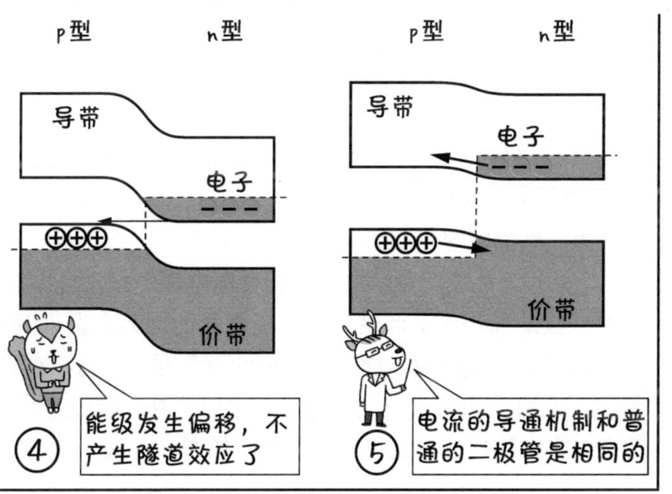

图 5.6.4　图 5.6.3 中各个过程所对应的隧道二极管的能带结构

5
二极管的伙伴们

难易度 ★★★★★

5-7 ▶ 变容二极管

~成为电容~

▶【可变电容二极管】

控制耗尽层的大小。

二极管的耗尽层可作为电容，变容二极管正是利用了这个性质。pn 结的耗尽层能起到电容的作用，这在 3-8 节中介绍过。

变容二极管是一种能够通过外界的施加电压来控制耗尽层所产生静电电容的器件，从这个意义上来说，也称为可变电容二极管（Variable Capacitance Diode）。作为一种同时具有电容特性的二极管，其电路符号也是电容和二极管的组合，如图 5.7.1 所示。

图 5.7.1 可变电容二极管的电路符号

你可能在电气回路[㊀]磁学中学习过的，一个平行板电容的静电容量 C〔F〕可以由下式表示。

$$C=\varepsilon\frac{S}{L}$$

式中，ε〔F/m〕是夹在两板间的物质的介电常数；S〔m^2〕是板的面积；L〔m〕是板间的距离。如果夹在板间的物质相同，那么板的面积越大，板之间的距离越短，则静电容量就越大。

如图 5.7.2 所示，对二极管施加正向和反向电压以增加或减少耗尽层。在施加电压时，板的面积不会改变，但它们之间的距离会发生变化。可以看出，耗尽层越大，L 值越大，静电容量变小，耗尽层越小；L 的值越小，静电容量越大。然而，如果正向电压超过一定值则耗尽层就会消失，二极管就不再具有电容的特性，而是像一个导体一样通过电流。

㊀ 如果还没学习到相关内容，可参阅《易学易懂电气回路入门（原书第 2 版）》一书。

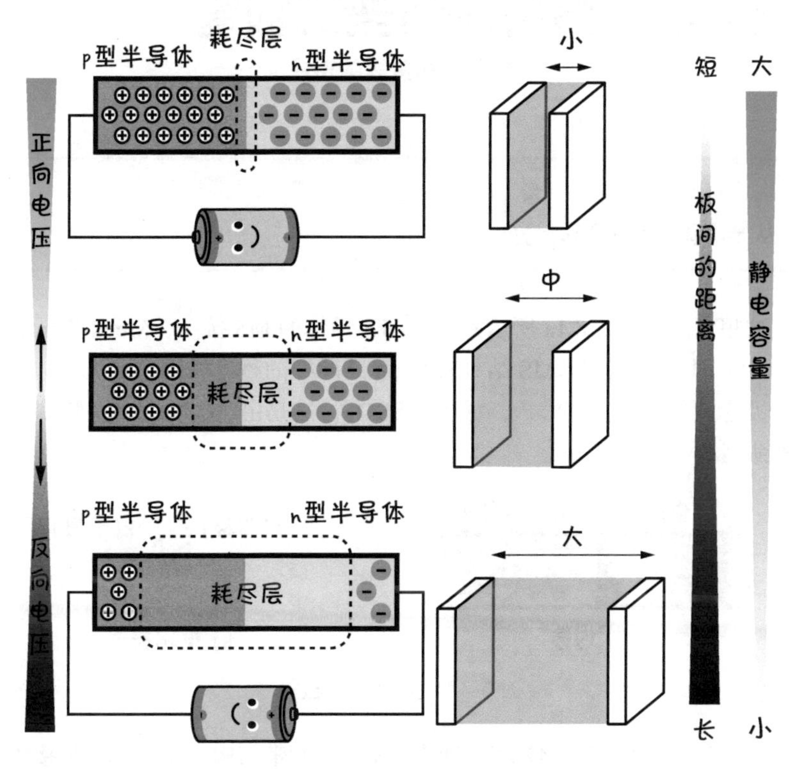

图 5.7.2　变容二极管的工作机制

使用时，变容二极管不会有电流通过，所以它们基本上是通过一定范围内的反向电压来使耗尽层变大或变小从而控制静电电容的大小。即使使用普通的二极管，也可以通过控制耗尽层的大小变化来改变静电电容，不过，作为产品被制造的变容二极管，静电电容的变化范围会比普通二极管大很多。

让我们来考虑一下在 5-3 节中介绍过的 pin 二极管的静电电容吧。因为 pin 二极管的中间夹着本征半导体，所以耗尽层比 PD 大。也就是说静电容量比 PD 小。正如 3-8 节中说明的那样，这意味着寄生电容小，由此可知 pin 二极管有利于处理高频的电路。

难易度 ★★★★★

5-8 ▶ 肖特基势垒二极管

~半导体和金属的接合~

▶【肖特基势垒二极管】

从半导体向金属形成势垒。

这里考虑如图 5.8.1a 所示的金属和半导体的 MS 接合（Metal-Semiconductor）（即，MS 结）。MS 结具有与 pn 结同样的整流作用，由 MS 结构成的二极管被称为肖特基栅极二极管（SBD），这是由它的发明者肖特基的名字来命名的。

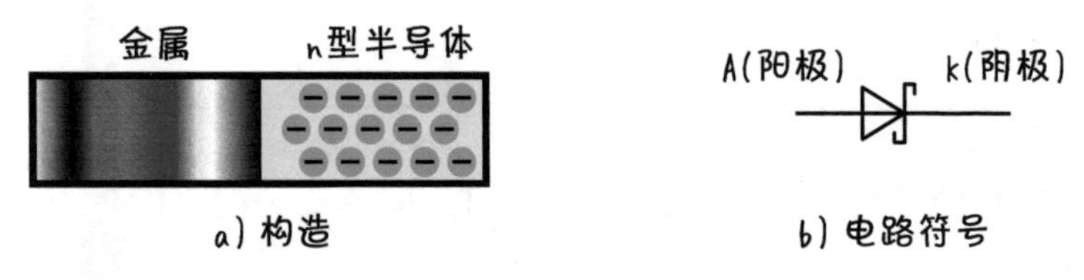

图 5.8.1　肖特基二极管

图 5.8.2 说明了半导体为 n 型时 MS 结的能带结构。图 5.8.2a 是接触前的能带结构。金属没有带隙，费米能级正上方有导带存在。n 型半导体有带隙存在，导带正下方是费米能级，再往下是施主能级。

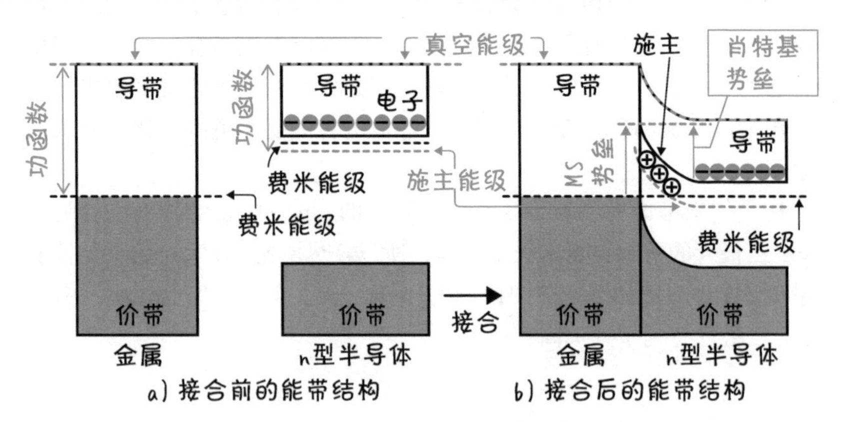

图 5.8.2　MS 结的能带结构

分析 MS 结时，有必要考虑位于导带最上方的能级，该能级也被称为**真空能级**。如果向物质中的（被困在物质中）电子提供能量，当电子能级达到真空能级，电子就会摆脱物质的控制，实现自由移动。此外，费米能级和真空能级之间的差被称为**功函数**。如果向物质中的电子提供和功函数一样大小的能量，电子就可以摆脱物质的控制。

MS 结的性质取决于金属和半导体的功函数的大小。首先，考虑金属的功函数大于 n 型半导体的功函数的情况，如图 5.8.2a 所示。

在这种情况下，接合后的能带结构如图 5.8.2b 所示。正如 2-7 节中说明过的那样，如果没有从外部赋予能量，两种物质的费米能级一定是一致的。而且，为了使费米能级达到一致，价带和导带的能级也随之发生变化。在金属和 n 型半导体的接合部（界面），为了对齐顶部的能级与真空能级，n 型半导体中掺杂的电子需要向右侧移动，带正电的施主能级仍存留在接合部的附近。这样，在接合部附近的 n 型半导体的能带就被弯曲了。

为了使 n 型半导体载流子（导带附近的电子）向金属侧移动，必须越过图 5.8.2b 所示的**肖特基势垒**。如图 5.8.3 所示，图 5.8.3a 施加正向电压时，势垒变小；图 5.8.3b 施加反向电压时，则势垒变大，从而产生如图 5.8.4 所示的具有整流作用的电压电流特性，其中电流流动的难易程度取决于施加电压的方向。由于正向导通电流的电压比 pn 结二极管要小，因此 SBD 适用于高速响应。但是，由于图 5.8.2b 中标记的 MS 势垒保持不变，所以始终会有反向漏电存在。

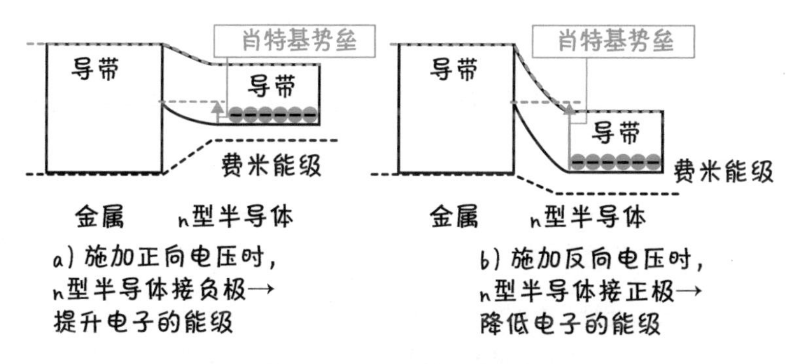

图 5.8.3　SBD 的工作机制

因此，MS 结会产生整流效应。为了防止普通二极管或晶体管的金属端子中出现这样的整流效应，选择的金属材料的功函数要小于半导体的功函数，以防止产生肖特基势垒。在这种情况下，电流和电压之间的关系符合图 5.8.4 所示的欧姆定律，所以这种的 MS 结被称为欧姆结。

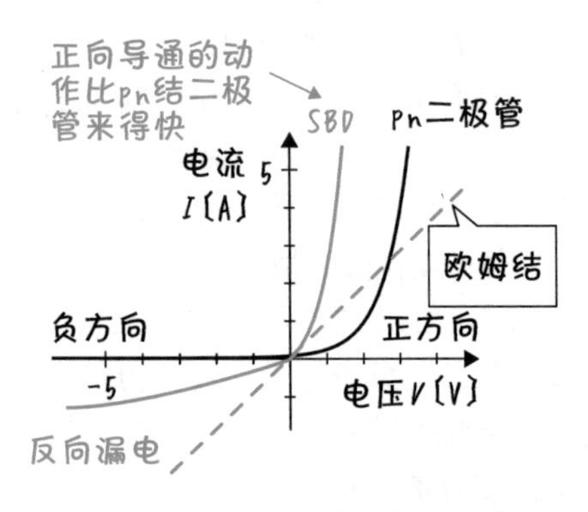

图 5.8.4　SBD 的电压电流特性

EXERCISES

第 5 章　练习题

[1]　太阳光中有哪些波长的光线?

练习题参考解答

[1]　具有各种波长的光（参照 5-4 节）。

【补充】为了适应各种波长并尽可能地增加发电量，目前正在考虑采用具有各种带隙的多层结构的光伏电池。

“穿越”隧道 ~ 波粒二象性的再思考 ~

在 5-6 节中，介绍了隧道效应，即电子能穿透墙壁。

这个不可思议的现象源于电子既有波的性质，也有粒子的性质。作者在解释隧道效应时，当电子作为波存在时，用“透过”来表达；作为粒子存在时，用“穿过”来表达。读到相关章节的时候，可能会有人感到不协调。

如上所述，由于电子可以作为“波”也可以作为“粒子”，所以在分别说明作为电子波的性质、作为粒子的性质时，可以使用方便又适当的表达方式。

晶体管家族基本上都是为了“放大”而设计的。

难易度 ★★★★★

6-1 ▶ 光电晶体管

~ 检测光信号并放大 ~

▶【光电晶体管】

检测光线， 然后放大信号。

光电晶体管是将光电二极管检测出的光信号转换为晶体管中的电信号并将其放大的器件。如图 6.1.1a 所示，它是由 1 个光电二极管和 1 个晶体管组成，内部的连接方式如图 6.1.1b 所示；图 6.1.1c 表示的是被封装为一个器件的电路符号。实物大多类似光电二极管，所以购买时要注意。

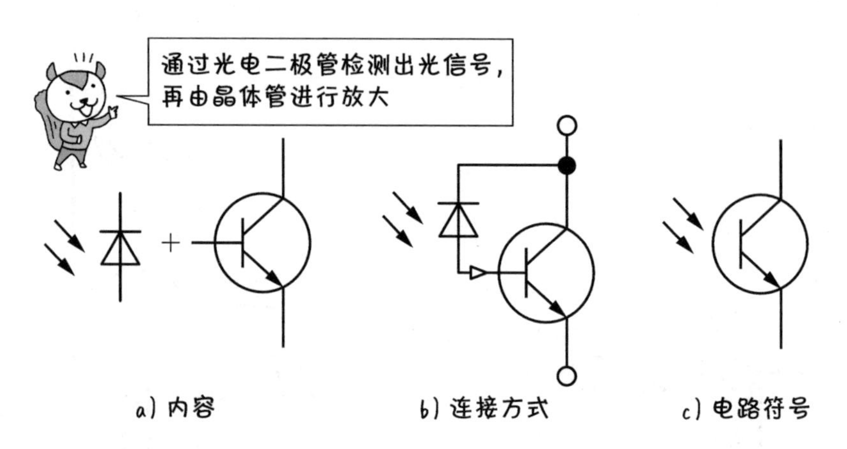

图 6.1.1　**光电晶体管**

作为利用光电二极管的装置，有如图 6.1.2 所示的光电耦合器（Photo-coupler）。它是用一个LED将输入的电信号转换成光信号，然后在输出端用一个光电晶体管将光信号再次转换成电信号。通过光（Photo：不是英文中照片的意思，而是希腊语中的“光”）来连接输入和输出（Couple：结合），所以被称为光电耦合器。

光电耦合器的最主要功能在于，将输入的信号暂时转换为光信号，在输出端再转换回电信号，因此可以将输入端的电路和输出端的电路完全分离。例如，使用电动机或电磁铁的设备由于反向感应的电动势[㊀] 而产生噪声。如图 6.1.3a 所示，通过放大电路放大控制电路的信号，使电动机和电磁铁工作时就会产生噪声。由于控制电路、放大电路、电动机或电磁铁是电气连接的，所以产生的噪声会对控制电路产生不良影响。

因此，如图 6.1.3b 所示，控制电路的控制信号一旦转化为光，那么就可以防止产生的噪声回流到控制电路。由于 LED 是专门用来发光的，而光电晶体管是专门用来检测光而设计的。然而，相反的动作是不可能发生的，也就是 LED 不可能检测到光，而光电晶体管也不可能发射出光。

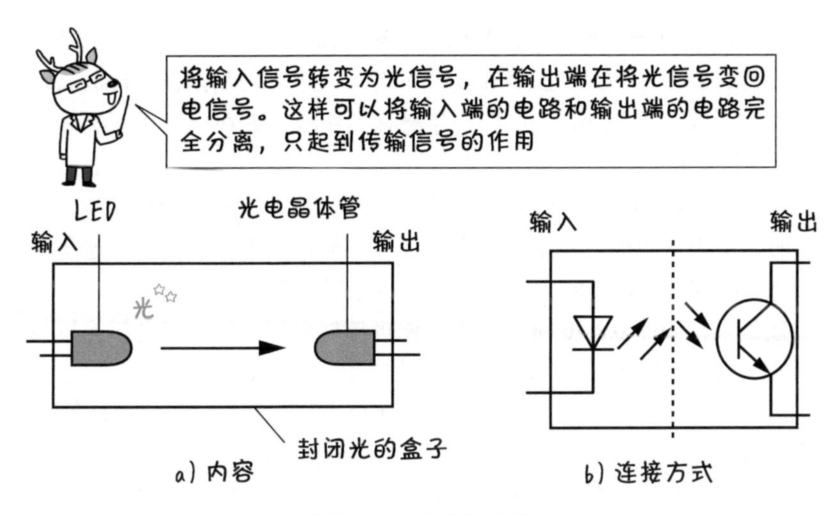

图 6.1.2　光电耦合器

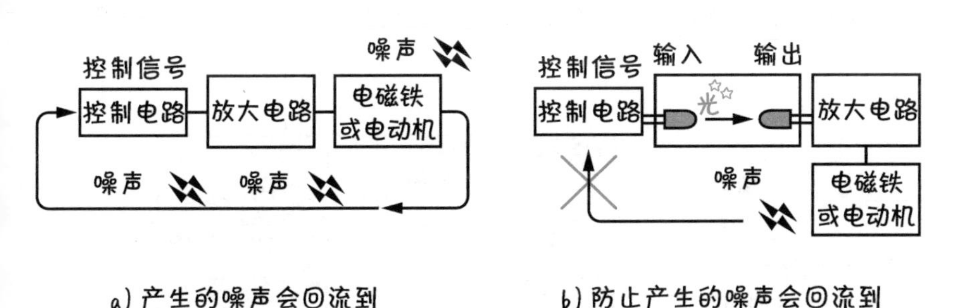

图 6.1.3　利用光电耦合器的例子

㊀ 详细内容可参阅《易学易懂电气回路入门（原书第 2 版）》一书。

难易度 ★★★★★

6-2 晶闸管

~ 在栅极将开关设为开启状态 ~

▶【晶闸管】

在栅极的意义上，具有通断电流的作用。

晶闸管（Thyristor）是美国 RCA 公司的商标，它的名字的由来是，像门（希腊语中的门 θύρα，发音 thyra）一样开关电流的晶体管（Transistor）。如图 6.2.1 所示，它是由 pnpn 四层半导体所组成。夹在中间 n 型半导体中的电子浓度较低。

图 6.2.2 显示了晶闸管的工作原理。图 6.2.2a 中所示，当栅极端未施加电压时，阳极、阴极之间不会有电流通过，器件处于关断状态。这是因为“p → n”的方向是正方向，而“n → p”的方向是反方向。

接下来，如图 6.2.2b 所示，当向栅极施加电压，使正向电流流过位于右侧的 p 型 -n 型（电子浓度高）半导体。于是，在 n 型半导体（电子浓度低）的右端，作为少数载流子的空穴会向右移动，在 p 型半导体的左端，作为少数载流子的电子向左移动，形成漏电流。由于 n 型（电子浓度低）的浓度低，这有利于发生雪崩击穿（参照 2-10 节），越来越多电子的流动，使器件处于开启状态。如图 6.2.2c 所示，即使切断栅极电压，雪崩击穿状态也会被一直维持着，要关闭导通状态只有切断阳极和阴极之间的电源。

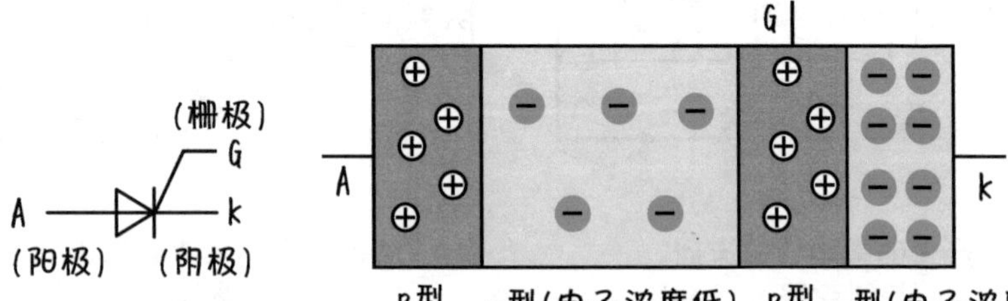

图 6.2.1 晶闸管的电路符号和构造

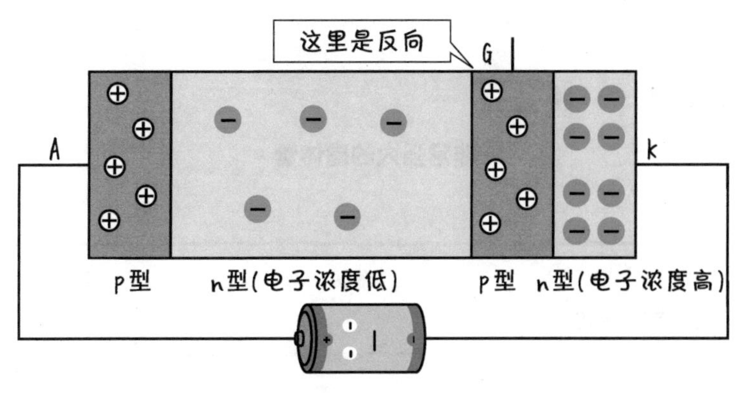

a) 栅极端未施加电压时：关断状态

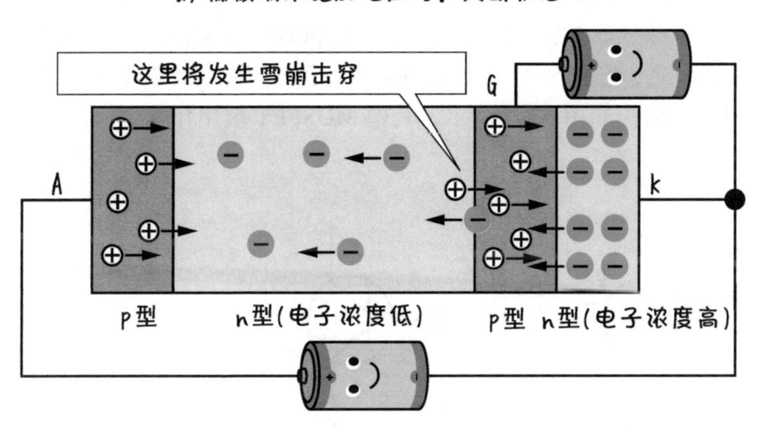

b) 向栅极施加电压时：开启状态

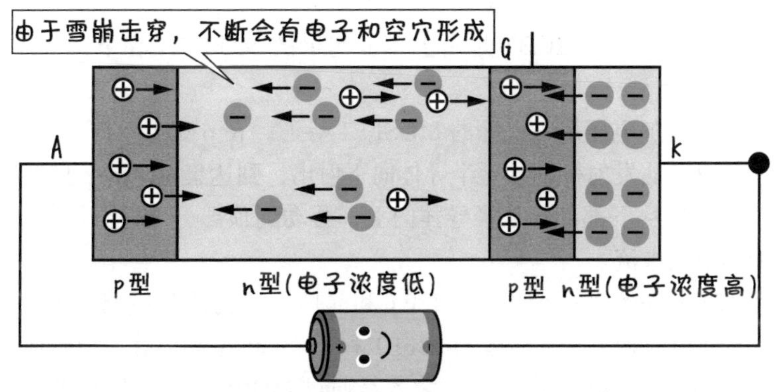

c) 切断栅极电压后：开启状态

图 6.2.2 晶闸管的工作原理

难易度 ★★★★★

6-3 ▶ IGBT

~ 非常强大的晶体管 ~

▶【IGBT】

将输入端绝缘化。

IGBT 是一种集合了晶体管和 MOSFET 优点于一身的器件。它的全称是绝缘栅双极性晶体管（Insulated Gate Bipolar Transistor），名字稍微有些长，总而言之，它是一个双极性晶体管，有一个像 MOSFET 一样的氧化物绝缘栅。其结构如图 6.3.1 所示，其中 MOSFET 被用作输入，而晶体管被用作输出。

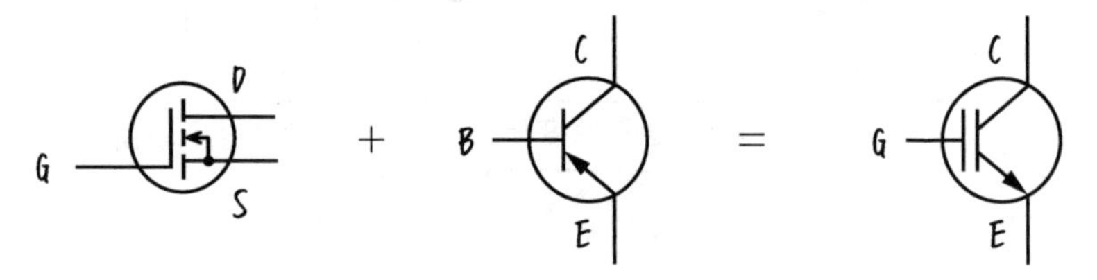

图 6.3.1　MOSFET + 晶体管 = IGBT

如图 6.3.2 所示，IGBT 是由上部 n 沟道的 MOSFET 和下部 pnp 型晶体管所组成。

对栅极施加电压后，上部的 MOSFET 导通，在 p 型半导体中形成反型层。于是电子从发射极的 p 型半导体向下射出，到达集电极的 p 型半导体，同时，空穴也从下部的 p 型半导体向上部移动到顶部，这样器件中就通过较大的集电极电流。

将 IGBT 等效于一个由 MOSFET 和晶体管所构成的电路，如图 6.3.3 所示。它正好是由一个 n 沟道 MOSFET 和一个 pnp 型晶体管所组合而成的。

从该电路图中也可以看出，输入是通过 MOSFET，并且是电压驱动，输出端为晶体管的集电极。图 6.3.2 所示，该集电极电流大小可以通过调节 n 型半导体的厚度和浓度，以及下部的 p 型半导体的宽度来决定，所以即使很大的电流通过，也都没有问题。

实际应用中的 MOSFET，由于反型层非常窄，存在较大的电流无法通过的缺点，而 IGBT 可以通过较大的电流，很好地解决了这个痛点。

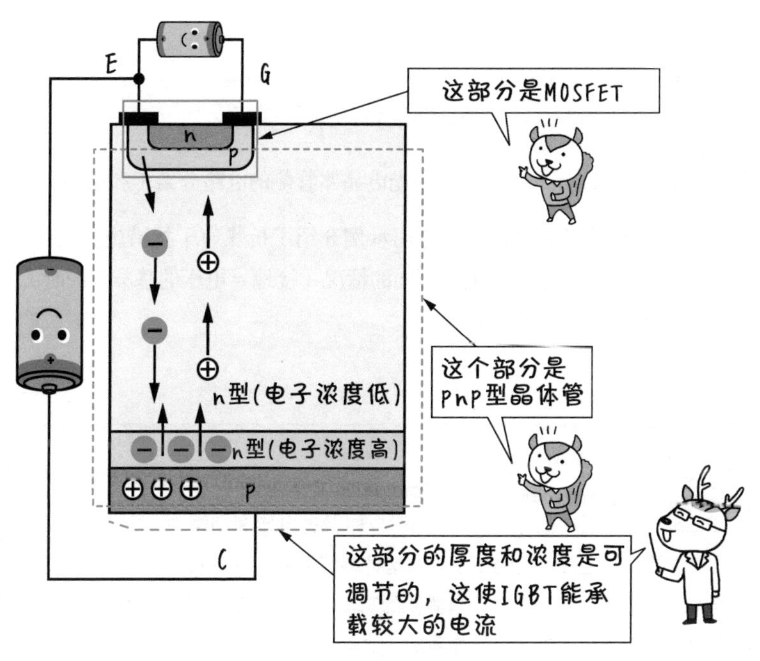

图 6.3.2　IGBT 的内在结构

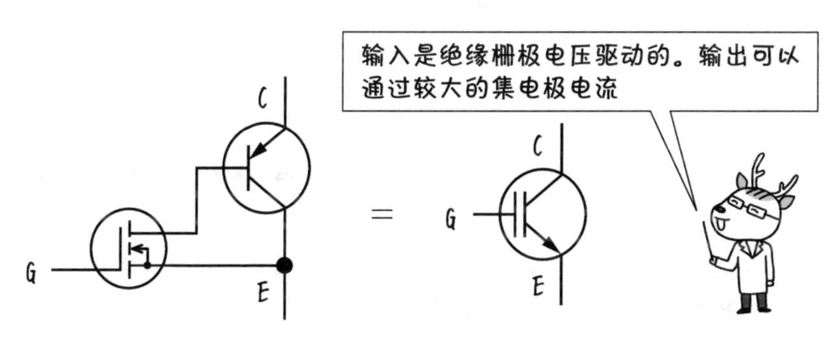

图 6.3.3　通过 MOSFET 和 pnp 型晶体管来等效 IGBT

EXERCISES

第 6 章　练习题

[1]　光电耦合器是通过 LED 将电信号转换为光，通过光电晶体管将光再转换为电信号的器件。结果得到的是相同的信号，那么利用光电耦合器的具体价值在哪里？

练习题参考解答

[1]　因为可以将 LED 侧的控制电路和光电晶体管侧的电路分离（参照 6-1 节）。

【补充】6-1 节中作为光电耦合器的应用示例介绍了抗噪声干扰措施。此外，还可以用于多个放大电路中电源不同的情况（接地 = 电压的基准不同时）、放大电路之间的信号交换等情况。

COLUMN　用光束攻击。

“Beam”在英语中的意思是“光束”。你看过电影和动画中，主人公向敌人发出笔直前进的光线进行攻击的场景吗？这种事情能成为现实吗？

答案是肯定的。实际上，如果激光的功率非常大，被激光照射到的物质就会在非常小的范围内发热。事实上，作者的一个朋友告诉他，在一次激光实验中，他的领带被激光击中后起火了。

然而，激光束不能在中途停止。如果你试图像剑一样挥动它，光线会直奔你的身后，击中盟友。如果要做出像电影和动画中出现的发光剑那样的东西，那是不可能的。

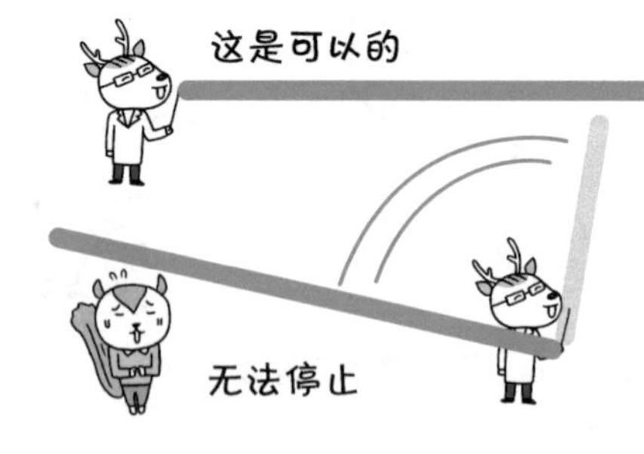

第三部分　器件的使用方法

第7章 使用晶体管的放大电路

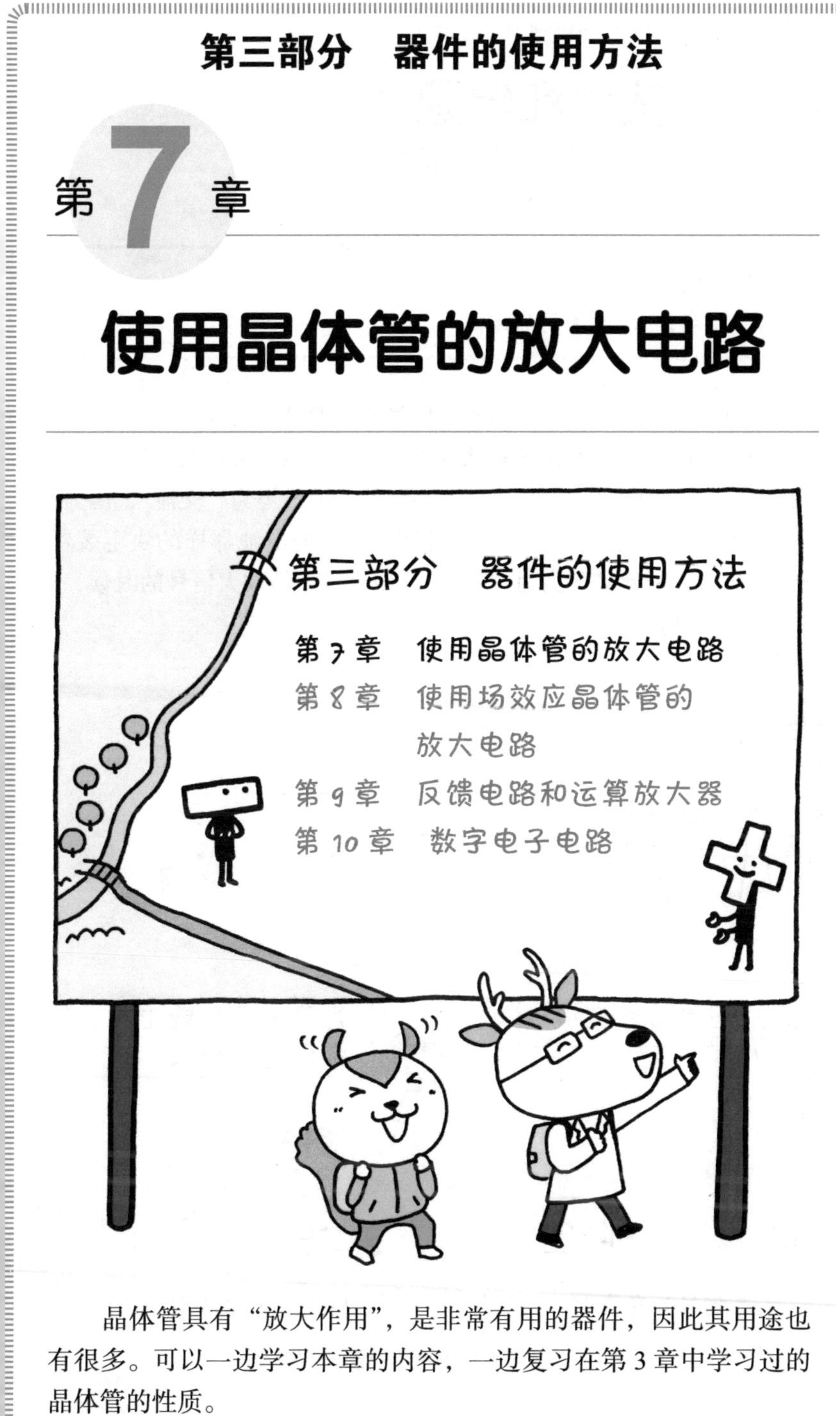

晶体管具有“放大作用”，是非常有用的器件，因此其用途也有很多。可以一边学习本章的内容，一边复习在第3章中学习过的晶体管的性质。

难易度 ★★★★★

7-1 信号和电源

~ 用交流和直流来区分吧 ~

【信号和电源】

信号为交流电， 电源为直流电。

在电子电路的世界里，人们经常对信号和电源进行区分。

在电子电路中，信号通常被默认为交流电，电源通常被默认为直流电。一方面，如图 7.1.1a 所示，来自传声器的信号，被归类为“交流”，因为它们的强度随时间而变化；另一方面，像图 7.1.1b 的电池那样的供电装置，**提供恒定的电力，因此被分类为“直流”**。使用半导体放大信号的时候，通常是向半导体提供直流电。

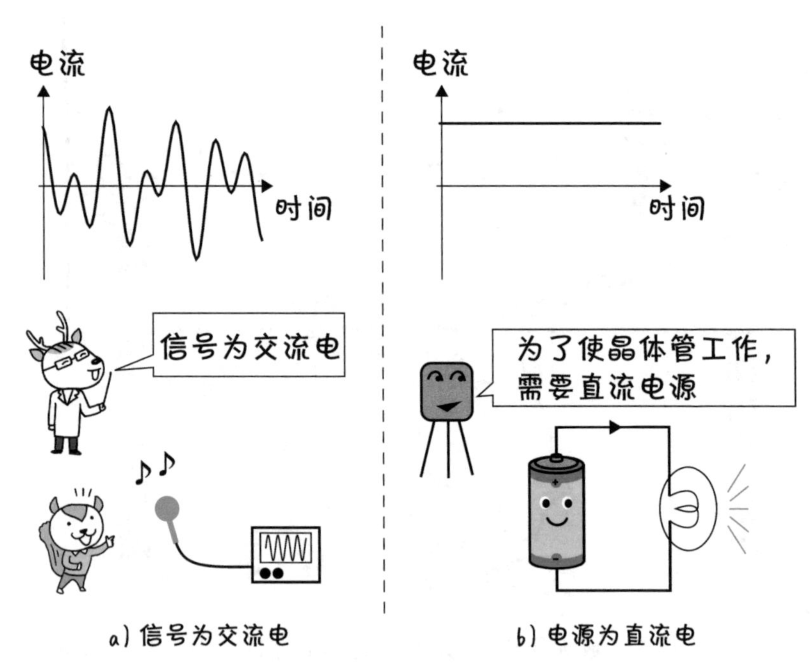

图 7.1.1 信号为交流电，电源为直流电

在设计电子电路时，有必要把电分为交流成分和直流成分来计算。因为交流和直流的元器件性质不尽相同。但有时候**也有把作为信号的交流成分和作为电源的直流成分混合在一起的情况。因此，交流成分和直流成分以及二者的混合可通过表 7.1.1 表示**。请参照第 3 章图 3.3.1 中的“量符号的看法”。交流成分用小写字母，直流成分用大写字母，混合的成分通过小写加上大写的下标字母来标记。

表 7.1.1　**直流分量和交流分量的标记方法**

图 7.1.2 中的例子	成分	表示方法	示例
直流电压 V_{BB}	只有直流成分	大写字母同时下标也是大写字母	I_B、I_C、V_{CE}
输入信号 v_i	只有交流成分	小写字母同时下标也是小写字母	i_b、i_c、v_{ce}
基极电压 v_{BE}	直流成分 + 交流成分	小写字母，下标为大写字母	i_B、i_C、v_{CE}

图 7.1.2 是晶体管的输入部分的例子。输入信号 v_i〔V〕用交流的电源符号 ⏦ 表示，并与 V_{BB}〔V〕的直流电源 ⊥ 串联连接，这样在晶体管的基极与发射极之间的电压表示如下。

$$\underbrace{v_{BE}}_{\text{基极电压(总输入)}} = \underbrace{V_{BB}}_{\text{直流成分}} + \underbrace{v_i}_{\text{交流成分(输入信号)}}$$

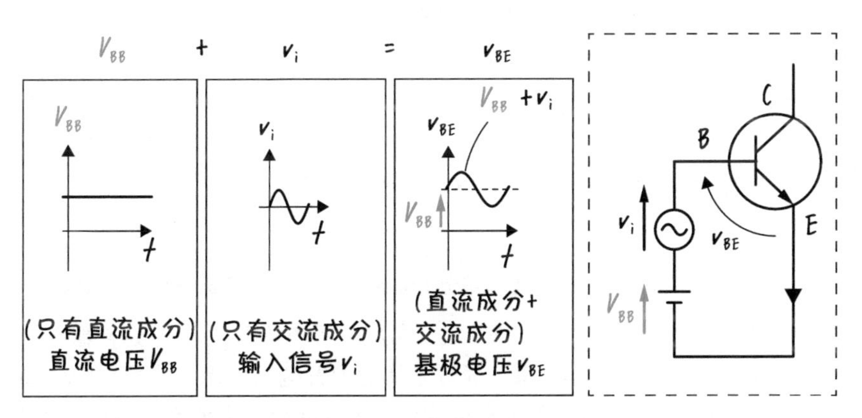

图 7.1.2　**晶体管输入端的示例**

难易度 ★★★★★

7-2 ▶ 偏压的思考方式

~ 必须要偏向 ~

【偏压】

用直流电源供电。

"Bias"是指偏见、先入为主或有偏见的观点。在日常生活中，我们会使用"有偏见"这样的表达方式。例如，不同的报纸和电视台以不同的方式报道同一个话题，这就是存在"偏见"的一个明显例子。

在电子电路的情况下，为了使晶体管工作而对其施加电压作为偏置电压。因为晶体管是由 pn 结组成的器件，所以必须向其施加正向电压才能工作。因此，在电子电路中会有意设置偏置电压，**从而使晶体管无论在正向或反向都能工作。**

图 7.2.1 显示了在没有任何偏置电压（简称"偏压"）的情况下，将交流信号输入晶体管时的情况。将第 3 章图 3.3.1 的电路中交流直流电压 V_{BB}〔V〕换成了信号 v_i〔V〕。如图 7.2.1a 所示，信号为正向电压时㊀，基极电流 i_B〔A〕从基极流向发射极，通过放大作用会产生较大的集电极电流 i_C〔A〕。但是，像图 7.2.1b 那样，信号变成反向电压时，基极电流就不流通了㊁，也不会有集电极电流通过了。晶体管不能直接对正和负混合的交流信号起到放大作用。

因此，如图 7.2.2 所示，引入偏置电压 V_{BB}〔V〕。此时晶体管的输入是输入信号 v_i〔V〕和偏置电压 V_{BB}〔V〕相加的电压。

$$\underbrace{v_{BE}}_{\text{基极电压（总输入）}} = \underbrace{V_{BB}}_{\text{直流成分（偏置电压）}} + \underbrace{v_i}_{\text{交流成分（输入信号）}}$$

通过设置一个始终大于 v_i〔V〕的负数的偏置电压 V_{BB}〔V〕，这样输入 v_{BE}〔V〕就始终为正值。这样一来，通过施加的配置电压，无论信号 v_i〔V〕是正还是负，基本电流 i_B〔A〕都会被放大，可以获得较大的作为输出的集电极电流 i_C〔A〕。

㊀ 如果基极是 p 型、发射极是 n 型的半导体，对于基极和发射极所构成的 pn 结，v_{BE}〔V〕为正的时候就是正向电压。

㊁ pn 结中无法通过反向电流。

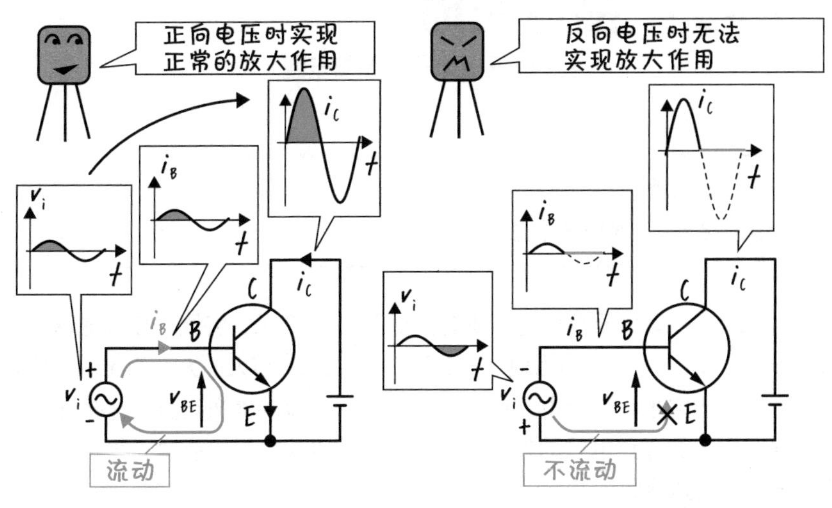

图 7.2.1　没有施加偏置电压的时候

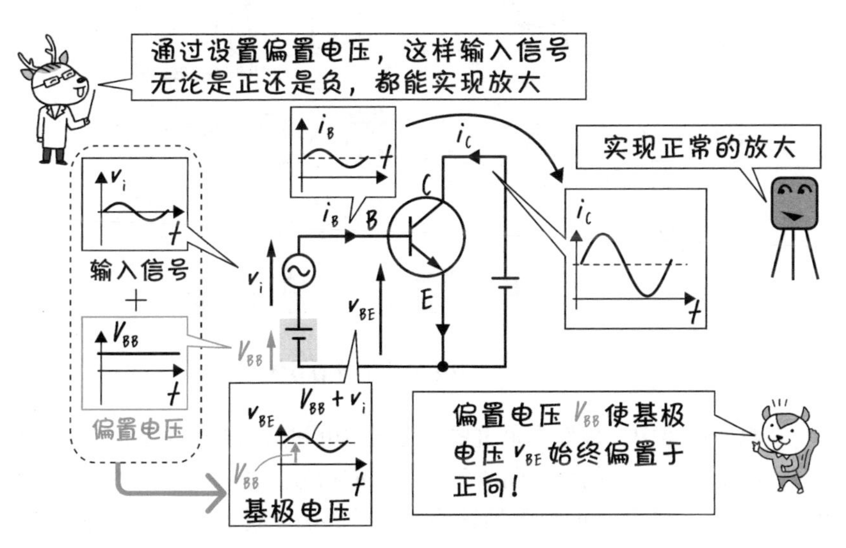

图 7.2.2　当有偏置电压时

难易度 ★★★★★

7-3 ▶ 接地和地

~一口气扔掉不需要的东西~

▶【接地和地】

对地的接地，对电路的接地。

接地是一个非常重要的电气概念。如图 7.3.1 所示，将线连接到地球，称为“接地”或“对地”。因为地球在英语中为 Earth。与人的大小相比，地球非常巨大，由于它很容易导电，所以经常被用作电流的逃逸通道。连接在微波炉和洗衣机上的绿色电线的作用就是在**当因漏水等发生事故时，将会产生危险的电流释放到地球上**。

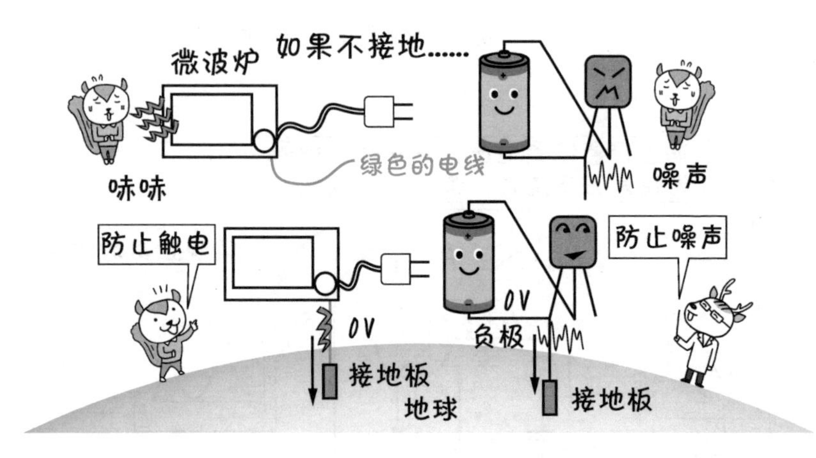

图 7.3.1　**地球是非常好的导体**

在电子电路中，接地也很重要。由于雷电和其他电子设备产生的静电和磁力的影响，电子电路不断收到不需要的信号。这种不需要的信号被称为杂音（噪声），必须既要阻挡这些来自外界的干扰噪声，也需要将噪声隔离起来。在技术术语中，这被称为电磁兼容（EMC：Electro Magnetic Compatibility）。

但是，像智能手机这样的小型便携设备是无法做到直接接地的。如图 7.3.2

所示，为电流的逃逸建造一条真正与地面连接的通道叫作“接地”；在实际的电路中，即使没有与地面直接连接，为了使电路中的电位相同，就要尽可能连接面积大的导体，这就是电路中的“接地（ground）”。ground 在这里的意思不是“大地”，而是表示电位的“地”[㊀]。电路的接地与实际的接地基本上能达到相同的作用，也能降低噪声干扰。电路接地大致可分为框架接地和信号接地，前者以机身（未与地面连接）作为共通导体的框架的地，如飞机和汽车；后者则是在配置零件的基板上使用大面积导体作为信号的地，如智能手机。

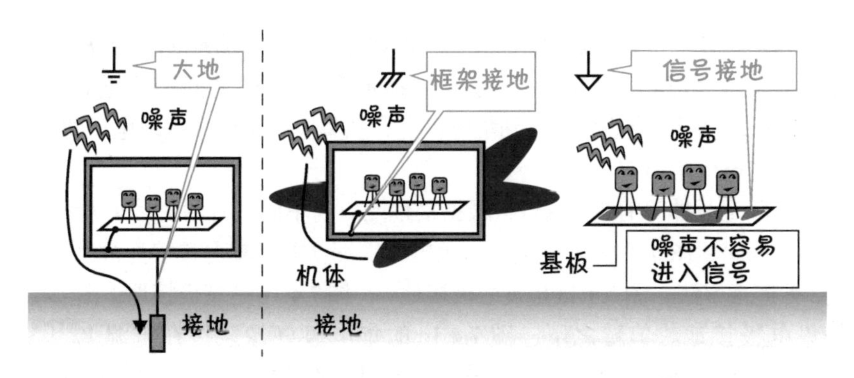

图 7.3.2　**接地和地**

在电路中，一般会把主电源（用于接通放大电流的电源）的负极接地。图 7.3.3 中 V_{CC}〔V〕为主电源，负极相连的接地线用粗蓝线表示。即使电路图上没有接地符号，电子电路的设计者也会默认地将这些基准线识别为接地进行设计。电子电路中与“地”连接的导线，被称为地线。

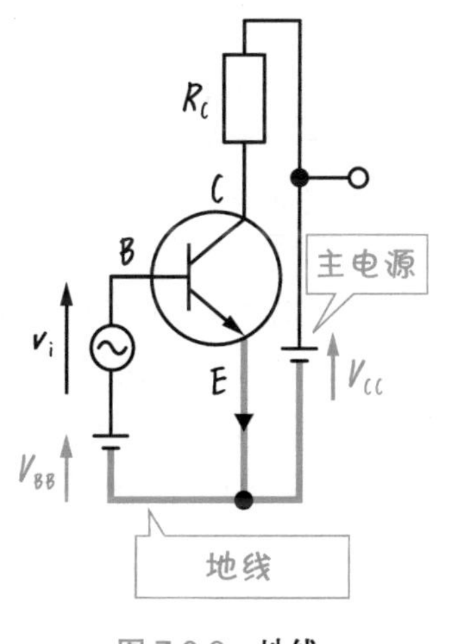

图 7.3.3　**地线**

㊀ 除非是噪声对策和 EMC 的专业书籍，否则实际的接地与电路中的接地是没有什么区别的。从这以后，本书不会再特别区分这两种接地。

难易度 ★★★★★

7-4 集电极电阻和三种基本放大电路

~用电阻提取电压~

▶【集电极电阻】

将集电极电流转换为电压。

在7-2节中的图7.2.2的电路中，连接上图7.4.1a那样的电阻R_C〔Ω〕，在两端产生电压R_Ci_C〔V〕㊀。于是，接地和集电极之间产生输出电压$(V_{CC}-R_Ci_C)$〔V〕。像这样连接到集电极上，从集电极电流中提取电压的电阻被称为集电极电阻。

实际上晶体管有3个端口，根据接地端口的不同，有图7.4.1a发射极接地放大电路、图7.4.1b基极接地放大电路、图7.4.1c集电极接地放大电路，这3种连接方法。图7.4.1a是发射极接地㊁，图7.4.1b是基极接地，图7.4.1c是集电极接地。乍看之下，图7.4.1c的集电极好像连接在电源V_{CC}〔V〕上，但是考虑到信号（交流）成分的电流时，直流电压可以被视为0V（短路）（参照7-15节），所以集电极可以被认为是接地的。

在第7章中，我们将从最基本的图7.4.1a发射极接地放大电路开始说明，在本节中，先对直流电源的连接方法做说明。

首先，我们从偏置电压的直流电源开始。在npn型晶体管的情况下，基极和发射极间有pn结，BE之间可以看作是二极管的阳极（A）和阴极（K）。这意味着需要对基极施加正向电压，对发射极施加反向电压。因此，偏置电压用的电源必须在基极上连接正极，在发射极上连接负极。

接下来，对主电源进行说明。为了实现放大功能，放大电流的电源V_{CC}〔V〕需要将电流带向集电极，所以集电极侧与电源的正极相连。从接地的角度考虑，负极自然与地相连。

㊀ 欧姆定律（电压为电阻和电流的乘积）。

㊁ 并不是真的把发射极与大地连接，而是电路上的接地，也就是主电源的负极是接地的。发射极接地的电路并不是所有发射极真的与大地连接。这里请参考7-3节的脚注㊀。

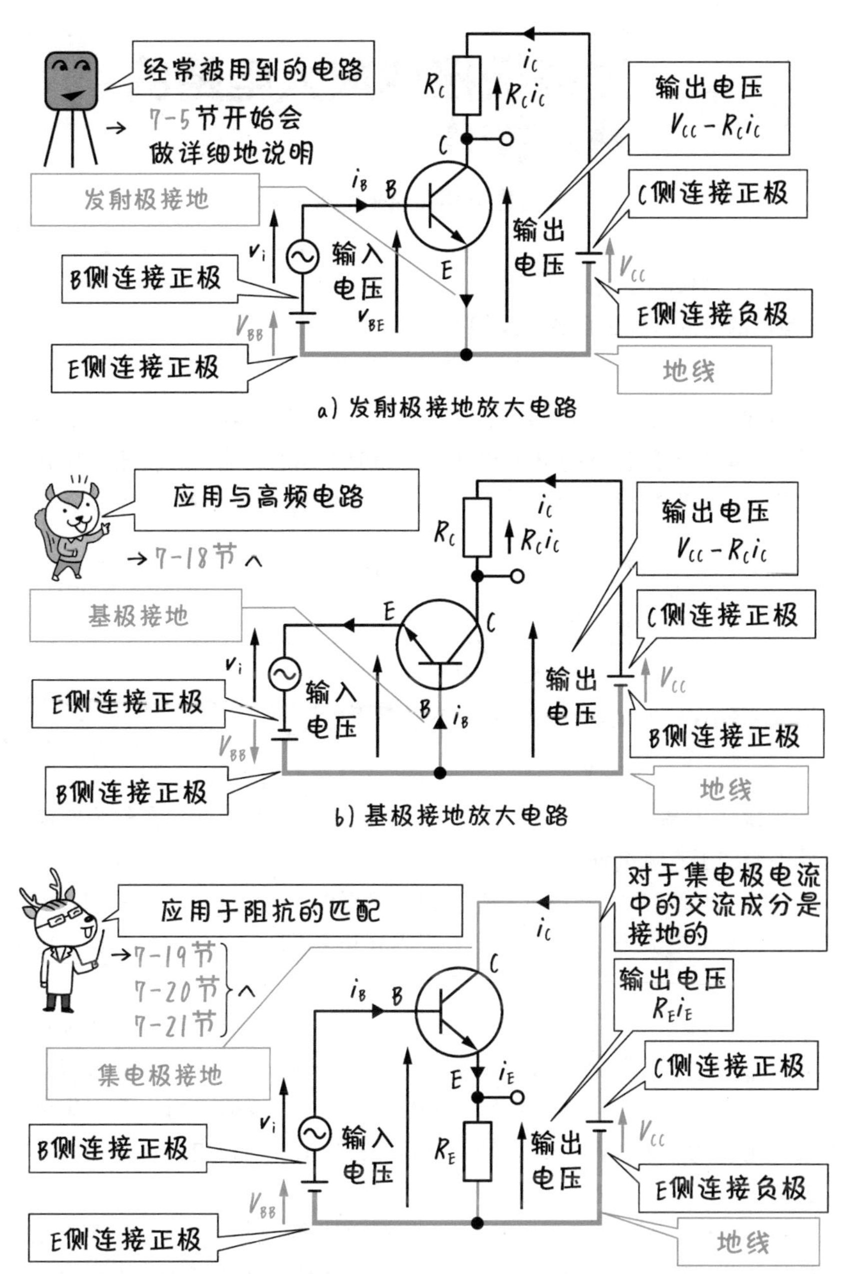

图 7.4.1 晶体管的三种基本放大电路

难易度 ★★★★★

7-5 ▶ 发射极接地放大电路的基本操作

~ 分为直流和交流来考虑吧 ~

> ▶【发射极接地放大电路】
> **电压的输入和输出反转→反相！**

现在让我们来详细了解下，当图 7.5.2 所示的发射极接地放大电路工作时，在电路不同位置的电压和电流是如何工作的。输入和输出电压处于相反的相位，即反相，正负颠倒，如图 7.5.1 中的 v_1〔V〕和 v_2〔V〕。

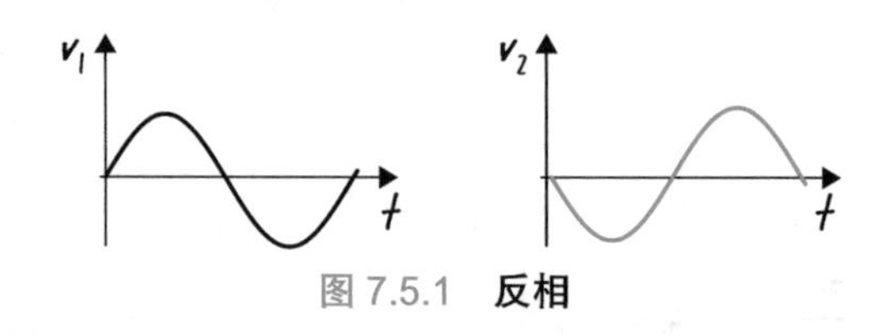

图 7.5.1 **反相**

• 如图7.5.2①输入信号 v_i〔V〕、图7.5.2②偏置电压 V_{BB}〔V〕、图7.5.3③输入电压（基极电压）v_{BE}〔V〕: 7-2 节中所说明的那样，在作为交流的信号中叠加了直流偏置。

• 图 7.5.2 ④输入电流 i_B〔V〕: 由于基极电压 v_{BE}〔V〕中有叠加直流偏置，所以基极电流为 $i_B = I_B + i_b$，直流成分和交流成分的组合作为输入电流流入。

• 图 7.5.2 ⑤输出电流（集电极电流）i_C〔A〕: 3-5 节中学过，当流过基极电流 i_B〔A〕时，集电极电流变为小信号交流，放大 h_{fe} 倍，即 $i_C = h_{fe}i_B$。

• 图 7.5.2 ⑥集电极电阻上的电压 R_Ci_C〔V〕: 根据欧姆定律，集电极电阻的电压为 R_Ci_C〔V〕，因为是 i_C〔A〕的 R_C 倍，所以电压波形与 i_C〔A〕是相同。

• 图 7.5.2 ⑦输出电压 v_{CE}〔V〕: 根据电路图，输出电压 v_{CE}〔V〕是指从接地到集电极端的电压。这等同于从主电源 V_{CC}〔V〕减去集电极电阻上的电压 R_Ci_C〔V〕，即 $v_{CE} = V_{CC} - R_Ci_C$。

• 图 7.5.3 ⑧输出电压的交流成分（见图 7.5.3）v_{ce}〔V〕: 图 7.5.3 表示仅提取出输出电压的交流分量 v_{ce}〔V〕。

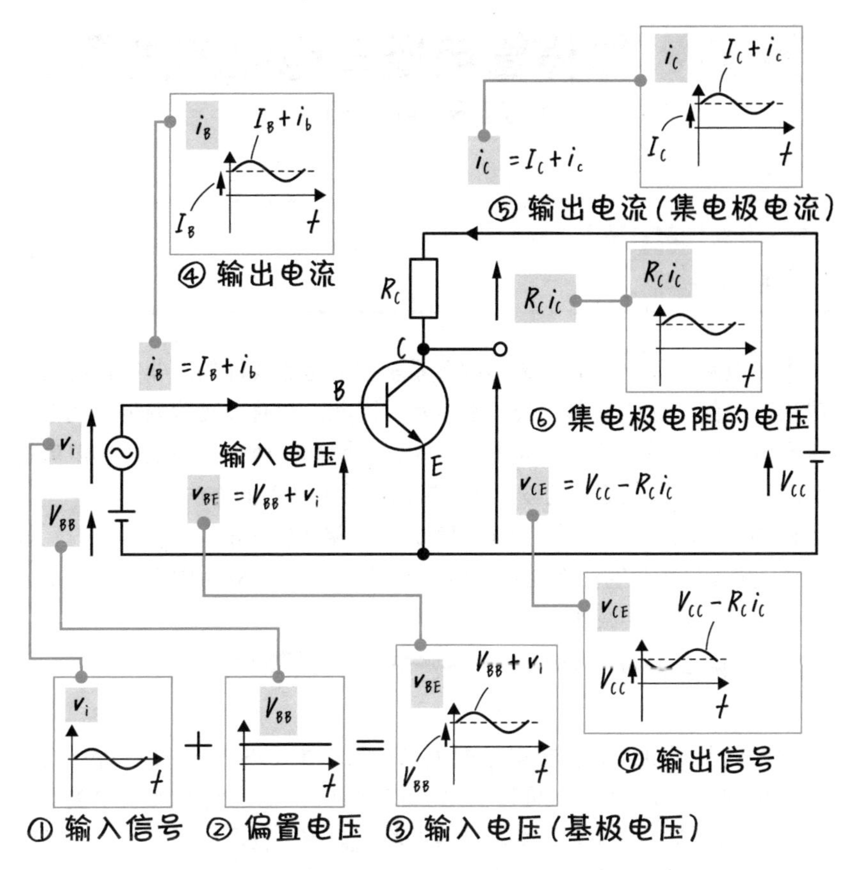

图 7.5.2 发射极接地放大电路工作时的电压和电流

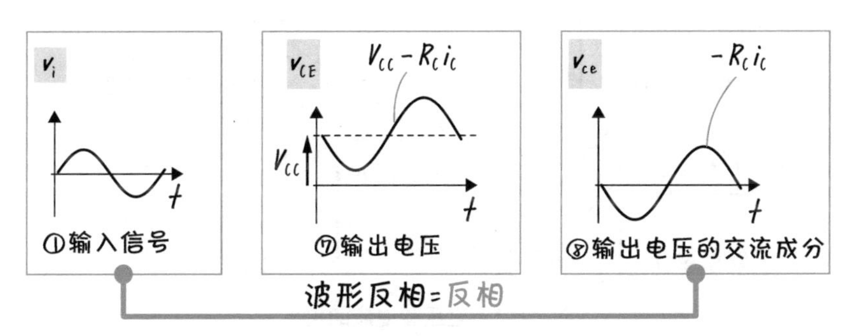

图 7.5.3 输入端电压和输出电压的交流成分反相的样子

难易度 ★★★★★

7-6 ▶ 晶体管电压与电流的关系

~ 读了图表就有办法了 ~

▶【非线性的关系】

依靠图表！

电子电路中的电压和电流间的关系基本上是非线性的。非线性的关系无法用“比例”这样简单的公式来表示。因此，就通过实验测定非线性的电压和电流的关系，并绘制成图表。这里说明如何通过使用电压和电流的关系图，继而从输入信号的波形导出输出信号的波形的方法。

例如，如图 7.6.1 所示，让我们考虑下当接入输入电压 v_{BE}〔V〕时，输入电流 i_B〔A〕会发生什么变化。假设 v_{BE}〔V〕以 0.6V 为中心，并在中心处以 ±0.05V 的幅度振动。

$$v_{BE} = V_{BB} + v_i$$

v_i：交流（从 −0.05 ~ +0.05V 这个幅度内振动）

V_{BB}：直流（0.6V）

此时的基极电压和基极电流的关系如第 3 章中的图 3.5.2 的静态特性所示。再如图 7.6.2 所示，可以从图 3.5.2 的（3）输入间的关系中提取出 I_B〔A〕和 V_{BE}〔V〕的关系，翻转曲线并将 v_{BE}〔V〕波形的最小值和最大值对应到该曲线中，从而也就可以读取出 i_B〔A〕波形[㊀]。

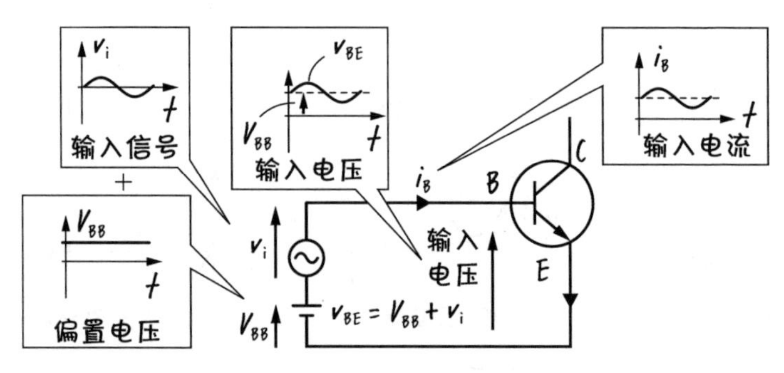

图 7.6.1　**电压和电流的关系**

㊀ 因为曲线不是笔直的，所以实际上电流波形会有点扭曲。实际操作晶体管的时候，波形的扭曲对电路整体的工作没有影响，可以在扭曲的小范围内使用。

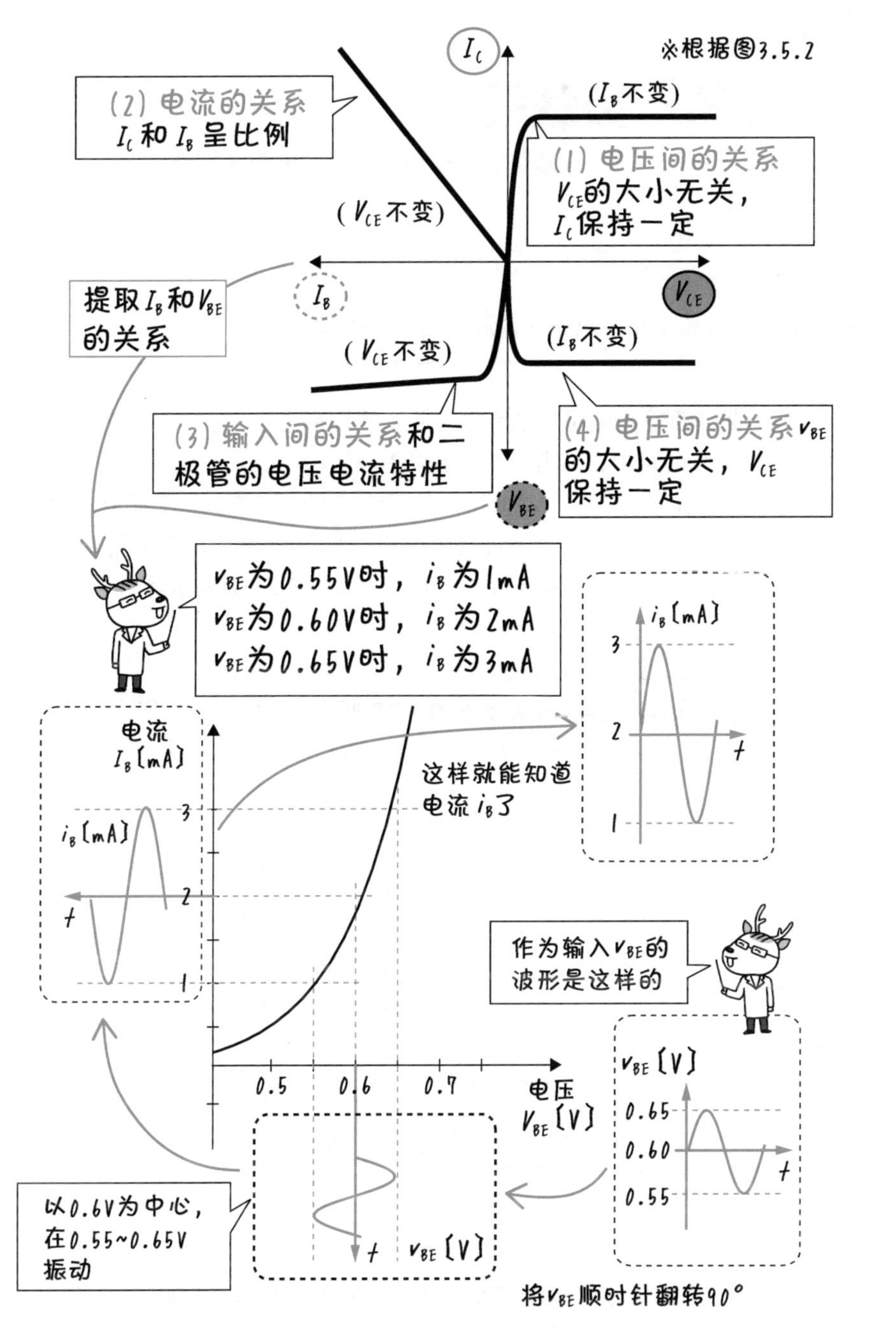

图 7.6.2　根据图 3.5.2 求电压和电流的关系

难易度 ★★★☆☆

7–7 ▶ 负载线

~ 晶体管的输出，电压和电流的关系 ~

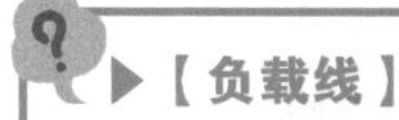

▶【负载线】

表示晶体管输出的电压和电流之间关系的线。

表示晶体管输出电压与电流之间关系的线称为负载线。在图 7.7.1 的发射极接地放大电路中，试着分析输出电压 V_{CE}〔V〕和输出电流 I_C〔A〕（集电极电流）之间的关系。如果我们从第 3 章的图 3.5.2 中仅提取 V_{CE}〔V〕和 I_C〔A〕的关系，则会得到如图 7.7.2a 中所示的关系。为了简单起见，图 7.7.2a 表示的是“基极电流 I_B 为恒定”，图 7.7.2b 则表示各种不同大小的基极电流。

假设晶体管的直流电流放大率为 100，即 I_C〔A〕为 I_B〔A〕的 100 倍。此时的 V_{CE}〔V〕和 I_C〔A〕的关系如图 7.7.3 所示[⊖]。至此，我们成功总结了基极电流 I_B〔A〕、集电极电流 I_C〔A〕、输出电压 V_{CE}〔V〕的关系。

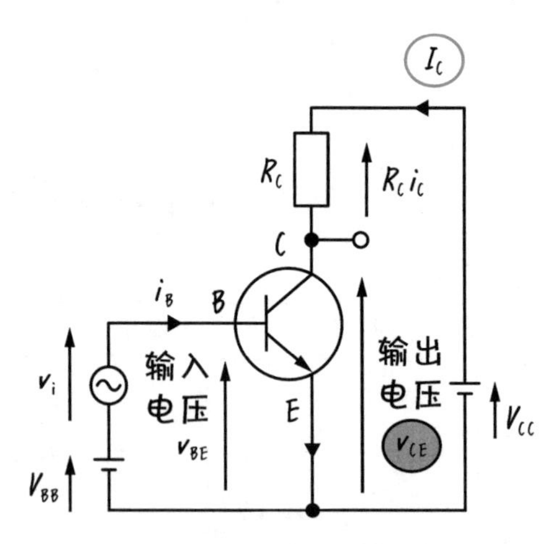

图 7.7.1 发射极接地放大电路的电压与电流的关系

⊖ 虽然 I_B〔A〕的值只有 1～5mA（取整数）这 5 个，但是也可以画出如 1.2mA 和 1.8mA 这样介于两者之间的线。

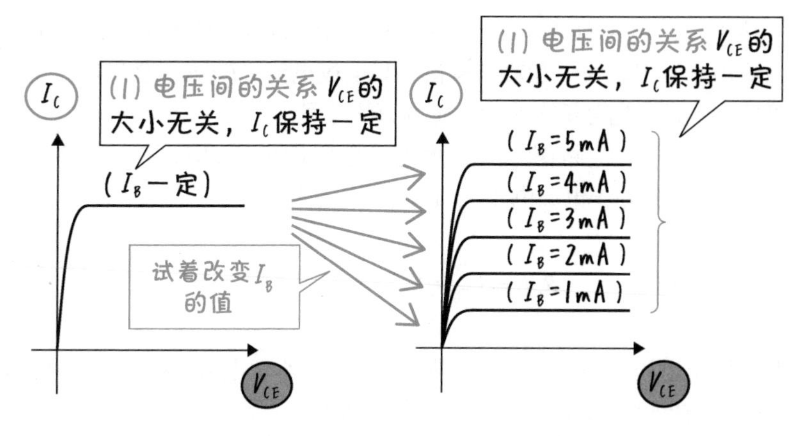

图 7.7.2　图 3.5.2 的一部分（I_C 和 V_{CE}）

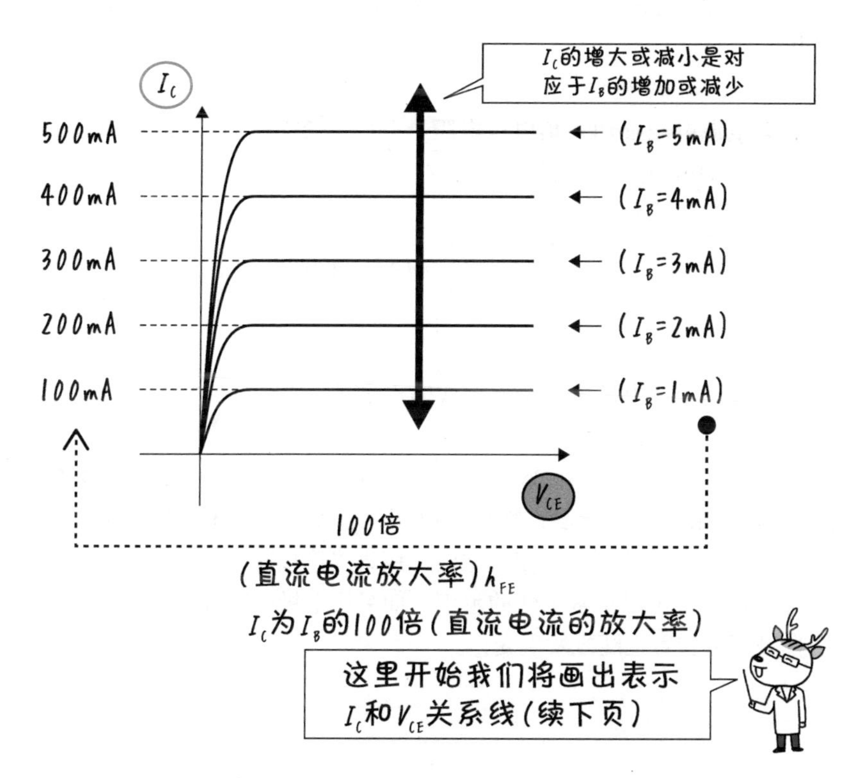

图 7.7.3　基极电流 I_B、集电极电流 I_C、输出电压 V_{CE} 的关系

接下来，让我们考虑在图 7.7.4 中，当作为输入的基极电流发生变化时，输出电压 V_{CE}〔V〕和输出电流（集电极电流）I_C〔A〕会怎样。交流分量以后再考虑，先分析大小为一定的直流分量。

从图 7.7.4 的电路图来看，集电极电阻的电压 R_CI_C〔V〕和输出电压 V_{CE}〔V〕的总和等于电源电压 V_{CC}〔V〕。用公式表示如下。

$$R_CI_C + V_{CE} = V_{CC} \quad \cdots\cdots (\#)$$ ㊀

因此，输出电压 V_{CE}〔V〕的范围在大于 0V 且小于电源电压 V_{CC}〔V〕之间。同时，我们再设定集电极电流 I_C〔A〕的范围。

具体来说，作为电源电压 V_{CC}〔V〕= 12 V、集电极电阻 R_C = 30Ω，决定了输出电压 V_{CE}〔V〕和输出电流（集电极电流）I_C〔A〕的范围。输出电压 V_{CE}〔V〕的值在 0V 和 12V 之间，正如刚刚说明的那样。关于集电极电流的范围，我们在输出电压 V_{CE}〔V〕为 0V 和 12V 时的 2 个极限情况下进行分析。

• 在 V_{CE} = 0V 的时候。

所有电源电压都加入集电极电阻，R_CI_C = 12V。由此可以得出以下结论。在图 7.7.4 中是★的位置。

$$I_C = \frac{V_{CC}}{R_C} = \frac{12V}{30\Omega} = 0.4A = 400mA$$

• 当 V_{CE} = 12V（V_{CC}）的时候。

这个很简单，电源电压全部变成输出电压，R_CI_C = 0V。因此 I_C = 0A，在图 7.7.4 中是☆的位置。

综上所述，V_{CE}〔V〕在 0V 和 12V 之间变动，I_C〔A〕在 0mA 和 400mA 之间变动。如图 7.7.4 所示，将输出电压 V_{CE}〔V〕和输出电流（集电极电流）I_C〔A〕可移动范围（★与☆之间）用直线连接起来的称为**负载线**。负载线显示晶体管可以正常工作的范围。如果集电极电阻和电源电压发生变化，负载线的位置也随之发生变化。

㊀ 擅长数学的人可以将公式（#）进行变形，得到 $I_C = -V_{CE}/R_C + V_{CC}/R_C$ 的一阶函数，以 I_C 为 y 轴、V_{CE} 为 x 轴的直线就是负载线。

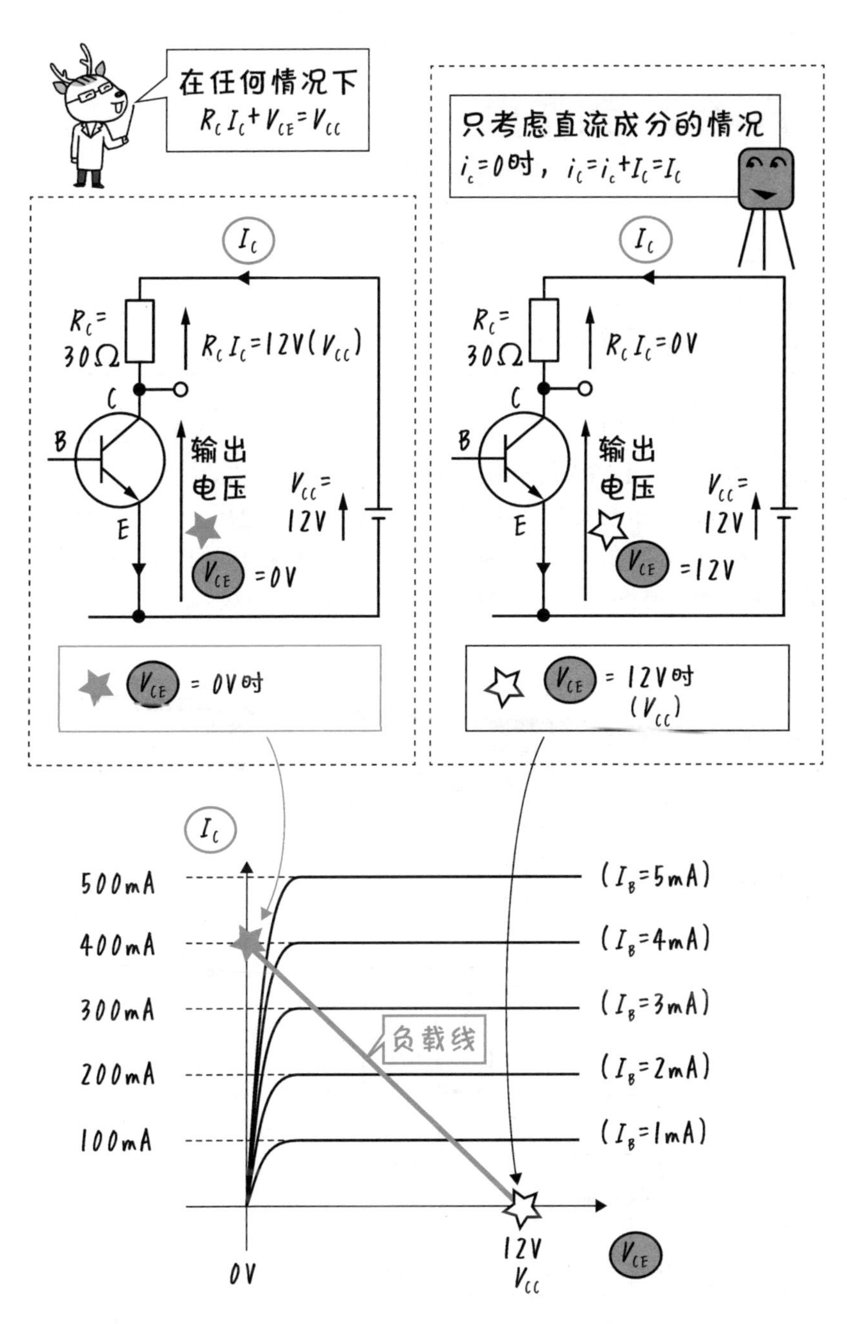

图 7.7.4 集电极电阻 R_C 为 30Ω 的负载线

难易度 ★★★☆☆

7-8 ▶ 动作点

~ 输入信号为零的时候 ~

▶【动作点】

在没有信号的情况下工作。

从本节开始，我们试着从发射极接地放大电路的输入来求出输出。在设计中，在负载线上输入信号为零的位置是非常重要的。

如图 7.8.1 所示的发射极接地放大电路，从输入电压 v_{BE}〔V〕求出输入电流 i_B〔A〕的方法在 7-6 节中解释了，不过，在这里我们将说明如何利用负载线求出输出电流 i_C〔A〕和输出电压 v_{CE}〔V〕的方法。

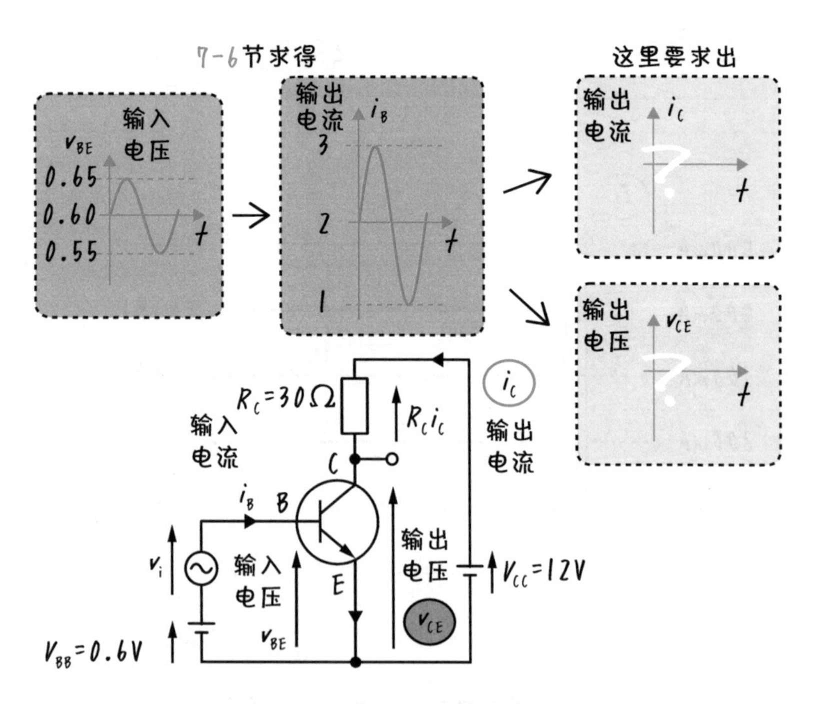

图 7.8.1　用发射极接地放大电路解释如何从输入求输出

如 7-6 节所求出的那样，我们已知输入电流 i_B〔A〕的大小，如图 7.8.2 所示，将 i_B〔A〕放置在负载线的右侧（如图 7.8.2 中①所示）。于是，如图 7.8.2 中②所示，从 i_B〔A〕的范围可以求出 i_C〔A〕的范围。并且通过负载线也就知道如图 7.8.2 中③所示的 i_C〔A〕的范围对应的图 7.8.2 中④ v_{CE}〔V〕的范围了。

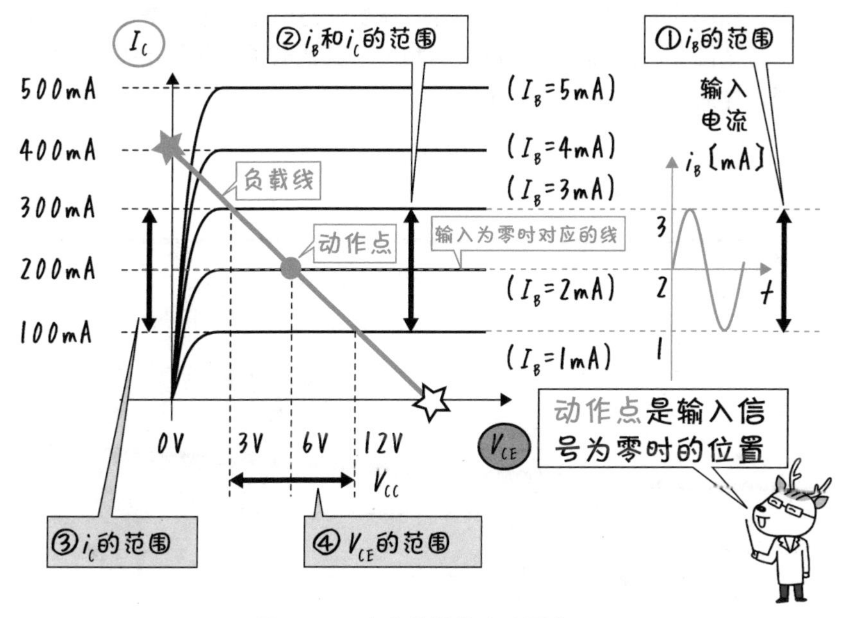

图 7.8.2　在负载线的旁边画上 i_B

在这里，让我们来考虑一下当输入信号为零时的情况。目前为止，我们分析了输入信号 v_i〔A〕是 ∿ 波形时的情况。如图 7.8.3 所示，当这个值为零时，v_{BE}〔V〕始终为 0.6V。此时的输入电流 i_B〔A〕为 2mA。根据负载线，当 i_B〔A〕为 2mA 时，i_C〔A〕为 200mA，对应的 v_{CE}〔V〕为 6V。像这样，输入信号为零，晶体管工作时对应在负载线上的位置被称为动作点。

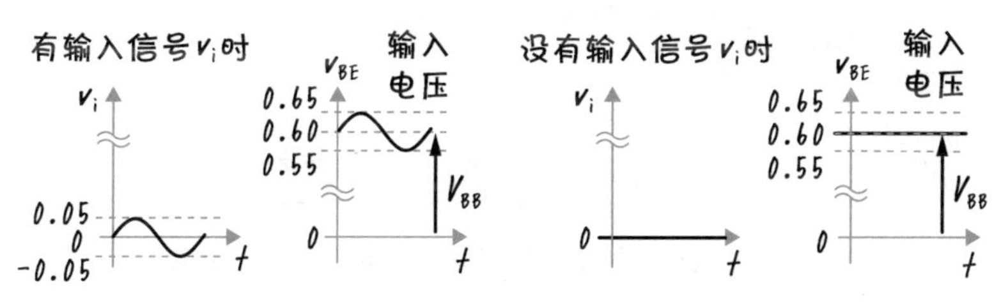

图 7.8.3　输入信号 v_i 有和无时的输入电压 v_{BE}

从图 7.8.2 中，我们知道了输出电流 i_C〔A〕和输出电压 v_{CE}〔V〕的波形的范围（最大的位置、最小的位置、中心）。i_C〔A〕以 200mA 为中心，在 100 ~ 300mA 范围内振动。v_{CE}〔V〕以 6V 为中心，在 3 ~ 9V 范围内振动。用图形表示的话如图 7.8.4 所示。

在图 7.8.4 中，为了不与 i_C 混淆，习惯将输入电流 i_B〔A〕对应负载线的斜率，做相应的旋转来表示。另外，需要注意的是，不仅是这些图中的横轴，各个图中时间轴的方向也不尽相同。其他电子电路的相关书籍中也会出现这样的图，它就是这么重要。

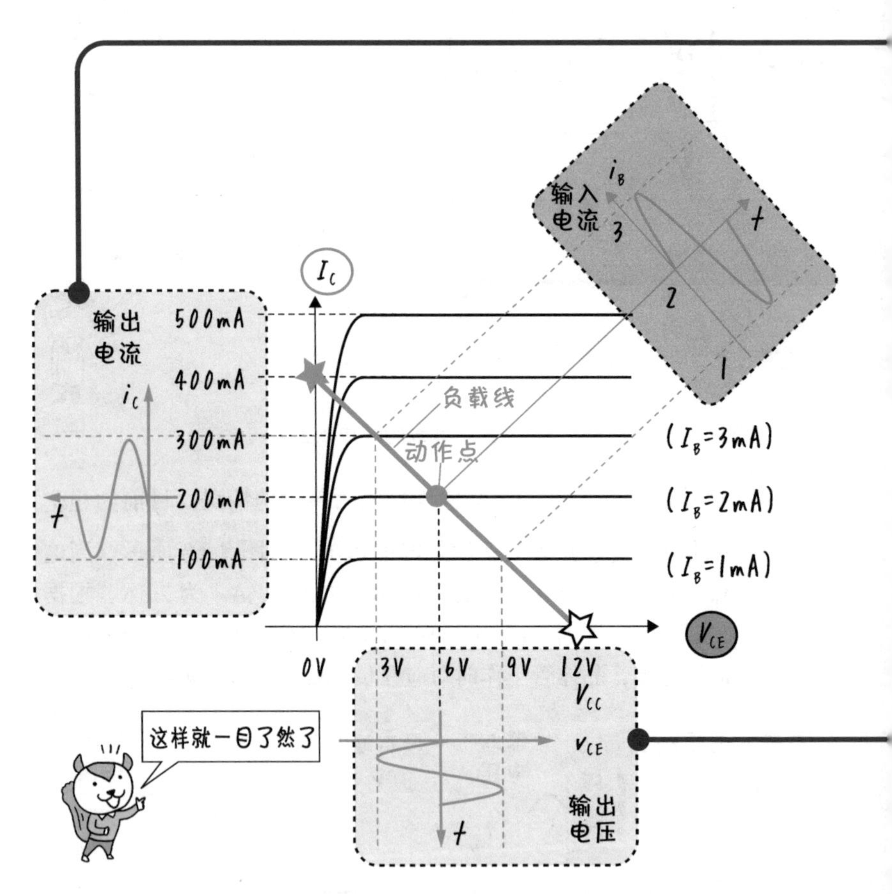

图 7.8.4 发射极接地放大电路工作时的电压和电流

可能有人对图 7.8.4 看起来还是不习惯，所以我们在图 7.8.5 中同时也绘制了以时间轴为横轴的图。由于集电极上的电阻，所以输出电压和输入电压形成相反的相位。

这里也有必要分析一下电压和电流分别变大了多少倍。pp 值（峰峰值）是指波形的最大值和最小值之间的差值在输入电压为 v_{BE}〔V〕的情况下，最大值为 0.65V，最小值为 0.55V，因此 pp 值为 0.65V − 0.55V= 0.1V。因为输出电压的 pp 值是 6V，所以 6V/0.1V=60，电压被放大了 60 倍。在图 7.8.4 中可能感觉不到是 60 倍，这是由于图中的刻度并不相同。

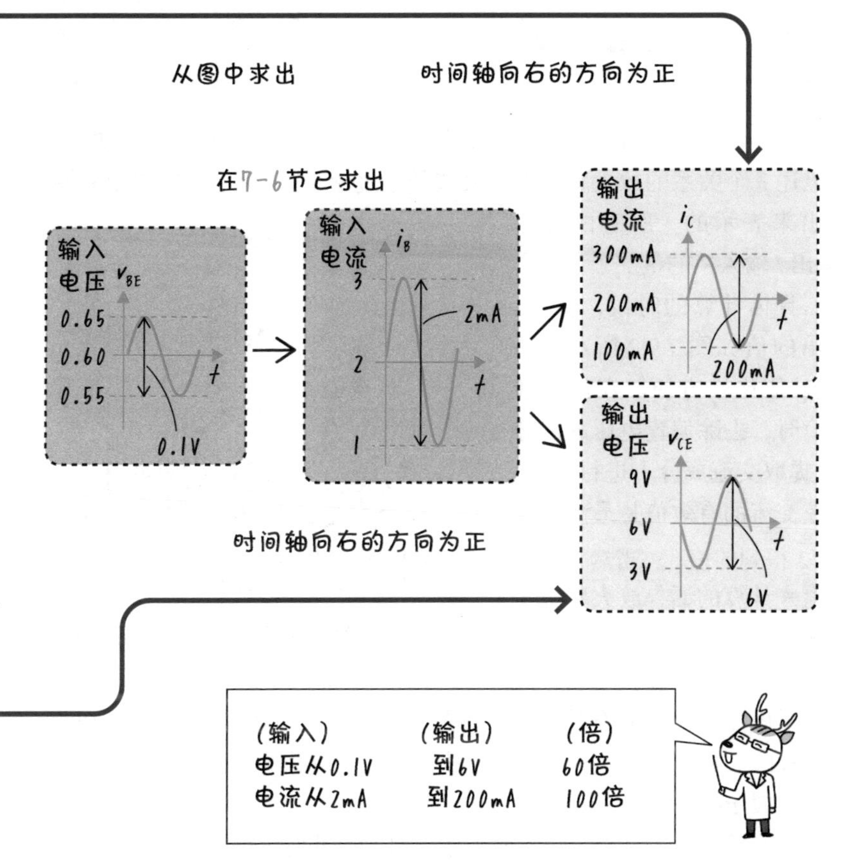

图 7.8.5 提取各图并分别旋转表示

难易度 ★★★★★

7-9 放大率

~用电流、电压、电力来考虑吧~

▶【放大率】

电流放大率、 电压放大率、功率放大率

↓

所有的关系都是输出 / 输入

电流放大率 → $A_i = \frac{i_C}{i_B}$ ←输出电流 ←输入电流

电压放大率 → $A_v = \frac{v_{CE}}{v_{BE}}$ ←输出电压 ←输入电压

功率放大率 → $A_p = \frac{P_o}{P_i}$ ←输出功率 ←输入功率

在 7-8 节的最后，我们计算了电压和电流的放大倍数。加上功率，就有上述 3 个关系的放大率。上述公式是通过图 7.9.1 所示的电路中的输入、输出来表示的。所有的都是“输出 / 输入”的量。

具体计算的时候，输入、输出的值如图 7.9.2 所示，使用 pp 值比较方便。在计算最大值时，去除偏置电压的成分（只提取交流成分）进行计算。正弦交流的有效值是最大值除以$\sqrt{2}$得到的值[㊀]。当然，用有效值来计算的话，放大率也是一样的。

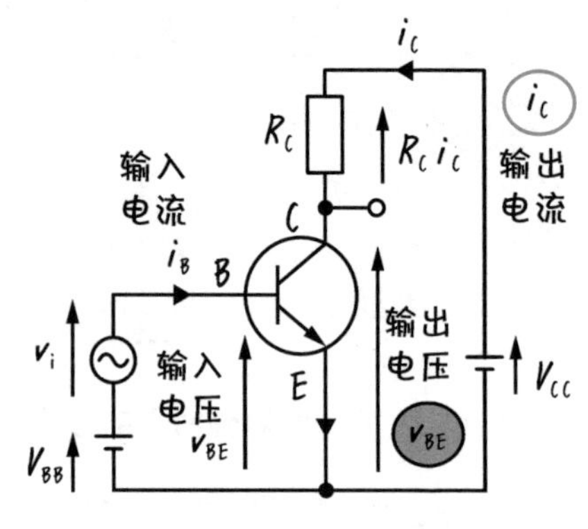

图 7.9.1 发射极接地放大电路的输入和输出

计算功率的放大率时，需要知道电压和电流的有效值。要将最大值换算成有效值来计算。此时，只需计算除去偏置电压成分后的信号成分（交流成分），因为偏置电压所放大的功率属于损失。

功率放大率的计算如下一页所示，是一个非常大的值。

㊀ 详细请参照《易学易懂电气回路入门（原书第 2 版）》等。

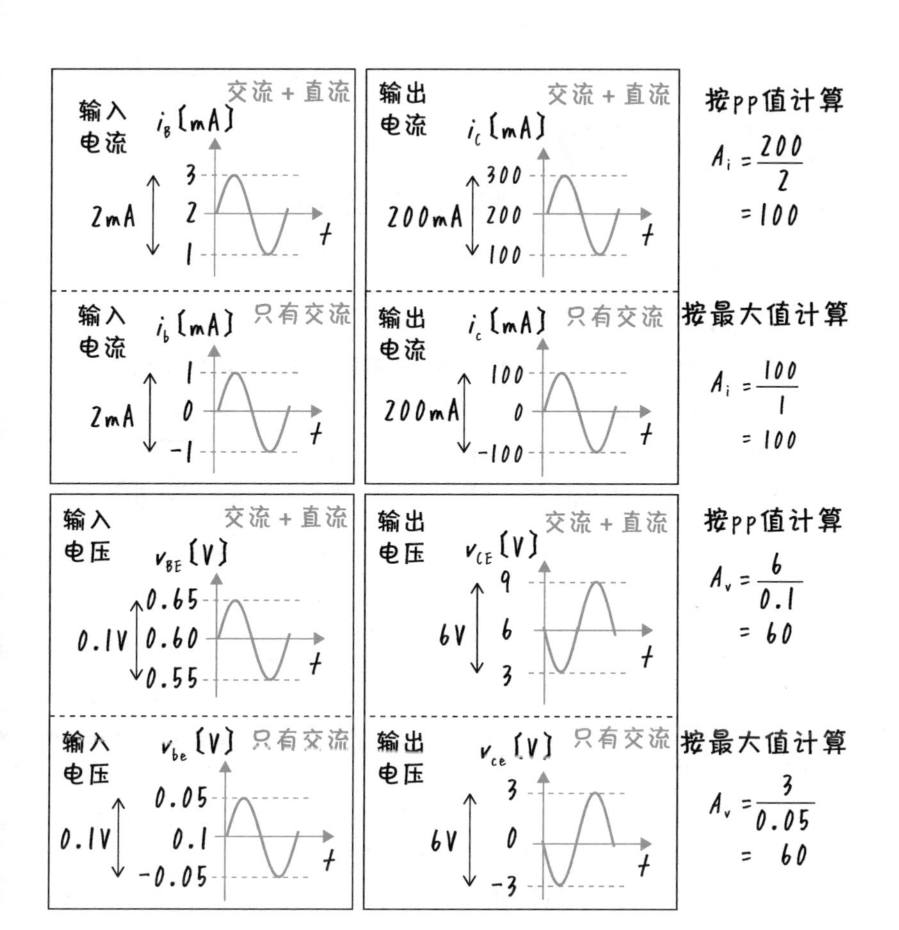

图 7.9.2 按 pp 值计算时，即使加入偏置电压成分，结果不变。按最大值计算，结果发生改变

$$P_i = V_i I_i = \frac{v_{be}\text{的最大值}}{\sqrt{2}} \frac{i_b\text{的最大值}}{\sqrt{2}} = \frac{0.05\text{V}}{\sqrt{2}} \frac{1\text{mA}}{\sqrt{2}} = 0.025\text{mW}(25\mu\text{W})$$

输入电压的有效值　输入电流的有效值

$$P_o = V_o I_o = \frac{v_{ce}\text{的最大值}}{\sqrt{2}} \frac{i_c\text{的最大值}}{\sqrt{2}} = \frac{3\text{V}}{\sqrt{2}} \frac{100\text{mA}}{\sqrt{2}} = 150\text{mW}$$

输出电压的有效值　输出电流的有效值

$$A_p = \frac{P_o}{P_i} = \frac{150\text{mW}}{0.025\text{mW}} = 6000$$

难易度 ★★★★★

7-10 ▶ 增益

~ 取放大率的 log 就正好了 ~

▶【增益】

放大率的对数（log）底，系数 20 和 10 不要弄错，单位是分贝。

电流增益 → $G_i = 20\log_{10} A_i$ 〔dB〕……20 倍

电压增益 → $G_v = 20\log_{10} A_v$ 〔dB〕……20 倍

功率增益 → $G_p = 10\log_{10} A_p$ 〔dB〕……10 倍

电视的音量单位也是分贝

在 7-9 节，我们计算了电流、电压、功率的放大率。这样得到的值都很大，但是对于人的耳朵和眼睛来说，即使是电流被放大 100 倍，感觉上也只是 2 倍左右的强度。因此，通过取放大率的对数[一] log10 来确定 3 个增益。

电流和电压增益的系数为 20，功率增益的系数为 10。功率增益的单位实际上是 B（贝尔）。因为电话的发明人是美国的贝尔先生，他的专业不是电学而是声学，所以音量的单位是为了表彰贝尔先生的贡献，以他的名字来命名的。然而，如果对功率取常用对数的话，容易出现小数点后一位的数字，不是十分方便，所以通常加上前缀 “d（desi）[二]”，这样就相当于乘以 10 倍。这样产生的单位就是 dB（分贝）。电视等的音量单位也是分贝。

电压增益和电流增益的系数是 20。在功率增益的情况下，功率是电压和电流的乘积，再对功率取 log 计算，但是由于电压增益和电流增益只取决于电压或电流。为了补偿大小上的差异，所以乘以 2 倍。

具体的证明就留给数学的相关书籍[一]，在这里只列出计算增益所必要的公式。

㊀ 详细请参照《易学易懂电气数学入门（原书第 2 版）》等。

㊁ 虽然是不太常见的前缀，但是 dL（分升）等，配合体积 L（升）使用。设定为 $10^{-1} = 0.1$ 的大小。

$\log_{10} 10^a = a$ …… （1） 常用对数的定义。 关键是指数下降。
$\log_{10} AB = \log_{10} A + \log_{10} B$ …… （2） 乘法变成加法。
$\log_{10} A/B = \log_{10} A - \log_{10} B$ …… （3） 除法变成减法。

使用 7-9 节的放大率，试着求出以下 3 个增益。

电流增益 $G_i = 20 \log_{10} A_i = 20 \log_{10} 100 = 20 \log_{10} 10^2$
$= 20 \times 2\ \text{dB} = 40\ \text{dB}$ ↑使用式（1）

电压增益 $G_v = 20 \log_{10} A_v = 20 \log_{10} 60 = 20 \log_{10}(2 \times 3 \times 10)$
$= 20(\log_{10} 2 + \log_{10} 3 + \log_{10} 10)$ ←使用式（2）
$= 20(0.3010 + 0.4771 + 1)\text{dB} \fallingdotseq 36\ \text{dB}$
↑引用常用对数表或使用计算器

功率增益 $G_p = 10 \log_{10} A_p = 10 \log_{10} 6000$
$= 10 \log_{10}(2 \times 3 \times 10^3)$
$= 10(\log_{10} 2 + \log_{10} 3 + \log_{10} 10^3)$
↑使用式（2）
$= 10 \times (0.3010 + 0.4771 + 3)\text{dB} \fallingdotseq 38\ \text{dB}$
↑引用常用对数表或使用计算器

所有增益的大小都是整数，而且都是两位数的整数，作为日常使用的数字容易被理解。因此，放大器之类的放大能力通常都是通过增益来表示。

另外，上述的增益的计算，**有引用常用对数表和使用计算器的部分**。这是因为，当真数不能用 10 的指数表示时，无法使用上述公式（1），只能依靠常用对数表或计算器。例如，$100 = 10^2$ 等可以马上求出 $\log_{10} 100 = \log_{10} 10^2 = 2$ 的 log 值，但是 2 和 3 无法写成 10^x 的形式。

最后，放大率的符号 A 是 Amplification（放大），增益的 G 是 Gain（增益）的首字母。下标的 i、v、p 分别是电流、电压、功率的意思。

难易度 ★★★★★

7-11 ▶ 动作点和偏置电压

~ 动作点可以自由设定 ~

▶【动作点的选择方法】

选择合适的动作点获得整齐的放大波形。

可以通过改变偏置电压来自由选择动作点。图 7.11.1b 显示了在合适的偏置电压下的最佳输入与输出。图 7.11.1a 是偏置电压过大时的情况，图 7.11.1c 是偏置电压太小时的情况。输入 i_B 的波形 ∿ 是整齐的形状，但是超出负载线的区域，输出 i_C 和 v_{CE} 波形就会分别变成 ∿ 和 ∿，波形的上端的部分和下端的部分被截断了。因为在超出负载线的区域，输出电压就无法落在 0V 和电源电压（V_{CC}〔V〕）的范围内，输出电流也无法落在 0A 和电流的上限 V_{CC}〔V〕/R_C〔A〕[1] 的范围内。

如果像这样错误地设定动作点，被放大的输入信号就会产生变形。但是，如果把这个动作点放在合适的地方，就可以得到非常大的放大功率。

像 ∿ 和 ∿ 这样，一部分波形被截断，这种操作被称为削波。如果要改变波形形状时，有可能会用到削波。

图 7.11.2 显示了在与图 7.11.1b 相同动作点只改变输入时的情况。图 7.11.2b 与图 7.11.1b 相同，输入的大小为最合适的时候。图 7.11.2c 是没有信号时的样子。输出电压和电流正好停在动作点的地方。图 7.11.2a 是输入过大的时候，波形的上端和下端都截断了。由此可见，放大电路并不总是以相同的倍率放大信号，而是有一个放大能力，这个放大能力受限于电源的容量。

---

[1] 电流的上限是 V_{CE} 为 0V 时的集电极电流。在求负载线的时候会用到。

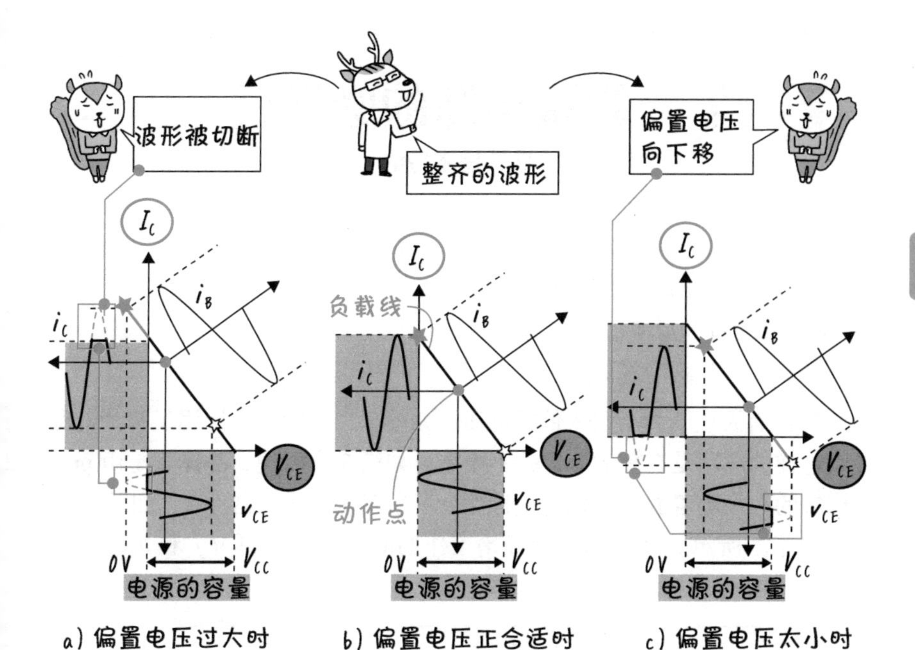

图 7.11.1　改变动作点时

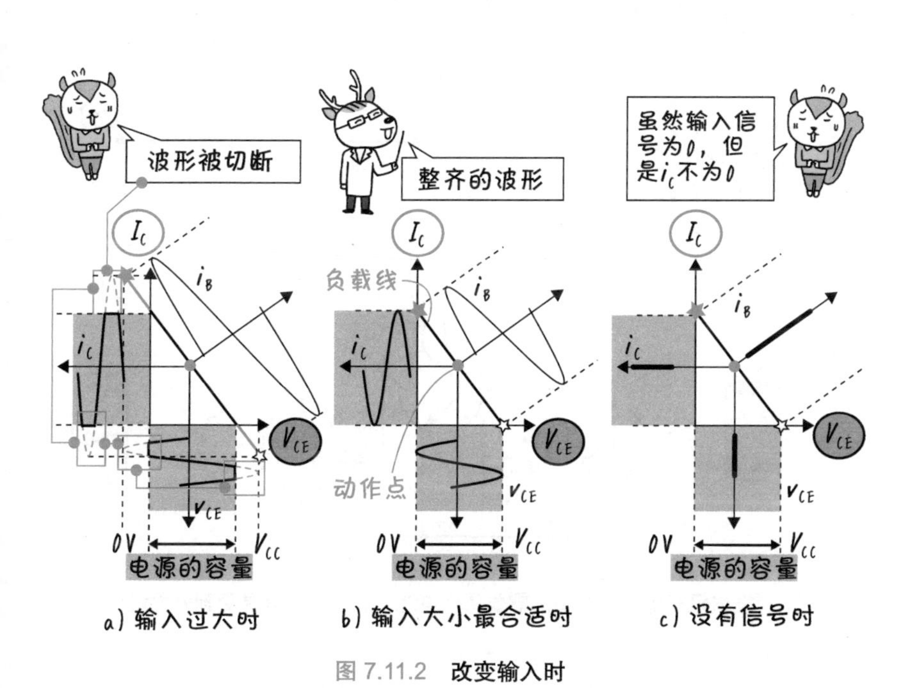

图 7.11.2　改变输入时

难易度 ★★★★★

7-12 偏置电路的必要性

~ 电池是不行的 ~

▶【偏置电路的思考方法】

符合稳定性和成本。

到目前为止，为了引入偏置电压，如图 7.12.1 所示，使用了两个电源。虽然这样的电路是有效的，但并不稳定。如第 3 章所述，晶体管是由 pn 结所构成的，是随着温度变化电气特性会发生明显变化的器件[⊖]，如图 7.12.1 中的两张图所示。如果晶体管开始工作的基极电压 V_{BE}〔V〕和 h_{FE} 随温度

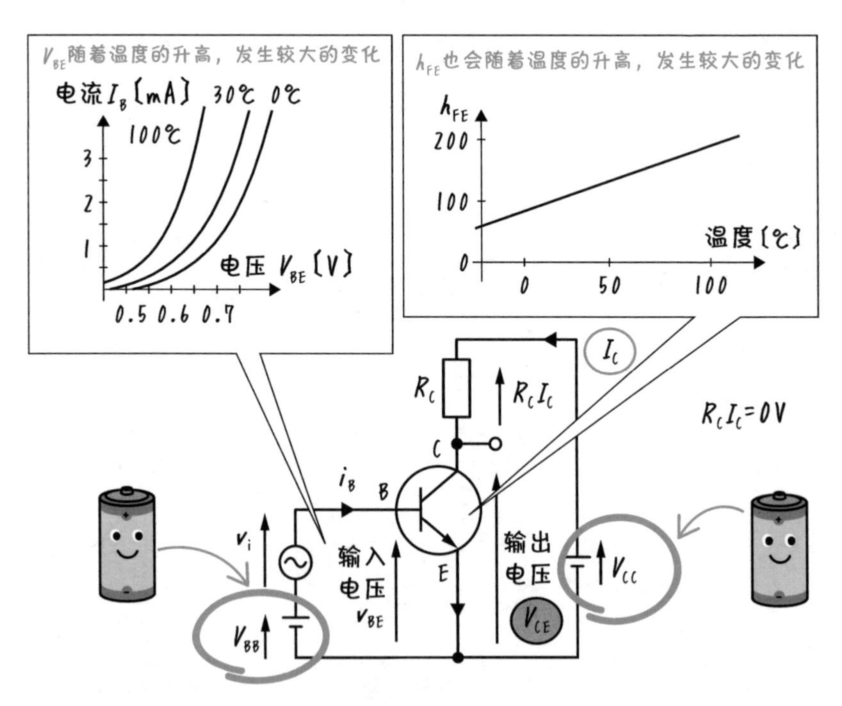

图 7.12.1 发射极接地放大电路。需要两个电池，这就导致容易受到外界温度的影响

⊖ pn 结所使用的 n 型半导体在温度上升时更容易导电（参照第 1 章）。

变化而变化的话，就会导致最终的输出发生很大变化。从图 7.12.1 中可以看出，当温度变化数十℃时，V_{BE}〔V〕会变化 0.1V 左右，h_{FE} 也会变化几十。有了这些变化，动作点也会发生变化，在 7-11 节中学到的输出波形就会变得奇怪。**波形变得奇怪，温度进一步上升，就有可能发生温度持续上升的热失控**。换句话说，目前的这个电子电路很容易受到外界温度的影响。而且，晶体管这个器件本身的 h_{FE} 参数就存在偏差。即使是完全相同型号的晶体管，h_{FE} 最大也会相差两倍左右，这是很常见的。

所有这些都使我们有必要设计一个有偏置电压并能使晶体管稳定工作的电路。因此，不使用如图 7.12.1 中具有两个电源或电池的电路，而是使用一个共用的电源或电池（如图 7.12.2 所示，共用 V_{CC}〔V〕）的方法。

如图 7.12.3 所示，就电子元器件的一般价格而言，电源或电池要比晶体管贵很多，所以如果能巧妙地通过组合电阻，共用一个电源或电池的话，就有可能制造出一个在价格上更便宜、在性能上更稳定的电路。偏置电压电路就是因此而被设计的。

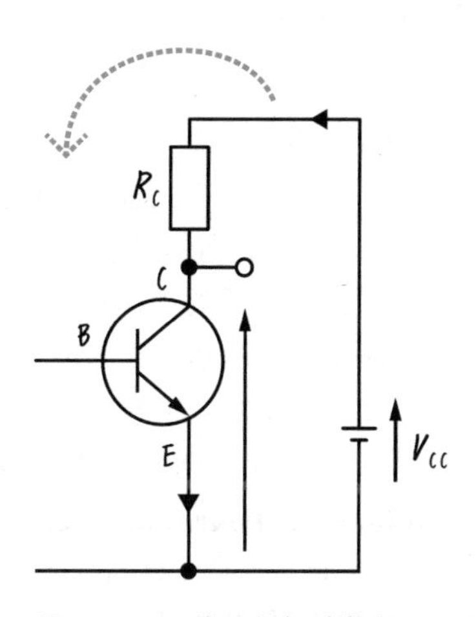

图 7.12.2　能否很好地共用 V_{CC}

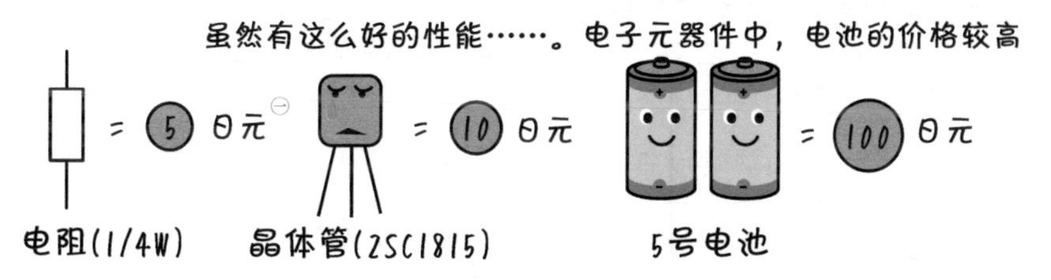

图 7.12.3　电子元器件的价格示例

[1] 1 日元≈0.0488 人民币。

难易度 ★★★★★

7-13 ▶ 各种偏置电路

~ 根据情况区分使用 ~

▶【固定偏置电路】

简单但不稳定。

偏置电路中最简单的是固定偏置电路。如图 7.13.1 所示，通过使用电阻 R_B〔Ω〕从 V_{CC}〔V〕获取基极电流。因为从电源获得固定的基极电流，所以被称为"固定偏置"。这个电阻是获得基极电流的电阻，所以下标为 B。

为了找到合适的动作点，只需要调查在没有输入信号时的输出就可以了，如图 7.13.1 所示，去除输入信号只考虑直流分量，求集电极电流。由于 R_B〔Ω〕两端的电压为（$V_{CC}-V_{BE}$）〔V〕，所以基极电流可通过欧姆定律的公式（1）求出。集电极电流为基极电流的 h_{FE} 倍，如公式（2）所示。2-9 节和 7-6 节中我们已经学过，在硅材料的情况下，公式（1）中的 V_{BE}〔V〕在 0.6V 左右[一]。受外界温度的影响，V_{BE}〔V〕变化范围通常在 0.1V 左右，这比一般的电源电压 V_{CC} 小[二]，所以，可以认为基极电流基本不随外界温度发生变化。

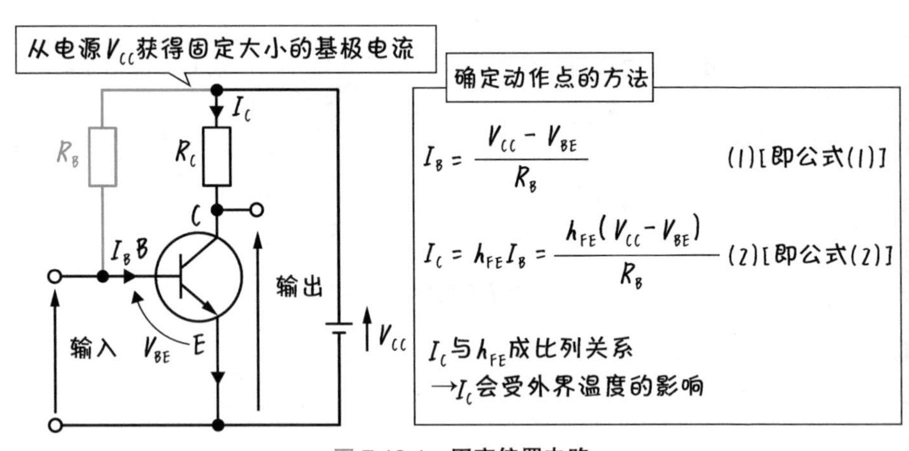

图 7.13.1 固定偏置电路

㊀ BE 之间由 pn 结组成，硅的情况下需要 0.6V 左右的正向电压才能有足够的电流流过。

㊁ 1 节的 5 号电池有 1.5V。用 2 节就是 3.0V、4 节就是 6.0V。

然而，如公式（2）所示，集电极电流与 h_{FE} 成比例关系，因此会直接受到外界温度的影响，对外界温度还是不稳定。因此，固定偏置电路的优点在于能减少器件数量，但是只适用于放大 ON、OFF 程度的信号。

▶【自偏置电路】

还算稳定， 但收益很小。

与固定偏置电路很相似，如果我们将电阻 R_B〔Ω〕不与电源直接连接而与集电极连接相连，就可以得到如图 7.13.2 所示的自偏置电路。该电路是稳定的，例如，如果温度上升，则 I_C〔A〕就会增加，图 7.13.2 中①温度上升 I_C〔A〕增加，图 7.13.2 中②通过 R_C〔Ω〕的电流也会增加，导致 R_C〔Ω〕上的电压增大，V_{CE}〔V〕减小［$V_{CE} = V_{CC} -$（R_C 上的电压）］，图 7.13.2 中③ V_{CE}〔V〕减小，则 I_B〔A〕也会减小［公式（3）］，图 7.13.2 中④ I_C〔A〕减小［公式（4）］，像这样自己又回到原来的稳定状态。因此，这个电路被称为“自偏置”。

另外，电流 I_C〔A〕增大的时候，电压 V_{CE}〔V〕减少，输出电流的变化会反馈到输入电压，所以也被称为电压反馈偏置电路，这也导致电压反馈偏置电路的增益变小。

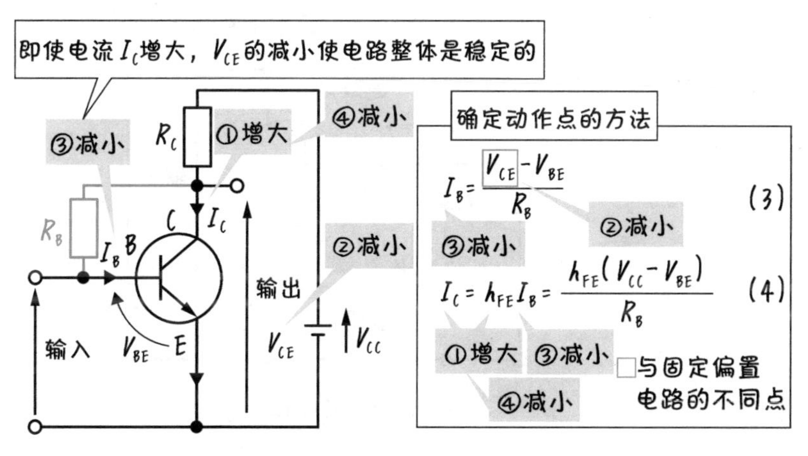

图 7.13.2　**自偏置电路**

▶【电流反馈偏置电路】

非常稳定，但损失很大。

在偏置电路中最常用的是电流反馈偏置电路。如图 7.13.3 所示，使用电阻 R_A〔Ω〕和 R_B〔Ω〕来对分 V_{CC}〔V〕，固定基极电压为 V_B〔V〕。当 V_{CC}〔V〕被电阻 R_A〔Ω〕和 R_B〔Ω〕分压时，V_B〔V〕（R_A〔Ω〕两端电压）的公式为

$$V_B = \frac{R_A}{R_A + R_B} V_{CC}$$

电阻 R_A〔Ω〕、R_B〔Ω〕和电源电压 V_{CC}〔V〕几乎不会随温度变化[一]，因此 V_B〔V〕的值是固定的，不会受到外界温度影响。电阻 R_A〔Ω〕和 R_B〔Ω〕的组合是为了分配电源 V_{CC}〔V〕，从而得到稳定的基极电压，所以它们被称为分压电阻[二]。

通过 R_A〔Ω〕的电流 I_A〔A〕被称为旁漏电流。即使 I_B〔A〕变化，也要尽可能地使 V_B〔V〕保持基本不变，所以我们就需要选择一个分压电阻，使旁漏电流 I_A〔A〕的值是基极电流 I_B〔A〕的 10 倍以上。从电源到 R_B〔Ω〕有（$I_A + I_B$）〔A〕的电流通过，所以如果 I_A〔A〕足够大的话，即使 I_B〔A〕稍微变化，我们也可以忽略 I_A〔A〕的变化。还有因为 $V_B = I_A R_A$，所以使 V_B〔V〕也能稳定在一个固定的值。

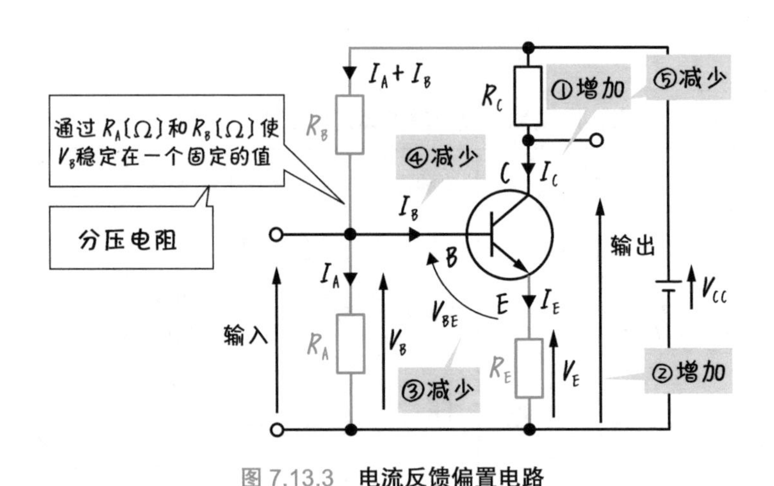

图 7.13.3　**电流反馈偏置电路**

[一] 电阻器的电阻和电池的电压也有温度变化，但是相比于半导体的性质（h_{FE} 等）的温度变化影响非常小。

[二] 不是培育动物的“breeder”，而是“流出、渗出、抽出”（bleeder）的意思。从容器中抽出水或空气时也可以使用。

在稳定 V_B〔V〕的基础上，再通过另一个电阻 R_E〔Ω〕使这个电路稳定化。图 7.13.3 中①温度上升 I_C〔A〕增大，图 7.13.3 中②发射极电流 I_E〔A〕也会增大，导致 V_E〔V〕增大（$I_E = I_C + I_B$ 和 $V_E = R_E I_E$），图 7.13.3 中③因为 V_B〔V〕恒定所以 V_{BE}〔V〕减小（$V_{BE} = V_B - V_E$），图 7.13.3 中④由于晶体管的电流电压特性（$I_B - V_{BE}$），使 I_B〔A〕减小，图 7.13.3 中⑤ I_C〔A〕也会减小（$I_C = h_{FE} I_B$），这样的反馈流程使整个电路稳定化。

而且如 2-9 节和 7-6 节所学过的，在图 7.13.3 中④阶段 V_{BE}〔V〕只要稍微变化了一点，I_B〔A〕的值就会发生很大的变化，所以整个电路很快地就会趋于稳定。因此，可以说电流反馈偏置电路的稳定性很高。但是，因为需要接上旁漏电流，所以这个电路有损失较大的缺点。像这样一系列的反馈联动，是通过电阻 R_E〔Ω〕的电压将集电极电流的变化反馈到输入电流 I_B〔A〕上，所以在这个偏置电路前加上了"电流反馈"。

发射极的电阻 R_E〔Ω〕因为有稳定偏置电压的作用，所以也被称为稳定电阻。随着稳定电阻的增大，V_E〔V〕也随之变大，这导致 I_C〔A〕的变化也会越大，V_E〔V〕稳定度越高。但是，如图 7.13.4 所示，信号分量通过该 R_E〔Ω〕时会消耗功率，导致较大的损失产生。因此，有必要建立另一条路径，就是只有交流信号成分通过，而不通过这个稳定电阻（7-14 节中描述的旁路电容就会很重要）。各种偏置电路的优缺点见表 7.13.1。

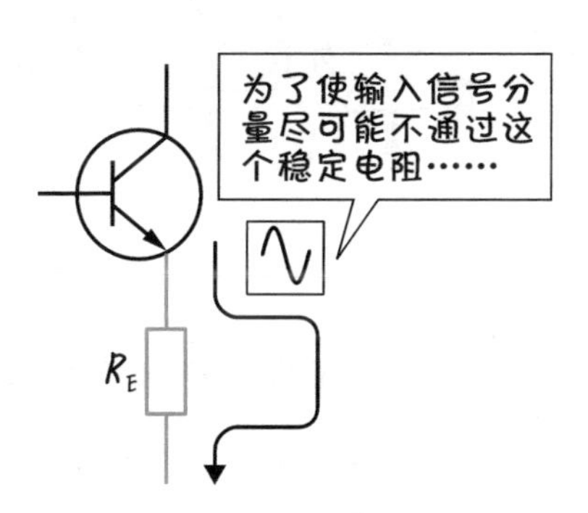

图 7.13.4　**稳定电阻的损失**

表 7.13.1　**各种偏置电路的优缺点**

	固定偏置电路	自偏置电路	电流反馈偏置电路
优点	简单	比较简单	非常稳定
缺点	不稳定	增益变小	损失变大

难易度 ★★★★★

7–14 ▶ 如何阻断直流电

~ 电容就可以 ~

▶【电容的作用】

直流电不能通过， 交流电可以通过的滤波器。

电容是最常用的器件之一，它可以传导交流电而不能传导直流电。对于高频交流电，电容有较小的阻抗（交流电不易流动和电压与电流之间相位变化的量），对低频交流电，电容有较大的阻抗。如图 7.14.1 所示，可以认为电容只能通过交流电而无法通过直流电。

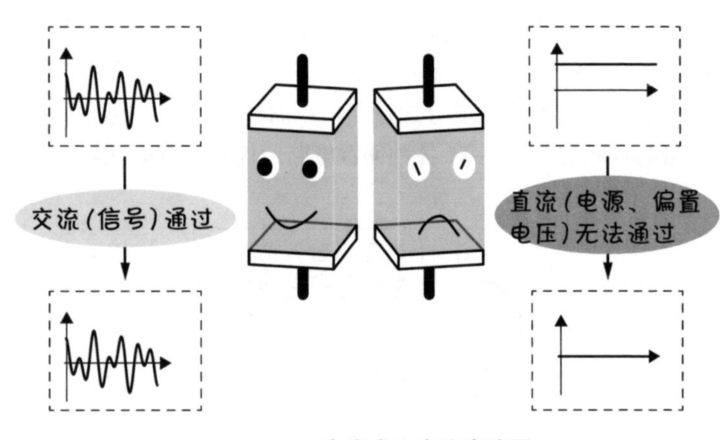

图 7.14.1 **电容成为直流滤波器**

利用电容的这个性质，可以将电容作为一个稳定的电阻来使用。通过将电容 C_E 与 7-13 节末尾描述的稳定电阻 R_E 并联，可以仅将交流信号从发射极接通到地面，如图 7.14.2 所示。因为在该电路路线上电容只传导信号，所以也被称为旁路电容[㊀]。

㊀ “旁路”这个词除此之外，还可以用“旁路手术”代替因动脉硬化等失去功能的血管，或者作为绕道的“旁路”来代替“旁路手术”。

电容也可以用于阻断直流。如果直流混合信号进入发射极接地放大电路，则动作点会产生偏移。因此，如图 7.14.3 所示，放大电路的输入端和输出端通常由一个电容隔开，并通过这些电容来阻断直流成分[⊖]。这些电容是可以将多个放大器结合起来的，所以被称为**耦合电容器**。

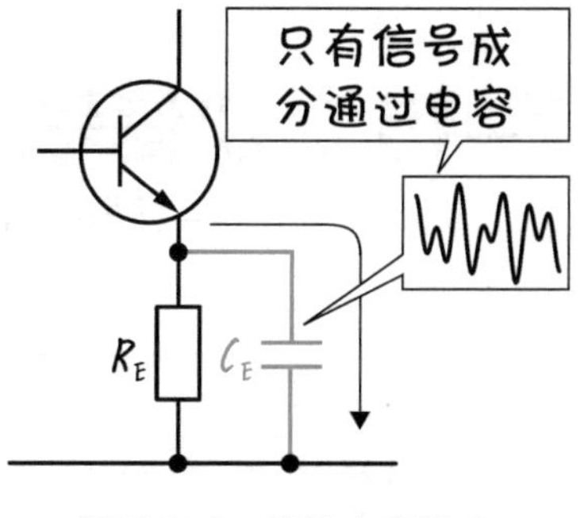

图 7.14.2 旁路电容器 C_E

图 7.14.3 是在输入信号中混合了直流分量的情况下，耦合电容器 C_1 将直流分量阻断的情况。在输出端，通过耦合电容器 C_2 阻断偏置电压的直流分量。

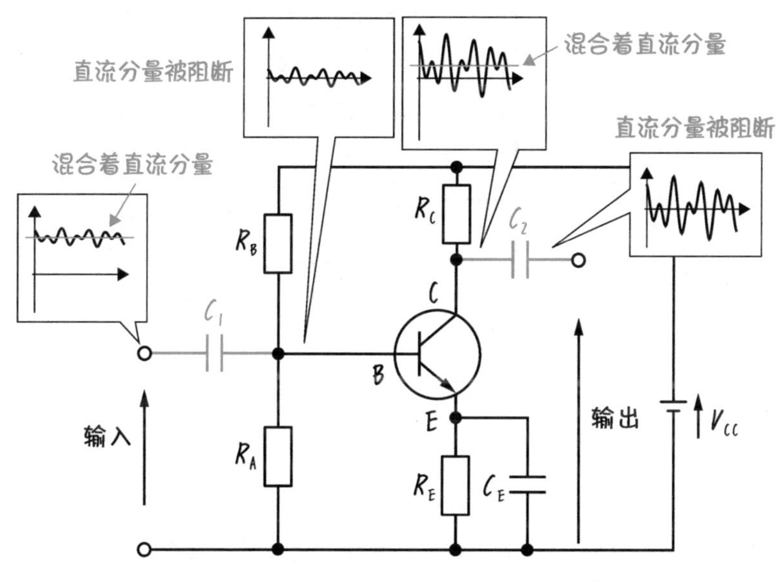

图 7.14.3 用耦合电容器 C_1、C_2 阻断直流分量

⊖ 准确地说，相对于频率为 f（Hz）的交流电，电容的静器电容 C〔F〕与阻抗 $1/2(\pi fC)$〔Ω〕是成反比的衰减。因为直流电的频率 $f=0$Hz，所以阻抗变成∞，电流无法通过。

难易度 ★★★★★

7-15 ▶ 小信号放大电路的等效电路

~ 分为交流和直流考虑 ~

▶【等效电路】

考虑交流分量时：用线连接电容和直流电源的两端。

考虑直流分量时：去除电容和信号。

图 7.15.1 的电路被称为小信号放大电路，是使用晶体管实现放大的最基本的一种放大电路。目前为止说明了这是发射极接地的放大电路，由一个电流反馈的偏置电路并加上旁路电容器和耦合电容器所组成。

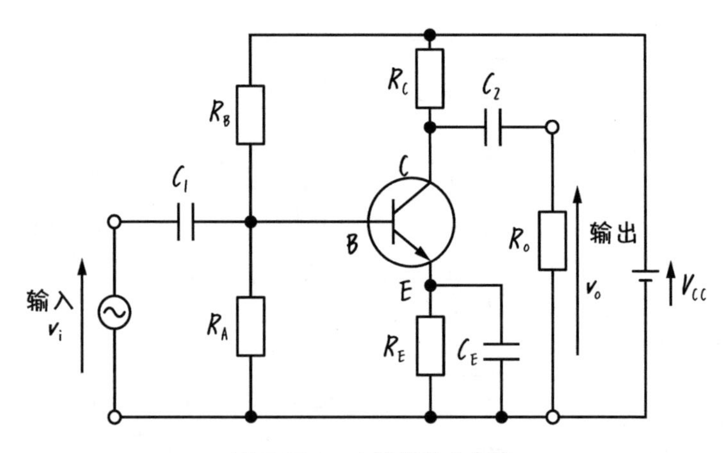

图 7.15.1　**小信号放大电路**

输入信号 v_i 为交流电压，电阻 R_O〔Ω〕[㊀] 上的电压为输出 v_o〔V〕。在设计电子电路的时候，要分成交流分量和直流分量来考虑。交流分量用于计算信号的放大率和增益，直流分量用于决定动作点。因为交流分量可以直接通过电容和直流电源，所以在制作一个只有交流成分的电路时，只需要将电容和直流电源的两端通过导线直接连接。这在专业术语中被称为“短路”。图 7.15.2 是图 7.15.1 的电路中只有交流分量的情况。

㊀ 电阻 R_O〔Ω〕相当于扬声器等的阻抗。

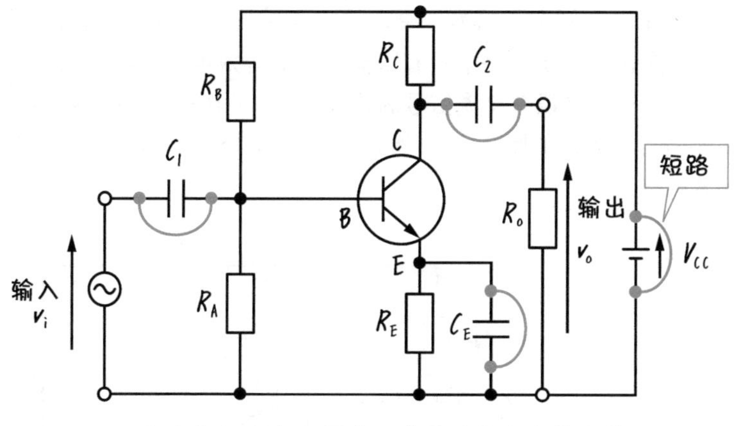

a）电容和直流电源的两端通过导线直接连接

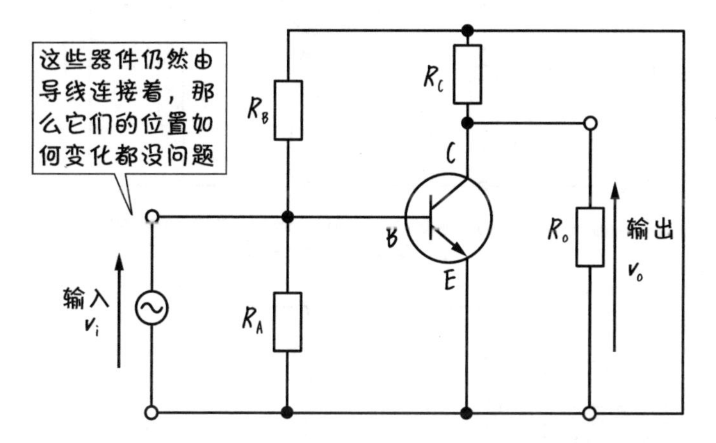

b）短路电容和电源后的电路图及该图的变形

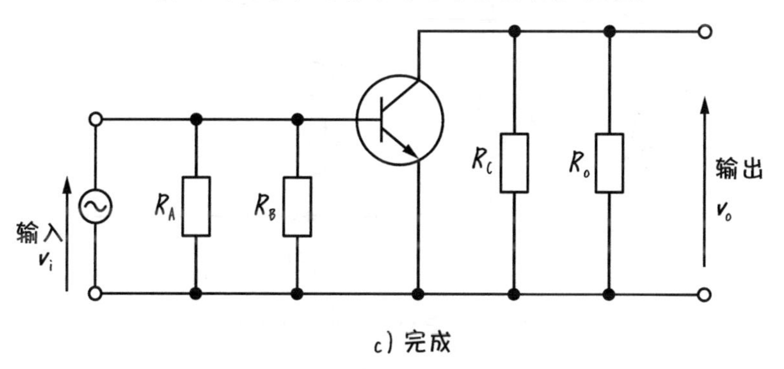

c）完成

图 7.15.2　交流分量的等效电路

接下来，我们来说明为了决定动作点而只考虑直流分量的等效电路。图 7.15.3 是图 7.15.1 电路中只有直流分量的等效电路。由于电容不能通过直流分量，所以在没有交流信号的状态下（= 动作点），在电路中去掉电容和交流信号就可以如图 7.15.3a 所示。图 7.15.3b 是具体的只存在直流分量的等效电路。

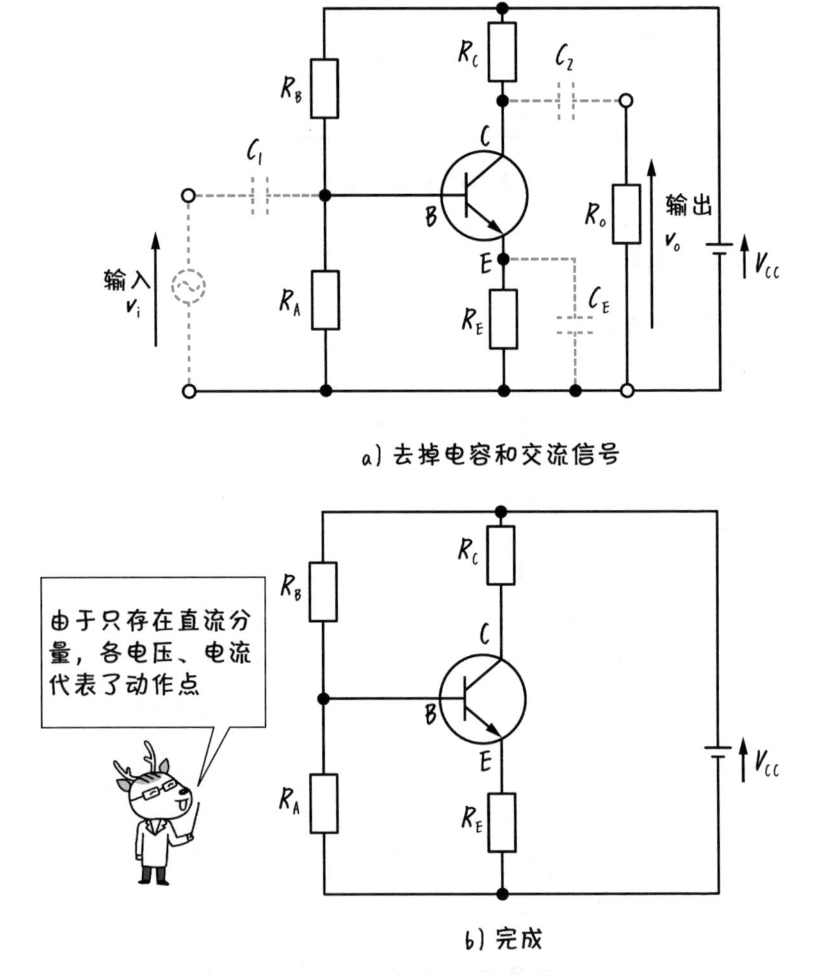

图 7.15.3　直流分量的等效电路

使用图 7.15.3 得到的等效电路，试着求出实际的动作点吧。这没有什么难的。只要使用欧姆定律就可以找到电压和电流。

如图 7.15.4 所示，确定了电压、电流的量符号。首先，根据分压电阻 R_A〔Ω〕、R_B〔Ω〕，基极电压 V_B〔V〕可由下式决定。

$$V_B = \frac{R_A}{R_A + R_B} V_{CC}$$

但是，基极电流 I_B〔A〕比旁漏电流 I_A〔A〕小到可以忽略㊀。从电路图上看的话，V_E〔V〕是 V_B〔V〕减去 V_{BE}〔V〕而得到的，由下式求出。

$$V_E = V_B - V_{BE}$$

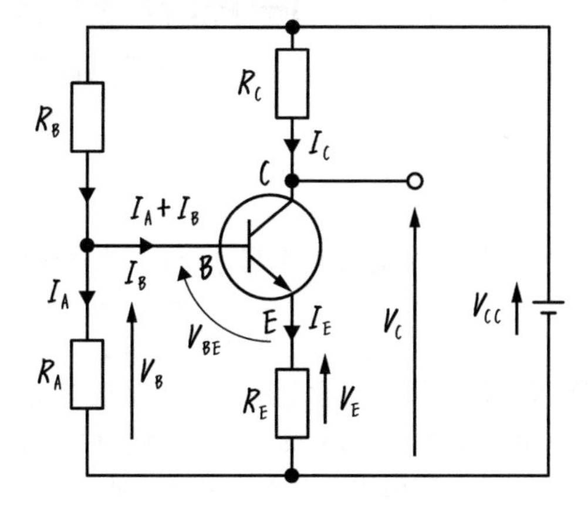

图 7.15.4　**动作点的确定方法**

V_{BE}〔V〕又是由晶体管材料的带隙决定的，硅的情况是 0.6V 左右（参照 2-9 节和 7-6 节）。如果基极电流 I_B〔A〕远远小于集电极电流 I_C〔A〕的话，则 $I_E = I_B + I_C \fallingdotseq I_C$㊁，集电极电流可通过下面的公式计算得出。

$$I_C \fallingdotseq I_E = \frac{V_E}{R_E}$$

因为在集电极电阻 R_C〔Ω〕中产生了 $R_C I_C$ 的电压降（根据欧姆定律），所以集电极电压 V_C〔V〕通过电压 V_{CC}〔V〕的差值得到如下公式。

$$V_C = V_{CC} - R_C I_C$$

以上给出了信号为零时，动作点的电压和电流值。

总结

基极电压　$V_B = \frac{R_A}{R_A + R_B} V_{CC}$

集电极电流　$I_C = \frac{V_B - V_{BE}}{R_E}$

集电极电压　$V_C = V_{CC} - R_C I_C$

㊀ 实际上是 $I_B = 0$ 时求出 V_B 值。

㊁ 因为集电极电流是基极电流的 h_{FE} 倍（100 倍左右），所以基极电流存在 1% 左右的误差。但是电阻和电容电子器件也会产生 5% 左右的误差，所以可以忽略这个基极电流所产生的误差。

难易度 ★★★★★

7-16 ▶ 使用 h 参数的等效电路

~ 会变得简单 ~

▶【h 参数】

通过电源和电阻表示晶体管（仅交流分量）。

正如 3-6 节和 3-7 节中所学到的，晶体管的交流成分可以用 4 个 h 参数和电源替代。实际上用 h 参数置换交流分量等效电路如图 7.16.1 所示。置换的结果如图 7.16.2a 所示，只使用电阻和电源来描绘电路。在图 7.16.2b 中将多个并联电阻合并为一个电阻对电路进行简化。

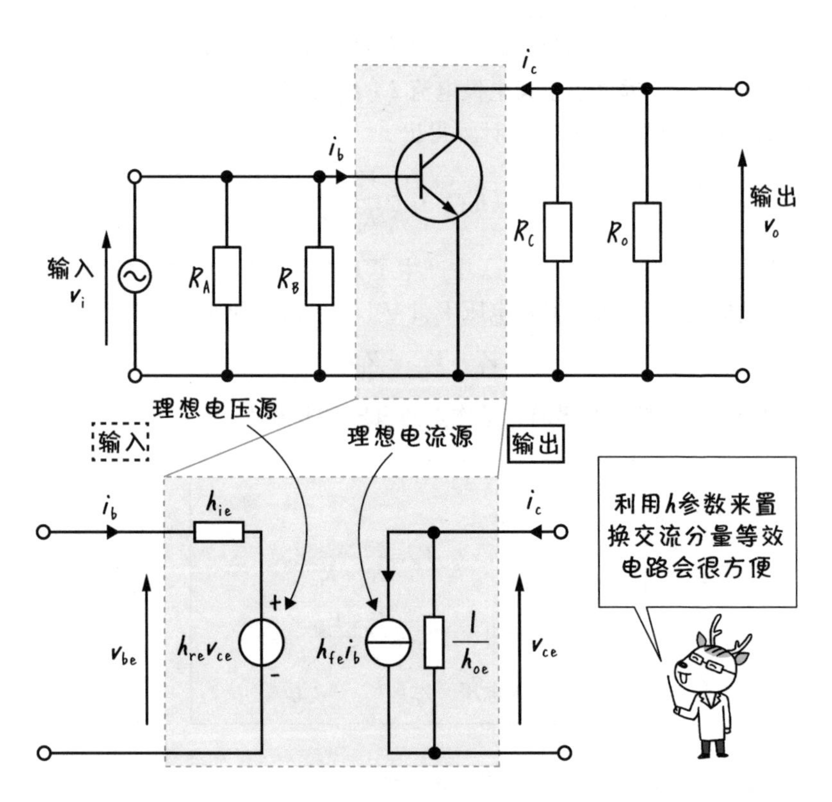

图 7.16.1　交流分量等效电路图通过 h 参数来表示

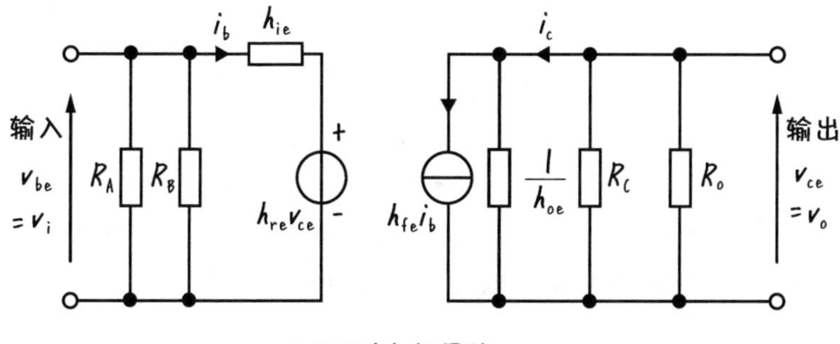

a）利用h参数置换

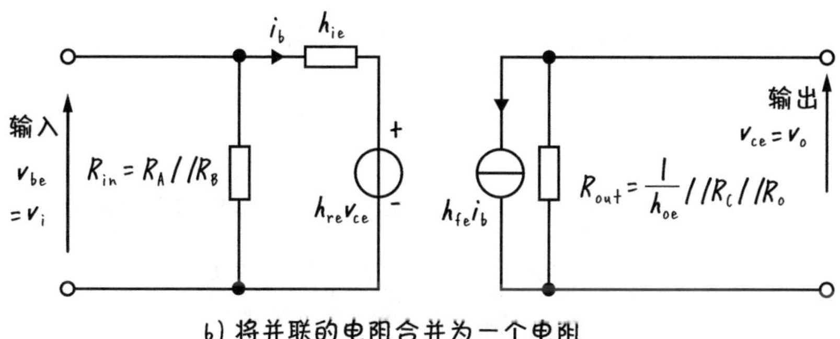

b）将并联的电阻合并为一个电阻

图 7.16.2　利用 h 参数表示的交流分量等效电路图

现在，只需要利用欧姆定律就可以对电路进行计算。这里有一个方便的符号“//”可用来表示合并电阻，合并电阻是由多个并联电阻合并而成的。输入端的 R_{in}〔Ω〕为 R_A〔Ω〕和 R_B〔Ω〕的合并电阻，记为 $R_A//R_B$。

$$R_{in}=R_A//R_B=\frac{1}{\frac{1}{R_A}+\frac{1}{R_B}}=\frac{R_AR_B}{R_A+R_B}$$

输出端的 3 个电阻合并之后得到如下的输出电阻。

$$R_{out}=\frac{1}{h_{oe}}//R_C//R_O=\frac{1}{h_{oe}+\frac{1}{R_C}+\frac{1}{R_O}}$$

让我们从等效电路中求出电压的放大率。电压的放大率是输出端和输入端的电压之比，所以 $A_v=v_o/v_i$。首先试着用公式表示出输出电压。如图 7.16.3 所示，输出电压为 R_{out}〔Ω〕两端的电压，从理想电流源流出的电

流为 $h_{fe}i_b$〔A〕。因此，根据欧姆定律

$$v_o = R_{out}h_{fe}\, i_b \quad \cdots\cdots(1)$$

但是，在式（1）的 i_b〔A〕中包含 v_o〔V〕，实际上，式（1）为一次方程式，所以还不是最终答案。施加在输入端电路 h_{re}〔Ω〕的电压是从输入电压减去理想电压源的电压 $h_{re}v_{ce}$〔V〕之后的值，即，

$$v_i - h_{re}\, v_{ce} \quad \cdots\cdots(2)$$

因此，根据欧姆定律和 $v_o = v_{ce}$ 的关系（见图 7.16.3），基极电流为

$$i_b = \frac{v_i - h_{re}v_o}{h_{ie}} \quad \cdots\cdots(3)$$

式（3）中包含了 v_o〔V〕，如果再将式（3）代入式（1）可得到，

$$v_o = R_{out}h_{fe}\frac{v_i - h_{re}v_o}{h_{ie}} = \frac{R_{out}h_{fe}}{h_{ie}}v_i - \frac{R_{out}h_{fe}h_{re}}{h_{ie}}v_o$$

得到了关于 v_o〔V〕的一次方程式。求解得，

$$v_o = \frac{\dfrac{R_{out}h_{fe}}{h_{ie}}}{1+\dfrac{R_{out}h_{fe}h_{re}}{h_{ie}}}v_i$$

因此，电压的放大率可由下式求出。

$$A_v = \frac{v_o}{v_i} = \frac{\dfrac{R_{out}h_{fe}}{h_{ie}}}{1+\dfrac{R_{out}h_{fe}h_{re}}{h_{ie}}}$$

利用 h 参数计算等效电路时，需要注意的是，小信号电压放大率和电压反馈系数 h_{re} 是没有单位的量，而输入阻抗 h_{ie}〔Ω〕是具有电阻单位的量（参照 3-6 节）。就像这里说明的电路分析方法一样，h_{ie}〔Ω〕被视为电阻，而 h_{fe} 和 h_{re} 被视为没有单位的倍率系数。

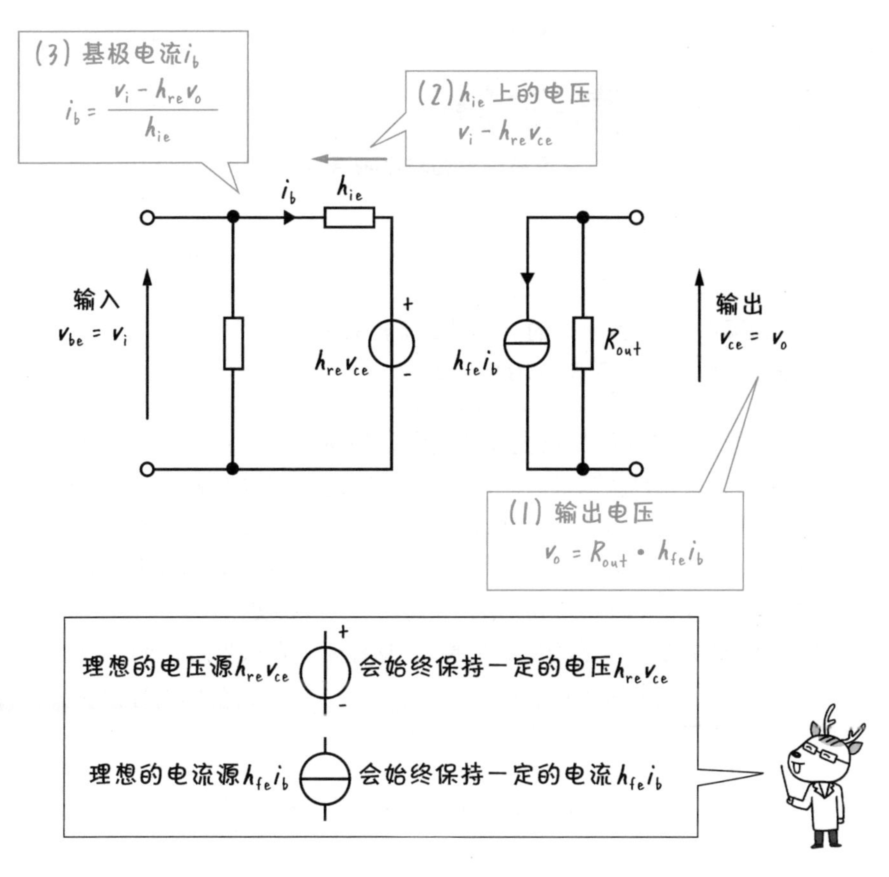

图 7.16.3　**通过等效电路求出电压的放大率**

另外，由于电压反馈系数为很小的值，所以在有些参考书中，将其简化为零，这样电压的放大率就变为

$$A_v = \frac{h_{fe}R_{out}}{h_{ie}}$$

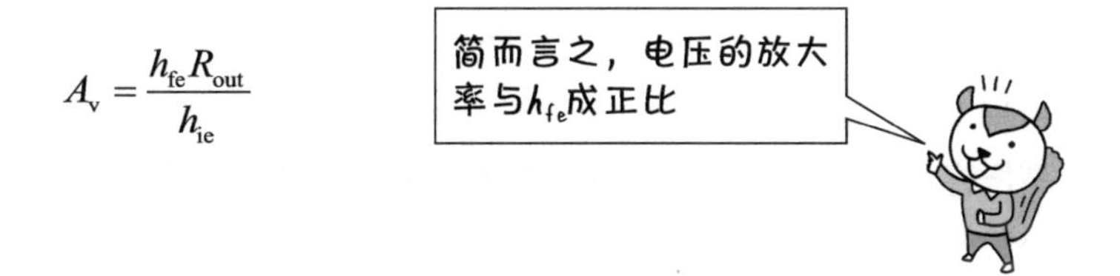

难易度 ★★★★★

7-17 ▶ 高频特性

~ 过渡频率和截止频率 ~

▶【表示高频特性的 2 个频率】

- **过渡频率：h_{fe} 为 1 时的（增益为 0）频率。**
- **截止频率：增益下降 3dB 的频率。**

研究放大电路性能的放大系数或增益如何随频率发生变化的这种特性，被称为频率特性。到目前为止，我们在无意中已经接触到了，其实 h_{fe} 的大小会随频率变化发生很大的改变。如 3-8 节中所学到的，晶体管中有寄生电容，如图 3.8.2b 所示，其结果是这个通过寄生电容的漏电流阻碍了放大作用。h_{fe} 的值如图 7.17.1 所示，在高频下会变得更小。另外，图 7.17.1 中的坐标轴刻度为每 10 倍刻度的对数[一]，这样便于表示变化范围广泛的值。

在这里，放大系数为低频放大系数的 $1/\sqrt{2}$ 倍[二] 时的频率被定义为截止频率。通过下式可知，此时的增益会下降约 3dB。

$$20\log_{10}(h_{fe}/\sqrt{2}) = 20\log_{10}(h_{fe}) \underbrace{-20\log_{10}(\sqrt{2})}_{-3\mathrm{db}}$$

晶体管的 h_{fe} 的截止频率被称为发射极接地的截止频率。另外，h_{fe} 为 1（此时的增益为 $20\log_{10}1=0\mathrm{dB}$）时的频率被称为过渡频率。发射极接地的截止频率 f_{ae}〔Hz〕和过渡频率 f_T〔Hz〕存在如下的关系。

$$f_T = h_{fe} f_{ae}$$

根据 7-16 节所得到的结果，小信号放大电路的电压放大率与 h_{fe} 成比例，晶体管 h_{fe} 的值在高频时变小，这意味着电路的电压放大率在高频时也会变小，如图 7.17.2 所示。

㊀ 相关的详细内容可参阅《易学易懂电气回路入门（原书第 2 版）》一书。

㊁ 如果电压或电流为 $1/\sqrt{2}$ 倍时，根据 $P=VI=RI^2=V^2/R$，此时的功率变为 1/2 倍。

在小信号放大电路的情况下（参照图 7.15.1），由于耦合电容器和旁路电容器的存在，低频信号也被截断[一]。因此，如图7.17.2所示的电压增益的频率特性，小信号放大电路在低频侧和高频侧都有截止频率。低频侧被截断是由于受到耦合电容器和旁路电容器的影响。低频侧和高频侧之间的频率宽度称为带宽，它是衡量一个放大电路性能的指标之一。

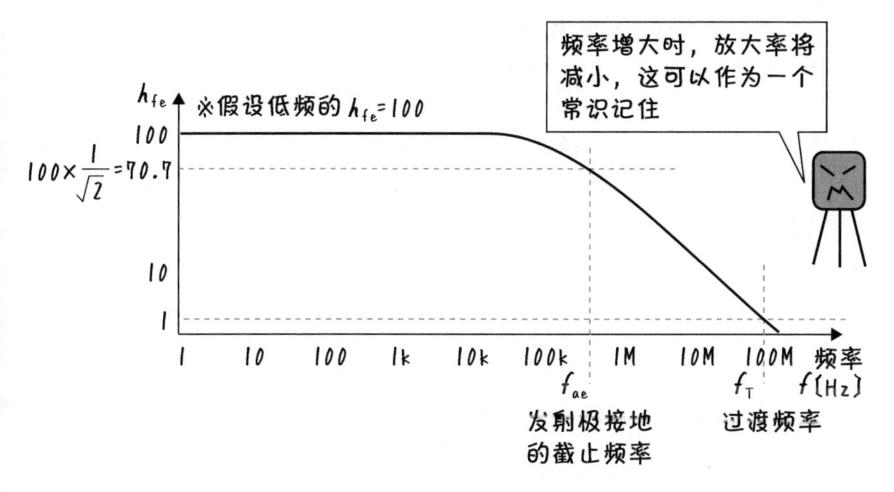

图 7.17.1　h_{fe} 的高频特性

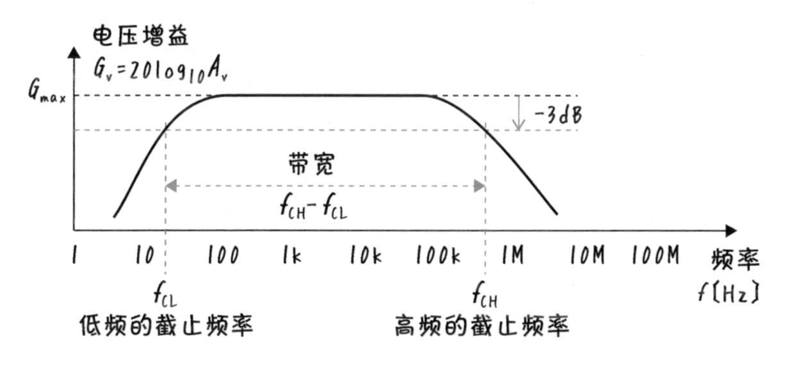

图 7.17.2　小信号放大电路（见图 7.15.1）的电压增益的频率特性

[一] 直流或低频分量无法通过电容。

难易度 ★★★★★

7-18 ▶ 高频放大电路

~ 想办法使基极接地 ~

▶【基极接地电路】

避免受到集电极电容的影响。

在 7-17 节中说明了晶体管内的寄生电容会使频率特性恶化。在 7-4 节中介绍的基极接地放大电路可有效地避免如 3-8 节的图 3.8.2b 中集电极电容 C_{ob}〔F〕的影响。因此，让我们在图 7.4.1b 的基础上考虑利用基极接地放大电路来避免集电极寄生电容的影响。

由于图 7.4.1b 中没有偏置电压电路，所以在图 7.18.1 中添加了偏置电压电路。通过 R_1〔Ω〕、R_2〔Ω〕和 R_3〔Ω〕、R_4〔Ω〕来设置偏置电压。C_1〔F〕、C_2〔F〕为耦合电容，C_B〔F〕为旁路电容，用于通过基极接地的交流分量。

从电路图看，集电极电容 C_{ob}〔F〕为输出端，因此输出不会返回到输入端。由于 C_{ib}〔F〕的存在，i_b〔A〕的泄露是不可避免的。但是由于 i_b〔A〕是很小的输入信号，所以泄漏造成的影响很小。由此可知，基极接地放大电路的高频特性良好，即使在高频的情况下，放大系数也不容易下降。

基极接地放大电路的放大率有点特殊。基极接地，向发射极输入信号。由于发射极的电流和集电极的电流大致相等，因此在该电路中的电流几乎不被放大，即电流放大率大约为 1。与此相对，电压放大率约为 R_C/R_1。如果增大输入阻抗 R_1〔Ω〕，电压放大率就会减少。

因此，如上所述，各种放大电路并不存在哪一个是最好的，必须由电路设计者来选择，才能最大限度地发挥各个放大电路的优势。

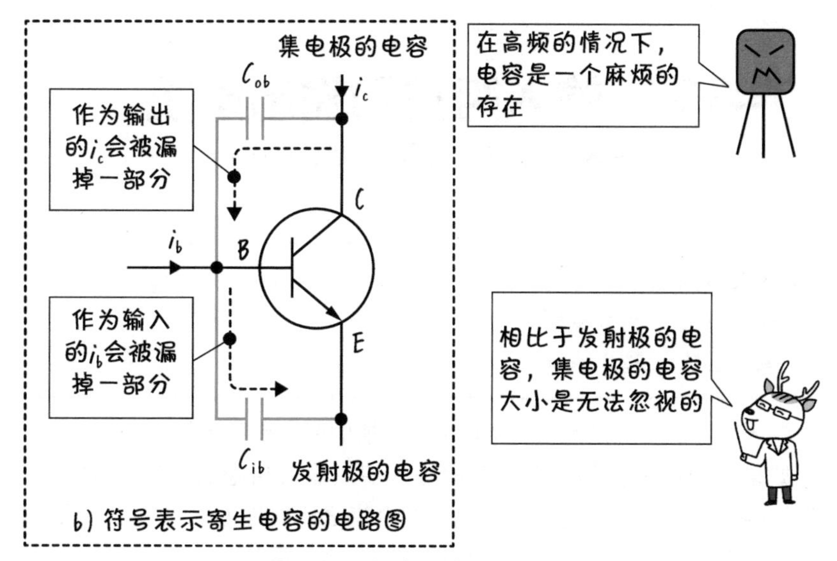

※图 3.8.2b再次示出

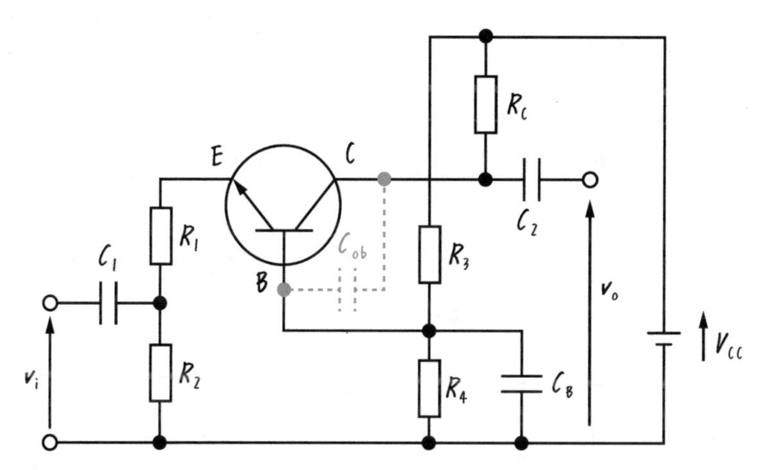

图 7.18.1　基极接地的电路可避免由集电极电容 C_{ob} 所带来的影响

难易度 ★★★★★

7-19 输入阻抗和输出阻抗

~ 输入电阻大、输出电阻小比较好 ~

▶【在放大器中】

- **输入阻抗：越大越好。**
- **输出阻抗：越小越好。**

输入和输出阻抗是衡量一个放大器性能的两个重要参数。

如果关闭放大器的电源，并向输入端或输出端施加电压，就会产生相应的响应电流。此时输入端的电压和电流之比被称为输入阻抗，输出端的则被称为输出阻抗[㊀]。如图 7.19.1a 所示，将电源从放大器的等效电路中移除，图 7.19.1b 中 v_i〔V〕与 i_i〔A〕之比为输入阻抗 Z_i〔Ω〕，v_o〔V〕和 i_o〔A〕之比为输出阻抗 Z_o〔Ω〕。

$$\text{输入阻抗：}Z_i = \frac{v_i}{i_i} \qquad \text{输出阻抗：}Z_o = \frac{v_o}{i_o}$$

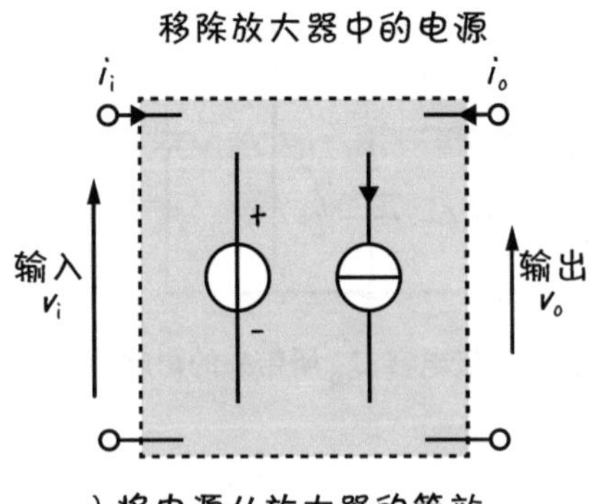

a) 将电源从放大器的等效电路中移除

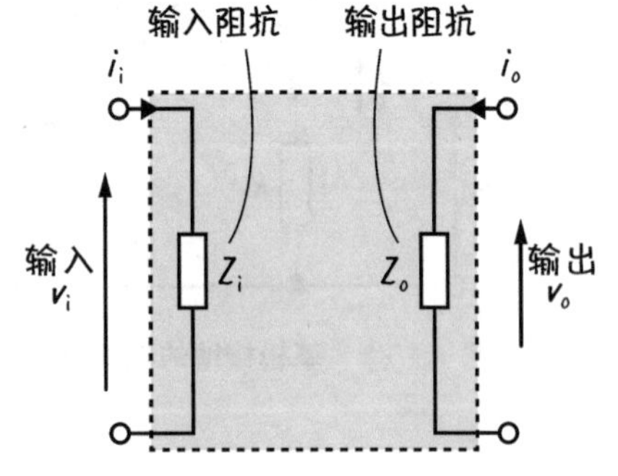

b) 电压和电流之比为阻抗

图 7.19.1 输入阻抗和输出阻抗的意义

㊀ 如果你有认真地学习过电路，你就会知道，阻抗是包含相位的或者说是一个复数的量。在电子电路处理的输入和输出阻抗中，我们往往不考虑电压等的相位变化，而只考虑振幅的关系，即阻抗的大小。

我们试着用7-16节中的小信号放大电路的等效电路（见图7.16.2）具体地求出输入、输出阻抗。如图7.19.2a所示，在等效电路中"移除电源"意味着将理想电压源短路并移除理想电流源[㊀]。当电源被移除后，从图7.19.2b可以看出，输入、输出阻抗分别为从输入端看到的阻抗和从输出端看到的阻抗。

$$Z_i = R_{in} // h_{ie} \qquad Z_o = R_{out}$$

当输入阻抗较小时，相对于输入端的电压，会产生较大的输入电流，这给供给源增加负担，并且因此输入电压也会变小。也就是说，**输入阻抗越高的放大器的性能越好**。相反，**输出阻抗越低，放大器的性能越好**。这是因为即使电流变大，如果输出阻抗低，输出电压的衰减也相对较小。

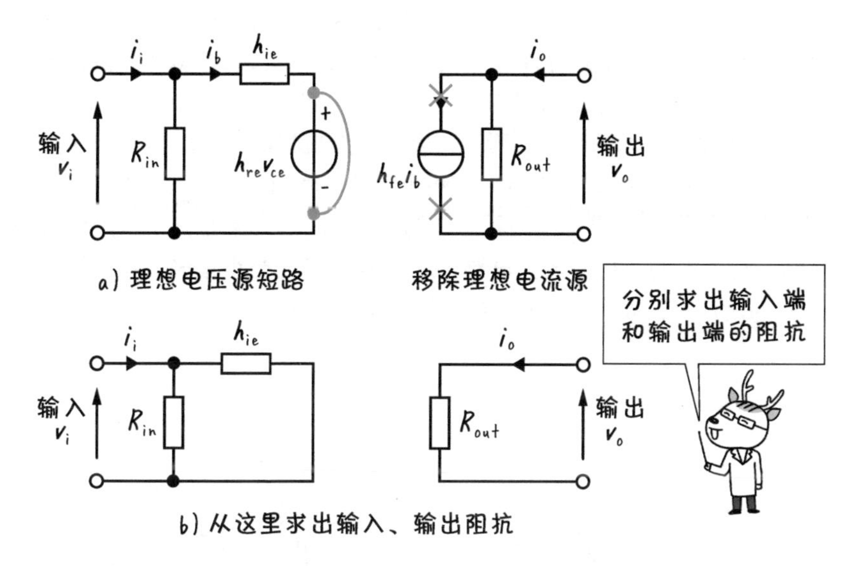

图7.19.2　小信号放大电路的等效电路（见图7.16.2）的输入、输出阻抗

㊀ 认真学习过电路的人应该知道，这和利用"戴维南定理"求出内部阻抗（电阻）的方法是一样的。这方面的内容请参阅《易学易懂电气回路入门（原书第2版）》一书。

难易度 ★★★★★

7–20 阻抗匹配

~ 最大功率是阻抗相同时 ~

▶【放大器能提供的最大功率是？】

输出阻抗和负载阻抗相同时。

在什么样的情况下放大器能提供最大的功率呢？首先，我们先考虑在什么条件下能向负载 Z_L〔Ω〕提供最大功率。假设一个具有电动势 V〔V〕的电源，其内部阻抗为 Z_o〔Ω〕，如图 7.20.1 所示。这其实和求解内部电阻为 Z_o〔Ω〕、具有电动势 V〔V〕的电池可供给负载 Z_L〔Ω〕的最大功率的问题是一样的。学过电路等课程的人都知道[㊀]，当负载 Z_L〔Ω〕和内部阻抗 Z_o〔Ω〕相等时，就能供给最大功率 $V^2/(4Z_L)$〔W〕。

在放大器中，如图 7.20.2 所示，电动势对应集电极电压 V_C〔V〕(发射极接地放大电路中)，内部阻抗对应输出阻抗。然而，负载阻抗因是扬声器还是耳机而不同，如果是扬声器，其阻抗约为 8，如果是耳机，则阻抗约为 100，与一般的小信号放大电路的输出阻抗相比要小很多。在偏置电压和增益的设计上，放大电路的输出阻抗也很难减小。

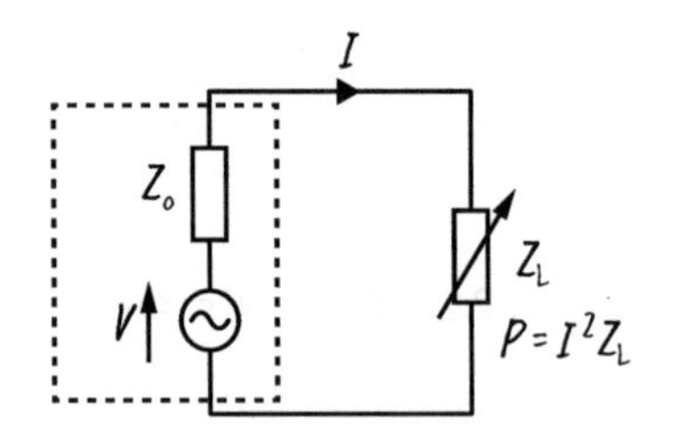

图 7.20.1 最大功率的供给

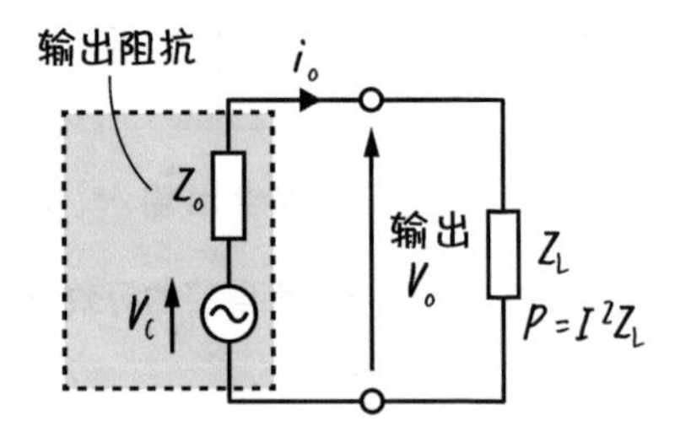

图 7.20.2 放大器的情况

㊀ 详细请参阅《易学易懂电气回路入门（原书第 2 版）》一书

那么，让我们考虑一个如图 7.20.3a 所示的变换器[一]。变换器是由匝数分别为 N_1 和 N_2 的两个线圈所组成。通过磁通耦合，它可以根据 N 的匝数比转换交流电压和电流，对于一次侧的电压 e_1〔V〕和电流 i_1〔A〕、二次侧的电压 e_2〔V〕和电流 i_2〔A〕，则以下的公式[二]成立

$$\frac{e_1}{e_2}=\frac{N_1}{N_2}=N,\ \frac{i_1}{i_2}=\frac{N_2}{N_1}=\frac{1}{N}$$

于是，从一次侧求出的阻抗如下式所示，

$$Z_1=\frac{e_1}{i_1}=\frac{Ne_2}{\frac{i_2}{N}}=N^2\frac{e_2}{i_2}=N^2Z_L$$

与匝数比的二次方 N^2 成正比。也就是说，负载阻抗可以通过使用适当的匝数比的变换器自由选择。以这样的方式调整阻抗，使其能够提供最大的功率，这被称为阻抗匹配。

在晶体管价格高于变换器的时代，变换器会经常被使用。由于变换器在线圈中需要铁心，所以现在一般的价格要远远高于晶体管，所以经常会利用到接下来介绍的射极跟随器。

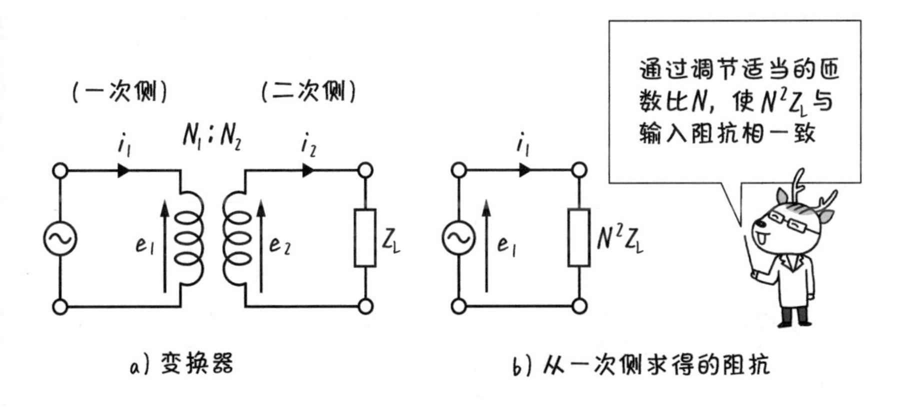

图 7.20.3 通过变换器实现阻抗匹配

[一] 在电气设备中会学习到升降电压的“变压器”和转换电流的“变流器”。因为在电子电路中电流被视为输出，所以变压器或变流器都被称为“变换器”。

[二] 第一个电压的公式根据法拉第定律，第二个电流的公式是根据能量守恒定律。

难易度 ★★★★☆

7-21 射极跟随器

~缓冲地带！？~

▶【射极跟随器】

集电极接地放大电路是设置在电路间，可视为用来调整阻抗的缓冲地带。

射极跟随器位于电路与电路之间，起到缓冲的作用。射极跟随器是7-4节中介绍的集电极接地放大电路的另一个名称。如图7.21.1所示，输出电压是通过连接发射极的电阻R_E〔Ω〕上的电压获得的，因此被称为射极跟随器。

下面我们使用图7.21.1右侧的等效电路进行分析。为了便于计算，可以直接忽略h_{re}和h_{oe}㊀。交流分量的等效电路如图7.21.2所示。

首先抛开复杂的计算，简单地求一下电压的放大率$A_v = v_o/v_i$。h_{ie}〔Ω〕两端的电压为$h_{ie}i_b$〔V〕，R_E两端的电压为$i_eR_E = (i_b + i_c)R_E = i_bR_E + i_cR_E = i_bR_E + h_{fe}i_bR_E = (1 + h_{fe})i_bR_E$。因为$h_{fe}$的值很大，所以可视为$(1 + h_{fe}) \approx h_{fe}$，因此$i_eR_E \approx h_{fe}i_bR_E$，$h_{ie}$〔Ω〕两端的电压$h_{ie}i_b$可以忽略不计。于是，输入电压

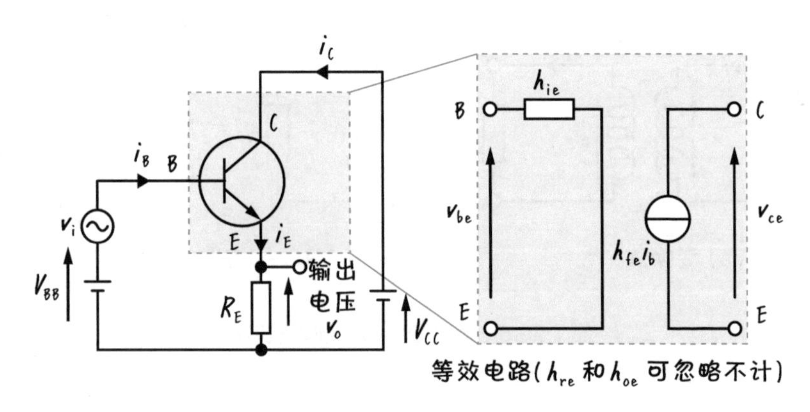

图7.21.1 集电极接地放大电路（射极跟随器）

㊀ 7-16节中的发射极接地的放大电路中，在计算的最后将h_{re}忽略不计。

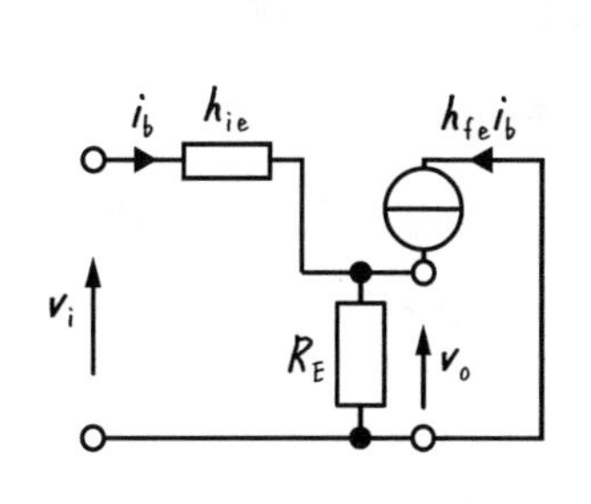

图 7.21.2 **射极跟随器的等效电路**

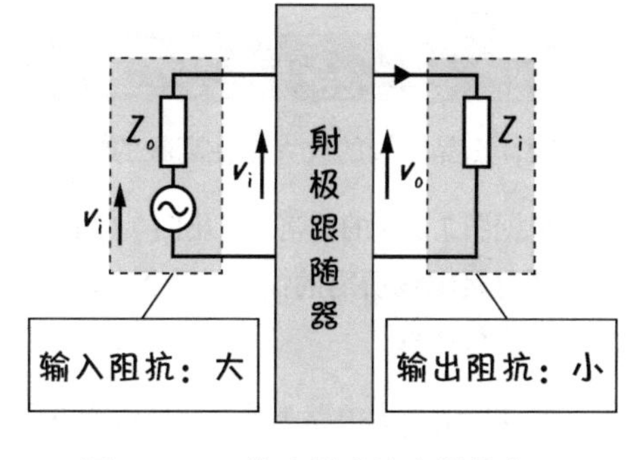

图 7.21.3 **作为缓冲放大器的应用**

7 使用晶体管的放大电路

v_i〔V〕和输出电压 v_o〔V〕大致相等。因此，电压放大率为 $A_v \approx 1$，所以电压不被放大。

接下来，我们来分析输入电阻 v_i/i_b，虽然 i_b〔A〕很小，但是被放大的集电极电流 $h_{fe}i_b$ 将通过 R_E〔Ω〕，这使得 v_i 和 v_o 都比较大。也就是说，对于小的 i_b〔A〕有较大的 v_i〔V〕，所以输入阻抗 v_i / i_b〔Ω〕相对较大。

关于输出阻抗，需要分析输出电路短路时的电流。将 R_E〔Ω〕的两端短路后，输出电流也变为 $i_b + h_{fe}i_b$，电流很大㊀。也就是说，输出电阻很小。

综上所述，**虽然射极跟随器不放大电压，但是具有输入电阻很大、输出阻抗很小的特点**。由此可知，如图 7.21.3 所示，通过将射极跟随器连接在电路之间，有利于进行从输入端到输出端的信号传递。由于输入阻抗大，所以输入信号 v_i〔V〕能几乎不变的以 v_i〔V〕通过射极跟随器，电压也会保持不变地输出 v_o〔V〕。

此外，由于输出阻抗小，因此即使流过大的输出电流，对 v_o〔V〕(输出电压)的影响也较小。像射极跟随器那样设置在电路与电路之间能消除信号传输影响的放大电路被称为**缓冲放大器**。

㊀ 可以把 h_{fe} 看作是一个非常大的值。

EXERCISES

第 7 章　练习题

[1] 为什么晶体管的放大率在高频的情况下会下降?

[2] 根据图 7.12.3 的价格，求出图 7.12.1 和图 7.13.1 的元器件的合计价格吧。但是，请忽略配线所需的铜线、基板、输入信号等，只根据图 7.12.3 中记载的元器件进行计算。

[3] 晶体管的放大电路为什么需要偏置电压?

练习题参考解答

[1] 因为寄生电容（参照 7-17 节）。

[2] 利用电阻来实现偏置电压可以更便宜地设计电路。

图 7.12.1

项目	单价×数量	金额
晶体管 1 个：	10 日元 ×1 =	10 日元
直流电源（电池）2 个：	50 日元 ×2 =	100 日元
电阻 1 个：	5 日元 ×1 =	5 日元
		合计：115 日元

图 7.13.1

项目	单价×数量	金额
晶体管 1 个：	10 日元 ×1 =	10 日元
直流电源（电池）1 个：	50 日元 ×1 =	50 日元
电阻 2 个：	5 日元 ×2 =	10 日元
		合计：70 日元

[3] 转移动作点，将信号分量的范围在晶体管能够工作的负载线的范围内移动。（参照 7-2 节、7-7 节、7-8 节、7-11 节）。

COLUMN　使用晶体管的电路有几种?

第 7 章介绍了许多使用晶体管的方法。对于刚开始学习的人来说，这么多不同类型的电路，理解起来会很困难，但是究竟有多少种使用晶体管不同类型的电路呢?

答案是“不知道”。本书中只列出了真正常用的电路。

有时会根据单个晶体管的性能来改变设计，有时独特的电路本身也会获得专利。尽管基本的晶体管电路已经成为确立的技术，但是电子电路的世界是日新月异的。今后新的技术也会不断产生，但本书的内容是技术的基础，所以有必要好好掌握。

第8章 使用场效应晶体管的放大电路

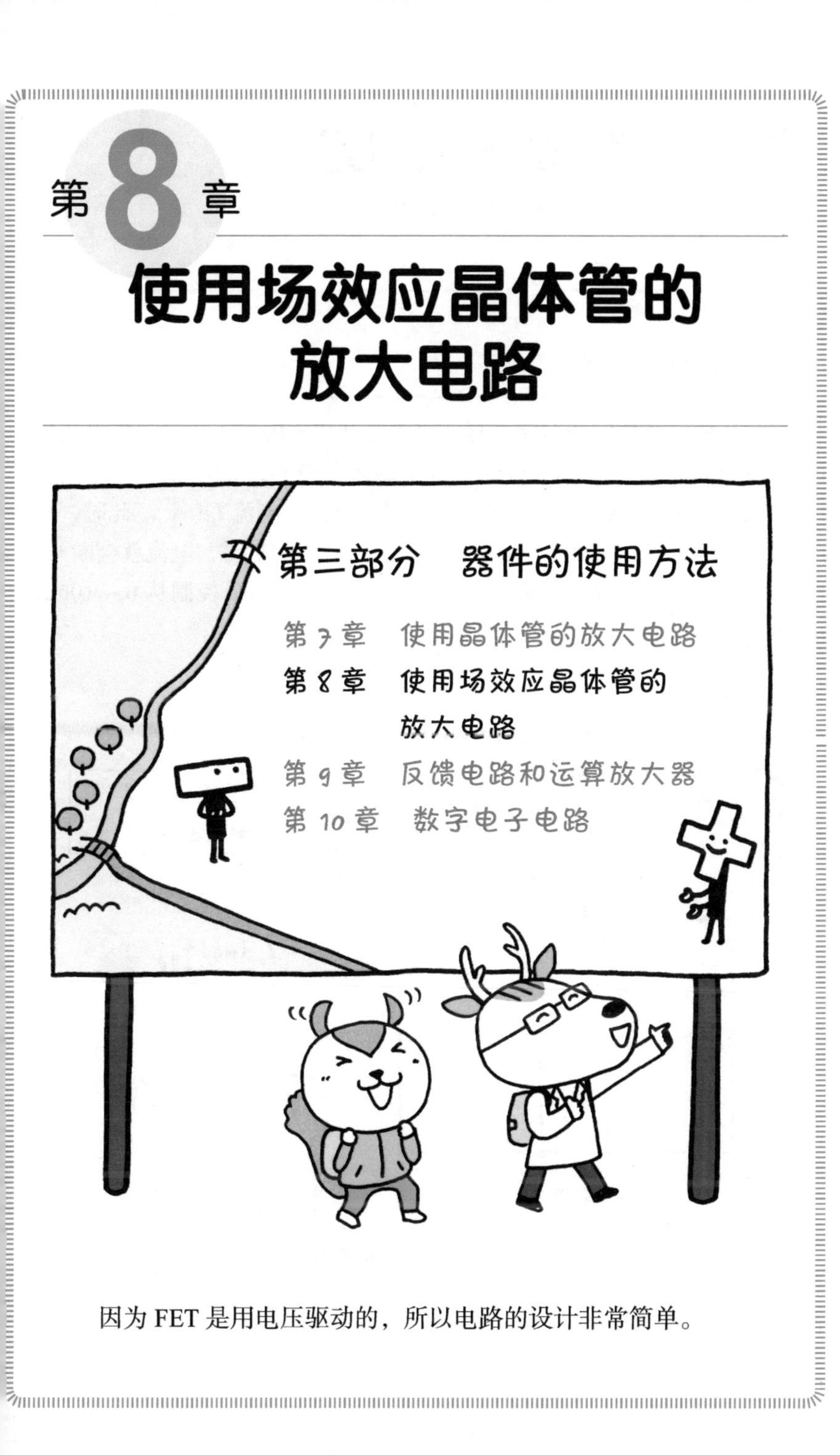

因为 FET 是用电压驱动的，所以电路的设计非常简单。

难易度 ★★★★★

8-1 FET 的放大电路

~ 用电压控制电流 ~

▶【FET】

用栅极电压控制漏极电流。

正如场效应晶体管的名字一样，FET 是利用栅极电压控制漏极电流的器件（参照第 4 章）。图 8.1.1a 是 n 沟道的接合型 FET 的电路。通过改变栅极电压 V_{GS}〔V〕，就可以像图 8.1.1b 一样控制漏极电流 I_D〔A〕。此时，栅极电压必须是负值。在图 8.1.1b 中，当电流达到 −0.4V 时，电流就会断开，因此作为栅极电压的输入，从 −0.4 ~ 0V 的范围内，可以控制从 0 ~ 10mA 的电流。

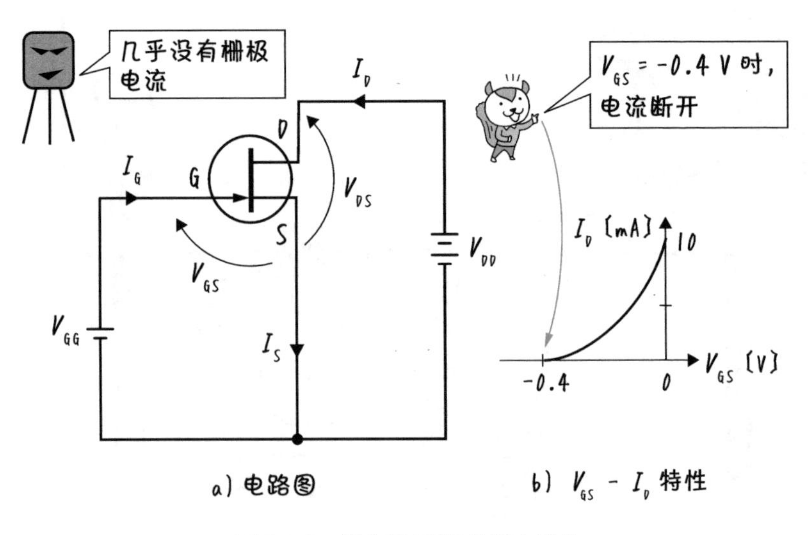

图 8.1.1　接合型 FET 的基本动作

因此，如图 8.1.2a 所示，试着添加信号（交流分量）v_i〔V〕。作为偏置电压 V_{GG}〔V〕加上 −0.2V 的直流电压，从图 8.1.2b 可以看出，漏极电流以 3mA 为中心，从 1～5mA 振荡。

像这样，FET 可以通过栅极电压来控制漏极电流。令人高兴的是，**由于栅极电流几乎不流动，所以，可以增大输入阻抗。**

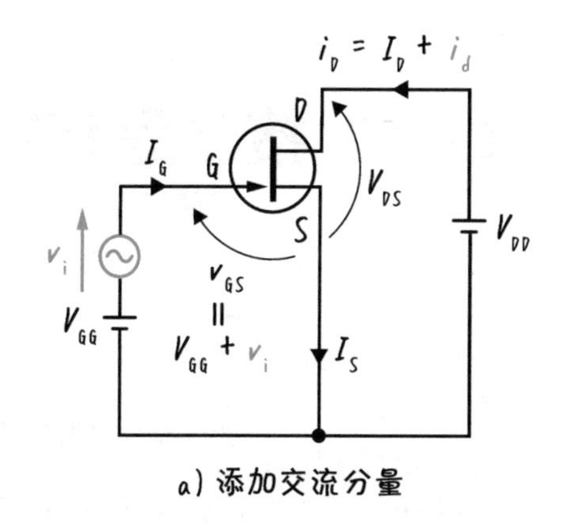

a）添加交流分量

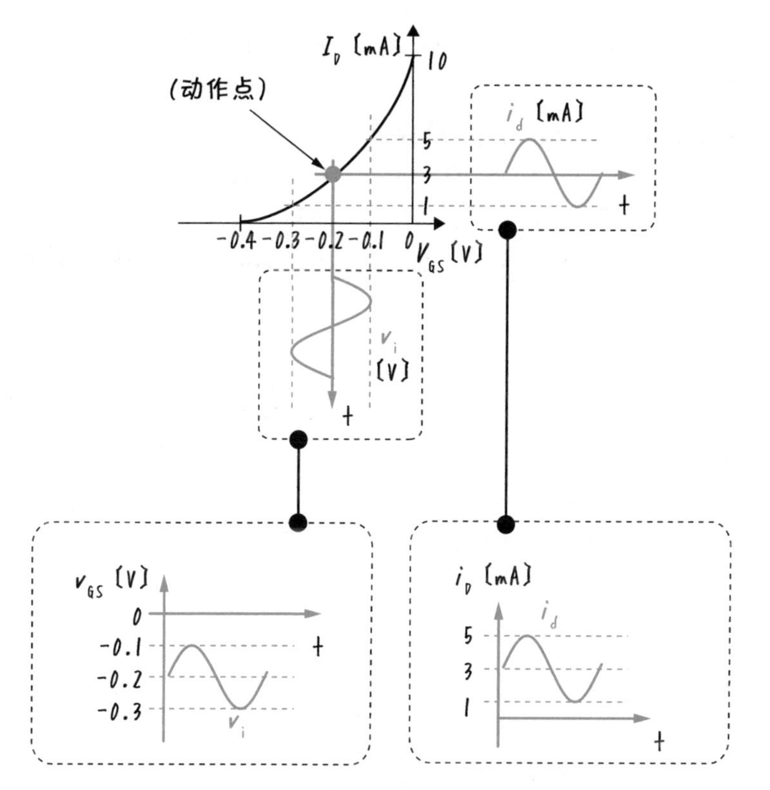

b）加入交流分量时的漏极电流和动作点

图 8.1.2 向接合型 FET 添加信号（交流分量）

难易度 ★★★★★

8-2 ▶ 接合型 FET 和 MOSFET

~ 电路相同、偏置电压不同 ~

▶【FET 的种类】

接合型 FET
耗尽型 MOSFET
} 正常导通←偏置电压是负的

增强型 MOSFET} 正常截止←偏置电压是正的

本书介绍了接合型 FET 和 MOSFET 作为 FET（第 4 章）。另外，MOSFET 根据工作特性可以分为耗尽型和增强型。如图 8.2.1 所示，接合型 FET 和耗尽型 MOSFET 具有在栅极电压为零的情况下，漏极电流流动的正常导通特性；增强型 MOSFET 具有正常截止特性（参照 4-8 节）。

在正常导通的情况下，为了使动作点为负数，需要将偏置电压加到负数。与此相对，在正常截止的情况下，由于动作点是正的，所以偏置电压是正数。

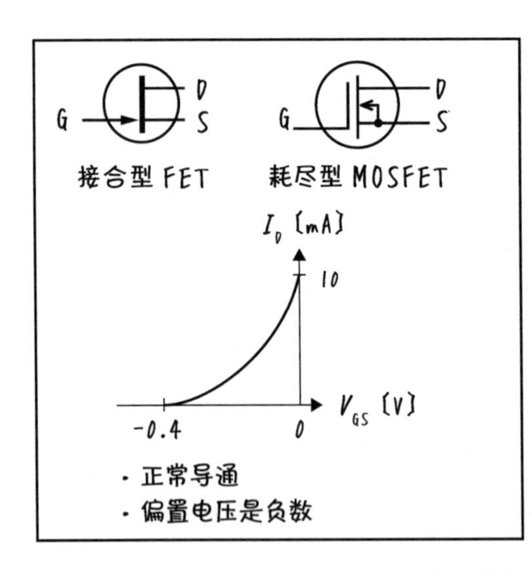

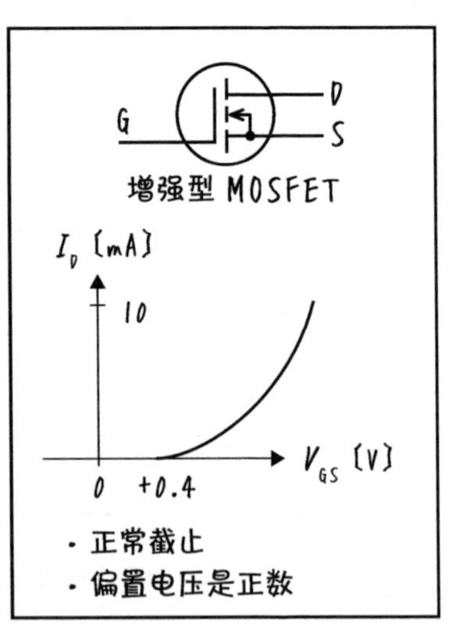

图 8.2.1 FET 的工作特性的差异（均为 n 沟道）

如果双极性晶体管有 3 个基本放大电路（参照 7-4 节的图 7.4.1），图 8.2.2 那样的 FET 也有 3 个基本放大电路。接合型 FET 的基本放大电路如图 8.2.2 所示，图 8.2.2a **源极接地放大电路**对应于发射极接地放大电路，图 8.2.2b **栅极接地放大电路**对应于基极接地放大电路，图 8.2.2c **漏极接地放大电路**对应于集电极接地放大电路。双极性晶体管中的集电极电阻的作用是作为 FET 中的**漏极电阻** R_D〔Ω〕。在极性晶体管中，发射极接地放大电路是最常用的，在 FET 中，设置源极的放大电路是最常用的。

这里介绍的 FET 是 n 沟道的，但是 p 沟道的电压、电流的方向都是相反的。栅极电压的方向与漏极电流的方向相反，图形符号内的箭头也相反。正好对应了双极性晶体管中 npn 型和 pnp 型的区别。

任何 FET 都只是 n 沟道和 p 沟道的电压、电流的方向改变，栅极（G）、漏极（D）、源极（S）的作用相同。

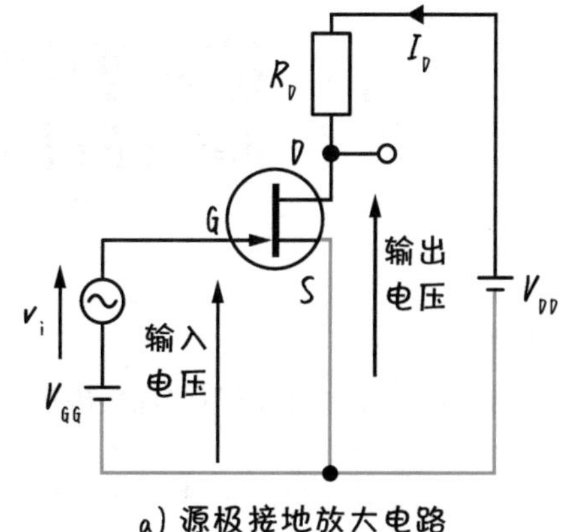

a）源极接地放大电路

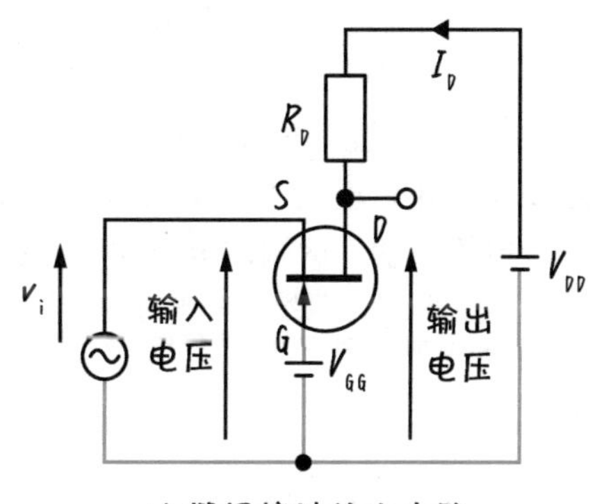

b）栅极接地放大电路

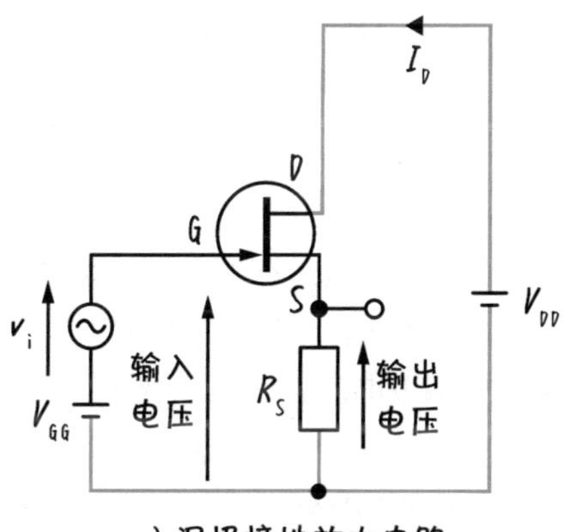

c）漏极接地放大电路

图 8.2.2　FET 的 3 个基本放大电路

8 使用场效应晶体管的放大电路

难易度 ★★★★★

8-3 接合型和耗尽型 MOSFET 的偏压和动作点

~ 偏压是负的 ~

▶【偏压】

在没有电流的情况下施加负电压。

FET 的偏置非常简单，因为栅极没有电流流动。首先，在接合型和耗尽型 MOSFET 的情况下，因为是正常接通，所以有必要将偏置电压设为负电压。图 8.2.2a 的偏置电路使用固定的电源，所以被称为固定偏置电路。但是，因为需要 2 个电源，费用较高，所以几乎不被使用。

作为大部分 FET 的偏置电路，使用图 8.3.1 那样的自偏置电路。很好地使用了栅极电流不流动的事，栅极电阻 R_G〔Ω〕连接地，因为 R_G〔Ω〕没有电流流动，两端的电位相等。也就是说，R_G〔Ω〕的两端电压为 0V，从电路图来看，两端电压等于 V_{GS}〔V〕和 V_S〔V〕的和。

$$V_{GS}+V_S=0，因此\ V_{GS}=-V_S$$

因为 V_S〔V〕是正的[㊀]，所以可以对 V_{GS}〔V〕施加负的偏压。这样决定的动作点（无信号时：直流分量的栅极电压 V_{GSP}〔V〕和漏极电流 I_{DP}〔A〕）如图 8.3.1b 所示。根据欧姆定律 $V_S=R_SI_D$，源极电阻 R_S〔Ω〕由下式求出。

$$R_S=\frac{V_S}{I_D}=-\frac{V_{GS}}{I_D}\quad \cdots\cdots（★）$$

源极电阻 R_S〔Ω〕相当于双极性的稳定电阻（参照 7-13 节）。为了提高电路的稳定性，增大源极电阻 R_S〔Ω〕时，从式（★）可知，图 8.3.1 的电路中漏极电流 I_D〔mA〕变小，因此，在使用较大的 R_S〔Ω〕时，要使用图 8.3.2 那样的电路。V_G〔V〕的电位由分压电阻 R_1〔Ω〕、R_2〔Ω〕的值决定[㊁]，如下式所示。

㊀ 因为没有漏电流从源极流向地，所以 V_S〔V〕是正方向。

㊁ 与 7-13 节中介绍的电流反馈偏置电路的分压电阻起同样的作用。

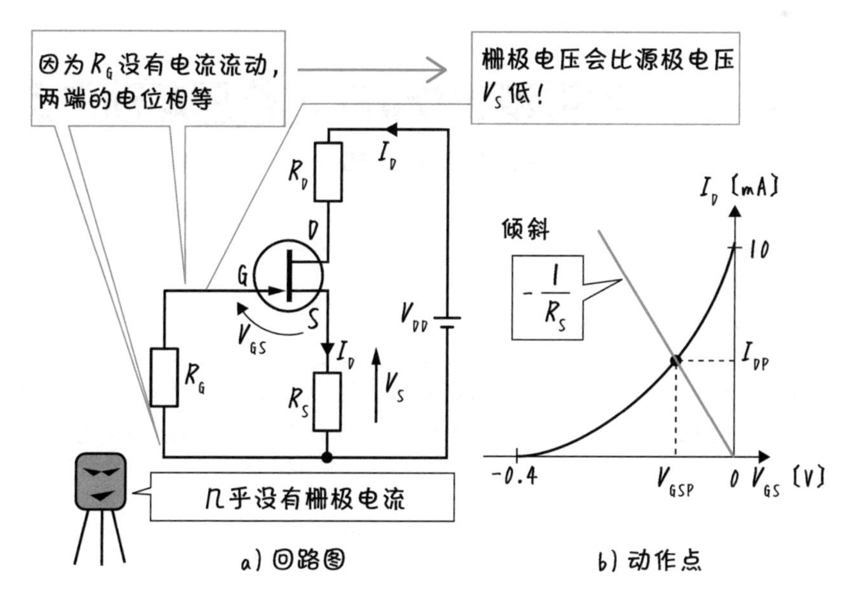

图 8.3.1　自偏置电路（直流分量）

$$V_G = \frac{R_1}{R_1 + R_2} V_{DD}$$

源电压 V_S〔V〕

$$V_S = V_G - V_{GS} = \frac{R_1}{R_1 + R_2} V_{DD} - V_{GS}$$

这样就可以随意选择 R_1〔Ω〕、R_2〔Ω〕来决定了。根据欧姆定律，可以得到下式。

$$R_S = \frac{V_S}{I_D}$$

根据想要设定的 R_S〔Ω〕，选择 R_1〔Ω〕、R_2〔Ω〕就可以了。

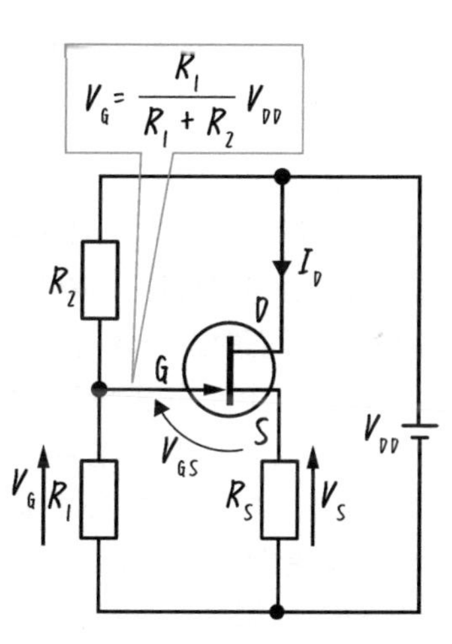

图 8.3.2　当 R_S 变大时

难易度 ★★★★★

8-4 ▶ 增强型 MOSFET 的偏压和动作点

~ 偏置电压是正的 ~

▶【偏压】

将偏置电压设置为正数。

因为增强型 MOSFET 是正常截止的，所以需要将偏置设定为正。因此，如图 8.4.1a 所示，用分压电阻 R_1〔Ω〕、R_2〔Ω〕将栅极电压固定为下式。

$$V_G = \frac{R_1}{R_1 + R_2} V_{DD}$$

因为这个电路的源极没有电阻，所以 V_G〔V〕就等于 V_{GS}〔V〕，得到下式所示的正偏压。

$$V_{GS} = V_G = \frac{R_1}{R_1 + R_2} V_{DD}$$

由此设定的动作点如图 8.4.1b 所示。由于偏置是正的动作点，所以电路的动作也与双极性晶体管有点相似。漏极电阻 R_D〔Ω〕也起着与双极性晶体管中所说的集电极电阻相同的作用。

另外，由于分压电阻对交流分量的输入阻抗变大，所以需要使用 500kΩ 到数 MΩ 的大电阻。

那么，图 8.4.1 的分压电阻是把偏置变成正的，但是 8-3 节中出现的分压电阻是怎么把偏置变成负的呢？图 8.4.2 再次示出图 8.3.2 的电路（接合型 FET 的偏置电路：正常导通）。电路图 8.4.2 中虽然有源电阻 R_S〔Ω〕，但是因为有漏极电阻，所以平时可以是 $V_G < V_S$，V_{GS}〔V〕是负数。即使在通电的阶段变成 $V_G > V_S$，V_{GS}〔V〕变成正，但由于工作特性，漏极电流较大，V_S〔V〕变大，变成原来的 $V_G < V_S$。

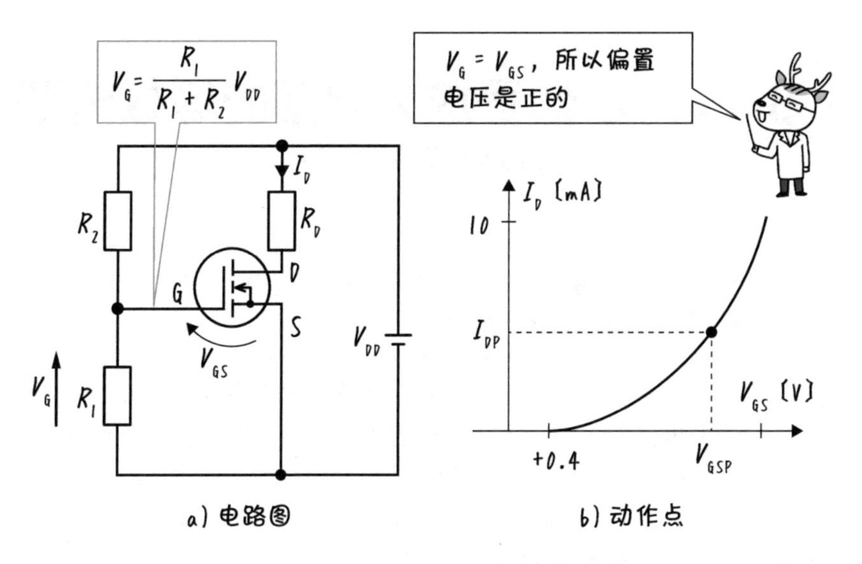

图 8.4.1　自偏置电路（直流分量）

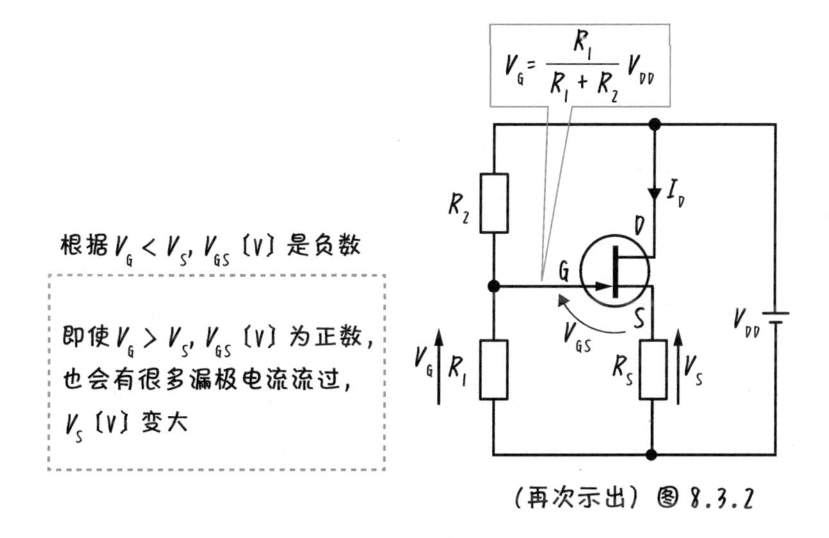

图 8.4.2　由于 R_S、V_{GS} 为负

难易度 ★★★★★

8-5 ▶ 小信号放大电路的等效电路

~ 比双极性晶体管简单 ~

▶【小信号放大电路的等效电路的求法】

和双极性晶体管的方法是一样的。

图 8.5.1a 是使用 FET（接合型）的小信号放大电路。在 8-3 节中学到的自偏置型电路中，添加了耦合电容器 C_1〔F〕、C_2〔F〕和旁路电容器 C_S〔F〕，向负载 R_O〔Ω〕提供放大的信号。

这里，使用在 4-6 节中学习的 FET 的等效电路，输入阻抗 Z_i〔Ω〕、输出阻抗 Z_O〔Ω〕，试着求出电压放大率 A_v。方法和在 7-15 节和 7-16 节学过的双极性晶体管一样。如图 8.5.1b 所示，为了考虑交流分量，将电容器和电源短路，将 FET 替换成互感器 g_m〔S〕表示的等效电路。将图 8.5.1b 的电路图简单地替换成图 8.5.1c。

从图 8.5.1c 的输入端和输出端来看，如下所示。

输入阻抗 $Z_i = R_G // r_g$

输出阻抗 $Z_o = r_d // R_D // R_o$

符号“//”见 7-16 节的说明

FET 的输入阻抗 r_g〔Ω〕本身很大，但是由于栅极电阻 R_G〔Ω〕对输入信号而言是并联的，作为自偏置引入的 R_G〔Ω〕为了保持输入阻抗大，需要利用数 MΩ 的大的电阻。

对于输入电压 v_i〔V〕，输出侧的阻抗流过 $g_m v_{gs} = g_m v_i$ ㊀，因此，

$$v_o = Z_o g_m v_{gs} = (r_d // R_D // R_o) g_m v_i$$

电压放大率 A_v 由下式得到。比晶体管的等效电路简单多了。

$$A_v = \frac{v_o}{v_i} = \frac{Z_o g_m v_i}{v_i} = Z_o g_m = (r_d // R_D // R_o) g_m$$

㊀ g_m 是电导（电阻的倒数），所以 $g_m v_{gs}$ 是表示电流的量。

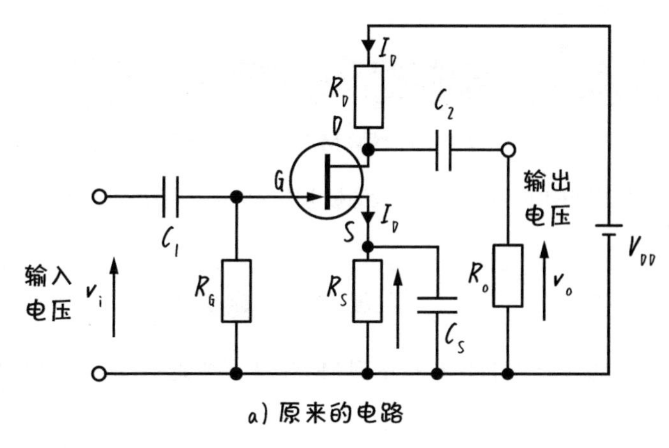

a) 原来的电路

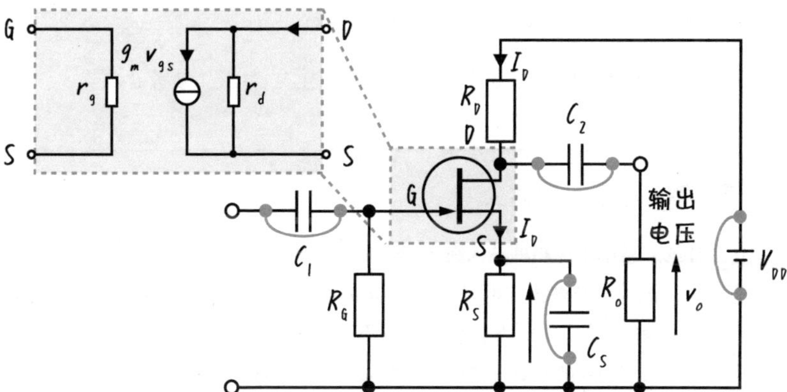

b) 为了考虑交流分量，将电容器和电源短路，换成等效电路

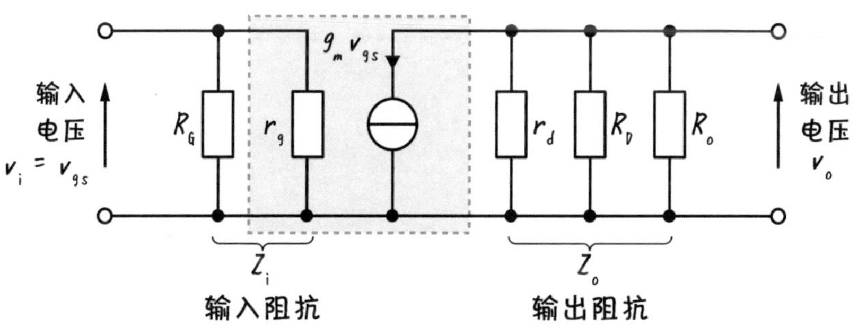

c) 交流分量的等效电路

图 8.5.1 小信号放大电路（源极接地）

EXERCISES

第 8 章　练习题

[1] 为什么接合型 FET 和耗尽型 MOSFET 的动作点是在负轴？

[2] 使用 FET 的放大电路增大源极电阻时的优点和缺点是什么。

练习题参考解答

[1] 因为接合型 FET 和耗尽型 MOSFET 是常通的，所以动作点必须在负轴。
提示 参考 8-2 节

[2] 优点：偏置稳定。提示 参考 8-3 节

缺点：为了不使漏极电流变小，需要分压电阻。提示 参考 8-3 节

COLUMN　电子电路达人 !?

什么样的人是电子电路的达人呢？

答案是“设计出高性价比电路的人”。正如前面介绍的那样，电子电路是使用很多元器件组装而成的。元器件的性能也各不相同。即使是具有相同性能的电子电路，只要能够减少必要的元器件数量，以低廉的价格设计出来，就算是优秀的。

当然，开发元器件（设备）的人们，也在日新月异地开发高性能廉价的元器件。电子电路的达人，可以说是能够从已有的元器件中选择最合适的，设计出符合要求的电路的人。

第9章

反馈电路和运算放大器

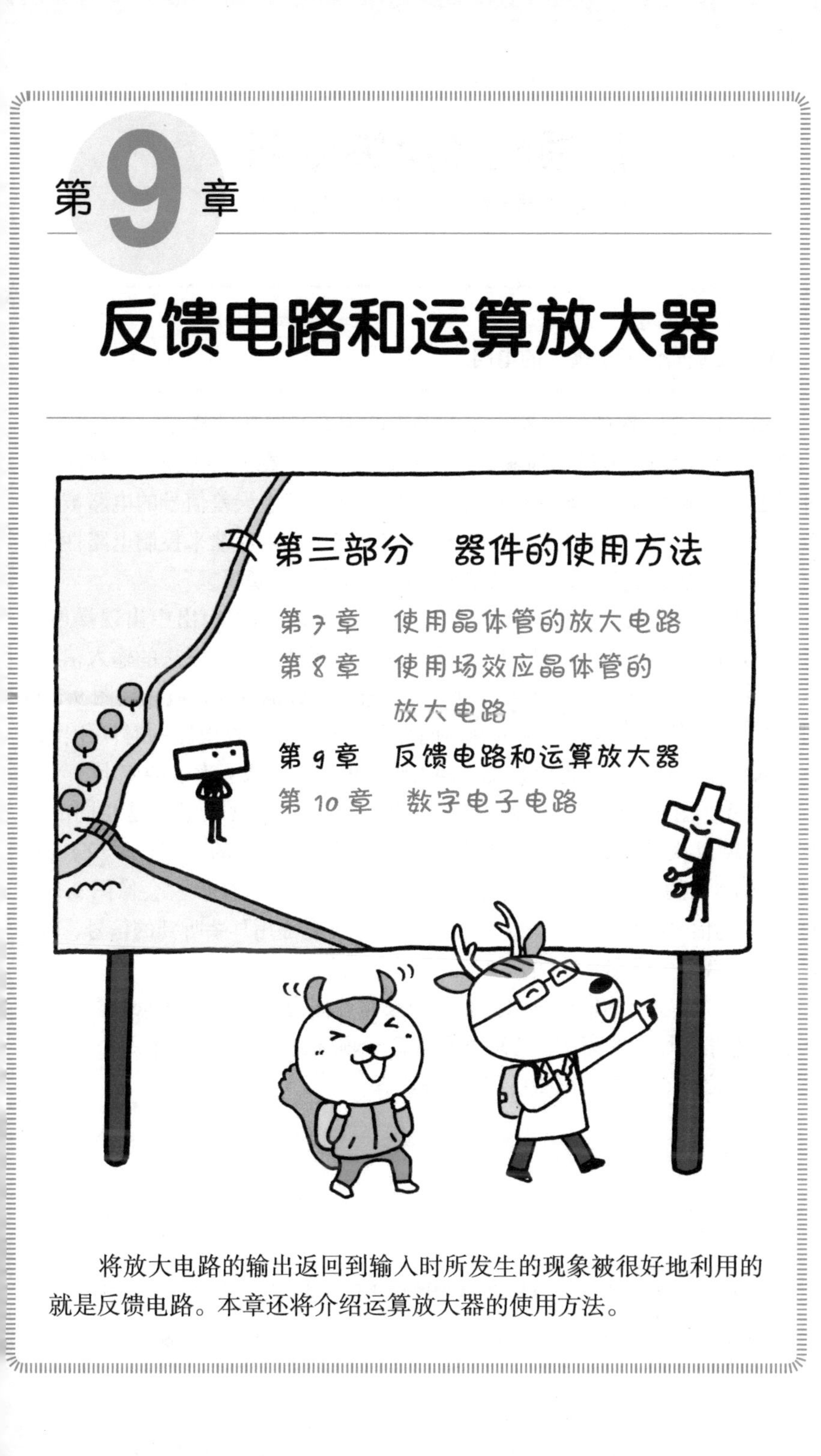

将放大电路的输出返回到输入时所发生的现象被很好地利用的就是反馈电路。本章还将介绍运算放大器的使用方法。

难易度 ★★★★★

9-1 反馈和负反馈电路

~ 将输出信号恢复到输入，改善质量 ~

▶【反馈电路】

将输出信号返回到输入的电路。

图 9.1.1 是一般的放大器受雷电等影响混杂了噪声的样子。于是如图 9.1.2 那样将输出信号返回到输入，导入反馈电路。在反馈电路中，将输出信号送回到输入端，与输入信号进行比较，从而产生误差信号的电路被称为负反馈电路。负反馈电路是一种通过在电路中加入反馈来控制电路性能的技术。因为是在信号上乘以负倍率，所以被称为“负反馈”。

首先，假设放大器中有噪声，并且图 9.1.2 的（1）输出中出现噪声。通过负反馈电路，图 9.1.2 的（2）反向的波形反馈输入。原来的输入信号和返回的信号互相抵消，图 9.1.2 的（3）噪声部分也减少，放大后图 9.1.2 的（4）输出的噪声减少。减少噪声的部分，与没有反馈电路的时候相比，整体的增益㊀ 变小了。也就是说，随着噪声的减少，放大率也会变小。

这里，图 9.1.2 的（1）和图 9.1.2 的（4）的信号波形必须是相同的，但是如果以很短的时间间隔来看的话，沿着图 9.1.2 的（1）→（2）→（3）→（4）的流程高速前进，图 9.1.2 的（1）的信号波形就会像图 9.1.2 的（4）的信号波形一样变化。也就是说，人类能够用耳朵听到的信号，在短时间内就会变成图 9.1.2 的（1）到图 9.1.2 的（4）的波形。

像这样将输出的信号返回到输入的操作被称为反馈（Feedback）。不仅在电子电路领域，在商业、心理学和教育学领域也有广泛的应用㊁。

除此之外，负反馈电路还有以下特征。

㊀ 正如在 7-10 节中学到的那样，放大率的 log 就是增益，所以“放大率减小 = 增益减小”“放大率增大 = 增益增大”是成立的。

㊁ P（Plan：计划）、D（Do：执行）、C（Check：评价）、A（Action：改善）以持续改善为目标的 PDCA 循环是最著名的。

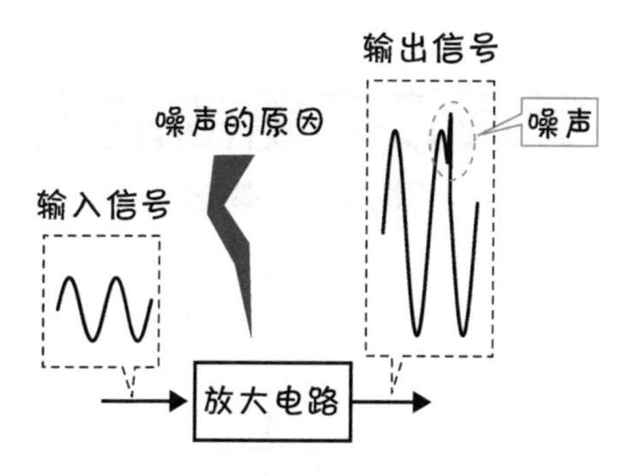

图 9.1.1　噪声进入放大电路的情况

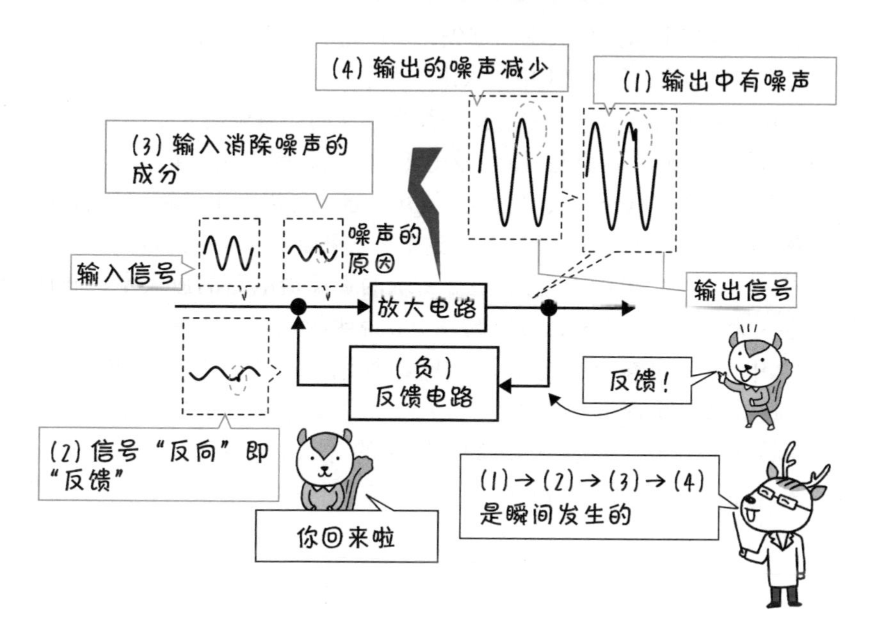

图 9.1.2　引入负反馈电路能减弱噪声

1）减轻放大电路引起的噪声和失真 = 本节说明；
2）放大率减小，带宽增大 → 9-2 节、9-4 节；
3）对于温度、电源电压等的变化，放大率稳定 → 9-3 节；
4）可改变输入阻抗和输出阻抗→ 9-5 节。

难易度 ★★★★★

9-2 负反馈电路的放大率

~负反馈使放大率变小~

▶【负反馈电路的放大率】

$$A_{vo}=\frac{A_v}{1+A_v\beta}$$

求出负反馈电路的放大率。首先，在不是负反馈电路的放大电路直接将输入连接到输出的图 9.2.1 中，求出放大率。放大电路的电压放大率设为 A_v。电流放大率和功率放大率的想法都是一样的。假设输入是 v_i，输出是 v_o，那么输入 v_i 乘以 A_v 就是 $A_v v_i$。这等于输出 v_o，所以 $v_o=A_v v_i$。因此，可以求出电路整体的电压放大率为 $A_v=v_o/v_i$。虽说可以求出电路部分的电压放大率，但放大电路只有一个，所以这个公式就是对放大率的定义。

用同样的方法可以求出图 9.2.2 所示的负反馈电路的放大率。同样，假设输入为 v_i，输出为 v_o，按照与 9-1 节说明的相同的顺序进行。首先，图 9.2.2 中（1）的输出 v_o 通过反馈电路被图 9.2.2 中（2）的 $-\beta$ 倍变成 $-\beta v_o$。表示该输出返回多少的倍率 β 被称为反馈率。图 9.2.2 中（2）的 $-\beta v_o$ 与输入 v_i 合成，成为图 9.2.2 中（3）的 $v_i-\beta v_o$。这个图 9.2.2 中（4）被放大 A_v 倍，成为 $A_v(v_i-\beta v_o)$。因为图 9.2.2 中（4）绕回来和图 9.2.2 中（1）一样，

$$A_v(v_i-\beta v_o)=v_o$$

成立。我们试着将这个方程解成以 v_o 为未知数的一次方程。去掉左边的括号，

$$A_v v_i-A_v\beta v_o=v_o$$

于是，将左边第二项的 $A_v\beta v_o$ 移到右边，变成

$$A_v v_i=v_o+A_v\beta v_o$$

右侧的共同因子是 v_o。如果用括号括起来的话，得到

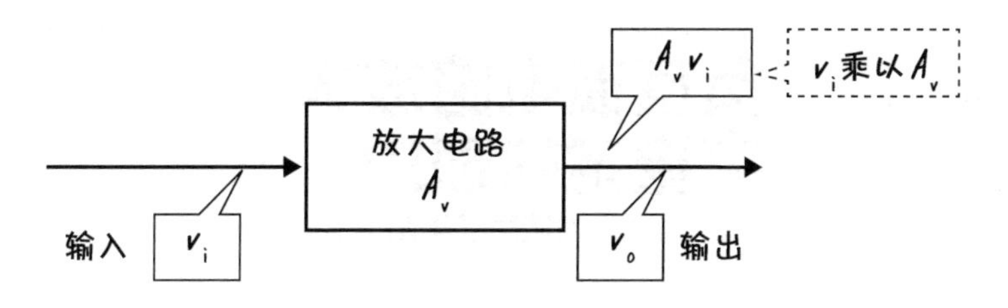

图 9.2.1　直接放大电路的放大率的求法

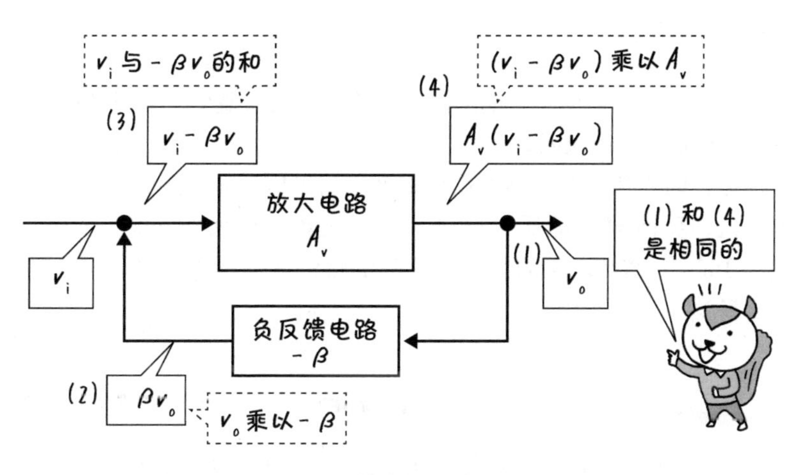

图 9.2.2　负反馈电路的放大率的求法

$$A_v v_i = (1 + A_v \beta) v_o$$

于是，将两边除以（$1+A_v\beta$），将左边和右边互换，得到

$$v_o = \frac{A_v v_i}{1 + A_v \beta}$$

由此，整个电路的放大系数 A_{vo} 为

$$A_{vo} = \frac{v_o}{v_i} = \frac{\dfrac{A_v v_i}{1 + A_v \beta}}{v_i} = \frac{A_v}{1 + A_v \beta}$$

难易度 ★★★★★

9-3 负反馈电路放大率稳定的理由

~ 因为使用了电阻 ~

▶【负反馈电路是稳定的】

多亏了电阻。

由于使用负反馈电路，电路整体的放大率或增益变少，但是对温度和电源电压稳定。在此说明其理由。

首先，因为负反馈电路的反馈率 β 是输出信号的一部分，所以取从 0 到 1 的值，反馈 10% 的话，β=0.1；另一方面，放大率 A_v 较大，可以想象成是 100 或 1000 之类的数字。此时电路整体的放大率 A_{vo} 为下式（参照 9-2 节）。

$$A_{vo}=\frac{A_v}{1+A_v\beta}$$

因为 A_v 是较大的值，所以分母中的 A_v 比 1 大得多，$A_v\beta$ 和 $1+A_v\beta$ 的值都不会有太大的变化。那么整体的放大率 A_{vo} 为

$$A_{vo}\fallingdotseq\frac{A_v}{A_v\beta}=\frac{1}{\beta}$$

这样，就只由反馈率 β 来决定了。

用具体的数字来计算吧。$A_v=1000$、$\beta=0.1$ 的话，$A_v\beta=100$、$1+A_v\beta=101$，此时电路整体的放大率为 $A_{vo}=A_v/(1+A_v\beta)=1000/101\fallingdotseq 9.9$。仅用反馈率 β 表示的公式，$A_{vo}\fallingdotseq 1/\beta=1/0.1=10$，和 9.9 几乎相同。

从具体的计算中可以看出，**负反馈电路的放大率 A_{vo} 比原来的放大电路的放大率 A_v 小**。在此，将说明稳定性这一令人高兴的性质。

如图 9.3.1 所示，一方面，放大电路由像晶体管一样具有放大作用的器件承担。另一方面，由于负反馈电路只是将一部分信号反馈到输入，所以仅靠电阻起作用。虽然它的名字很夸张，叫作“负反馈回路”，但实际上它只是一个电阻。放大电路的放大率 A_v，取决于晶体管的 h_{FE}。但是，h_{FE} 的偏差很大，而且受温度影响很大（参照 7-12 节）。另外，电压放大率在电

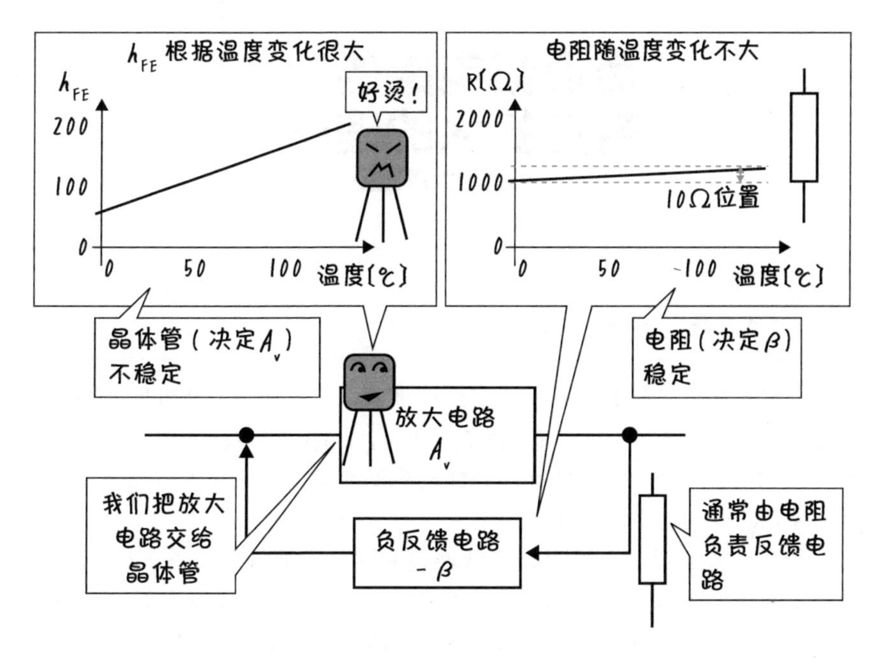

图 9.3.1 **晶体管的弱点和电阻的稳定性**

源电压变小的情况下，放大的能力会消失或变小。也就是说，放大电路的放大率 A_v，无论如何都是容易变化的。但是，负反馈电路的放大率 A_{vo} 基本上只由反馈率 β 决定。由于反馈率是由将输出反馈到输入的电阻的阻值决定的，所以温度的影响很小，也不会因电源电压而变化。

例如，晶体管的直流电流放大率 h_{FE} 在室温（25℃左右）到 100℃左右之间一般会变化 2 倍左右。但是，在经常使用的金属膜电阻的情况下，1kΩ 的电阻只有 10Ω 左右的变化。在负反馈电路中使用不易受温度和电源电压影响的电阻，整体的放大率稳定。

难易度 ★★★★★

9-4 负反馈电路的带宽扩大的理由

~因为放大率减少~

▶【带宽】

抑制放大率， 带宽扩大。

放大电路，低频和高频的放大率或增益变小。通常，从可放大的增益下降 3dB（功率为 1/2、电压或电流为 $1/\sqrt{2}$）的频率被称为截止频率（参照 7-17 节）。另外，低频侧和高频侧的截断频率之间被称为带宽。可以说带宽越宽的放大电路性能越好。

通过引入负反馈，可以在降低增益的同时增加带宽。图 9.4.1 是通过乘以负反馈，增益减少，带宽扩大的样子。图 9.4.1 最上面是没有负反馈（$\beta=0$）时的频率特性。如果增加从那里返回的信号量，带宽就会扩大。

这里，让我们来确定让信号返回的量“反馈量”。如果将负反馈电路的放大率设为 A_{vo} 则负反馈电路的增益为

$$G_{vo}=20\lg A_{vo} \quad \cdots\cdots①$$

另外，

$$A_{vo}=\frac{A_v}{1+A_v\beta} \quad \cdots\cdots②$$

因此，将公式②代入公式①，变成

$$G_{vo}=20\lg\left(\frac{A_v}{1+A_v\beta}\right)$$

把上式改写成减法形式[㊀]，

$$G_{vo}=\underbrace{20\lg A_v}_{\text{原来的放大电路的增益 } G_v}-\underbrace{20\lg(1+A_v\beta)}_{\text{反馈量 } F}$$

如果这么说的话，

㊀ 参照 7-10 节的公式（3）。

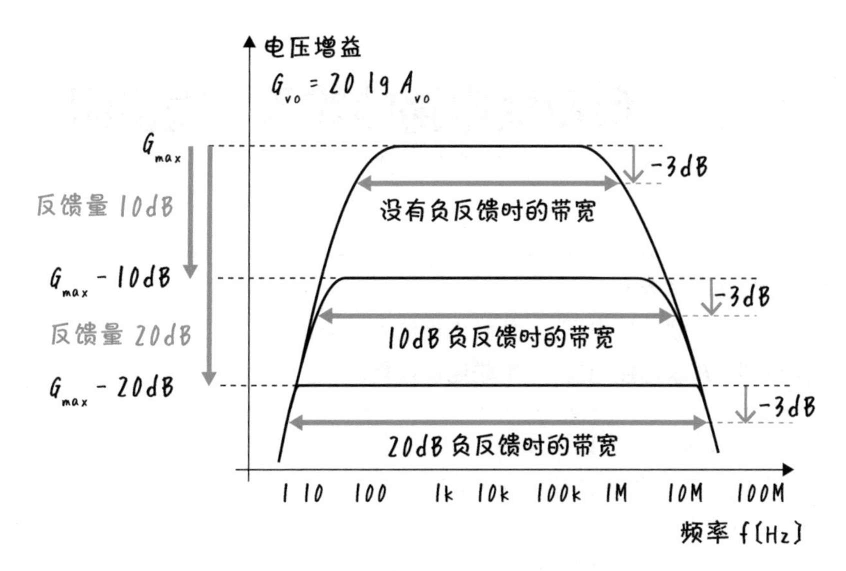

图 9.4.1　**通过负反馈改善频率特性的情况**

$$G_{vo}=G_{v}-F$$

是两个值的减法。G_v 是原来的放大电路的增益，F 被称为反馈量，是表示信号返回了多少的量。从最后这个减法公式中可以看出，乘以负反馈，增益会减小反馈量 F。

如果通过引入负反馈降低增益，带宽就会增大。反之，如果通过减少反馈量来提高增益，带宽就会变窄。

像这样，追求两种关系中的一种，就不能追求另一种，这种关系被称为权衡（Trade-off）。

难易度 ★★★★★

9–5 ▶ 负反馈电路的输入、输出阻抗

~ 方法有 4 种 ~

▶【负反馈电路的方法】

输入端：串联连接电压，　并联连接注入电流。

输出端：并联连接电压，　串联连接恢复电流。

引入负反馈方法有以下 4 种。

（1）电压并联负反馈（电流 / 电压转换）

（2）电流并联负反馈（电流 / 电流转换）

（3）电压串联负反馈（电压 / 电压转换）

（4）电流串联负反馈（电压 / 电流转换）

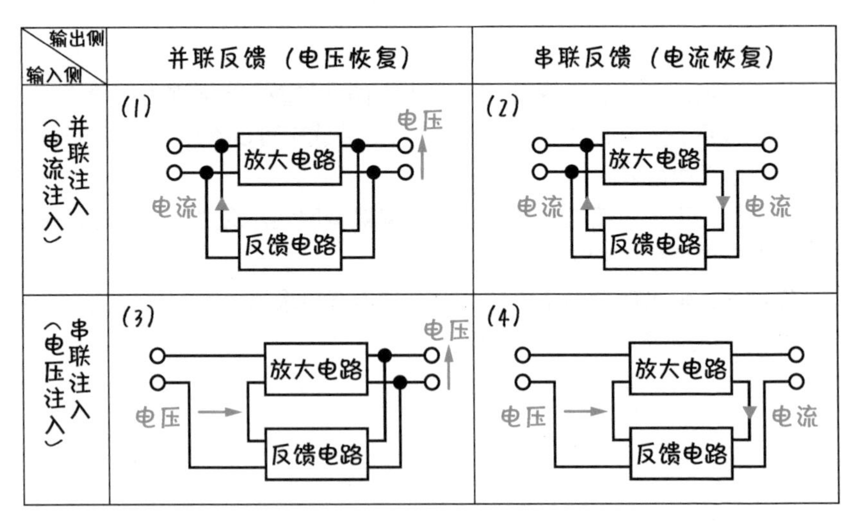

图 9.5.1　**负反馈的 4 种方法**

分别对应图 9.5.1 的 4 种电路。输入侧并联的话注入电流，串联的话注入电压。并联连接输出侧的话电压会恢复，串联连接的话电流会恢复。

我们来考虑一下在负反馈电路中输入、输出阻抗是如何变化的。图 9.5.2a 是 3Ω 和 6Ω 的电阻串联，图 9.5.2b 是 3Ω 和 6Ω 的电阻并联。合成电阻在图 9.5.2a 串联的情况下，增加为 3Ω + 6Ω = 9Ω。图 9.5.2b 并联的情况下，减少为（3Ω × 6Ω）/（3Ω + 6Ω）= 18/9Ω = 2Ω。

也就是说，串联连接电路时阻抗会增加，并联连接电路时阻抗会减少。由此可见，如表 9.5.1 所示，负反馈电路会增减输入输出阻抗。

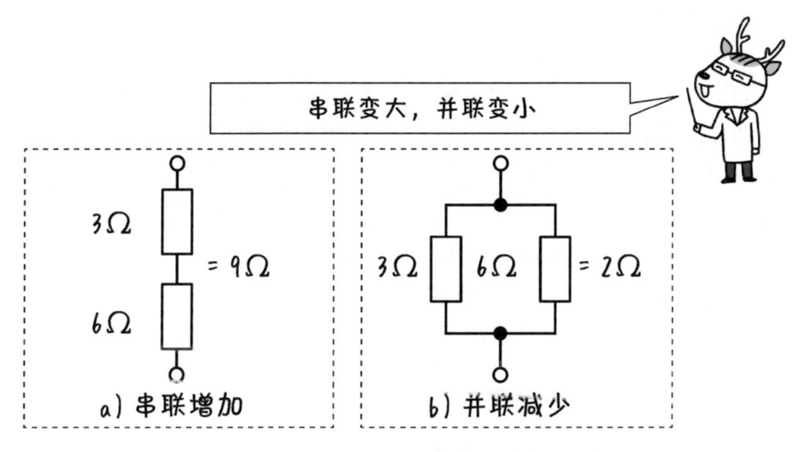

图 9.5.2　阻抗的增加和减少

表 9.5.1　由负反馈电路引起的阻抗的增减

	（1）	（2）	（3）	（4）
负反馈的连接方法	输出：并联反馈 输入：并联注入	输出：串联反馈 输入：并联注入	输出：并联反馈 输入：串联注入	输出：串联反馈 输入：串联注入
输出	减少	增加	减少	增加
输入	减少	减少	增加	增加

难易度 ★★★★★

9–6 ▶ 负反馈电路的实际情况

~ 电阻就可以 ~

▶【负反馈电路的制作方法】

用电阻恢复。

来实际试着做一个负反馈电路吧。图 9.6.1 去除了 7-15 节、7-16 节中学习的小信号放大电路的旁路电容器 C_E。因为没有 C_E，和 7-13 节学的电流反馈偏置电路一样，信号分量变成负反馈电路。具体地说，发射极电阻 R_E〔Ω〕的两端电压 v_f〔V〕（f 是 feedback 的首字母）从输入信号 v_i〔V〕减少被输入到基极，所以基极的输入信号是（$v_i - v_f$）〔V〕。

对于输出 v_o〔V〕，只有 v_f〔V〕反馈电压，反馈率为

$$\beta = v_f / v_o$$

因此，根据欧姆定律 $v_f = R_E i_e$，变成这样。另外，输出侧的阻抗，如在 7-16 节中考虑的交流分量的等效电路

$$R_{out} = \frac{1}{h_{oe}} // R_C // R_o$$

综上所述，$v_o = R_{out}\, i_c$。因此，返回率 β 为

$$\beta = v_f \ / \ v_o = R_E\, i_e \,/\, R_{out}\, i_c \fallingdotseq R_E \,/\, R_{out}$$

这样，就只由电阻的比值决定了。这里，基本电流 i_b 很小，设为 $i_e = i_b + i_c \fallingdotseq i_c$。该电路无负反馈时的电压放大系数 A_v 如 7-16 节中所示，

$$A_v = \frac{h_{fe} R_{out}}{h_{ie}}$$

（忽略电压反馈率的最后结果）。由此，反馈率 $\beta = R_E \,/\, R_{out}$ 的负反馈乘以电压放大率为

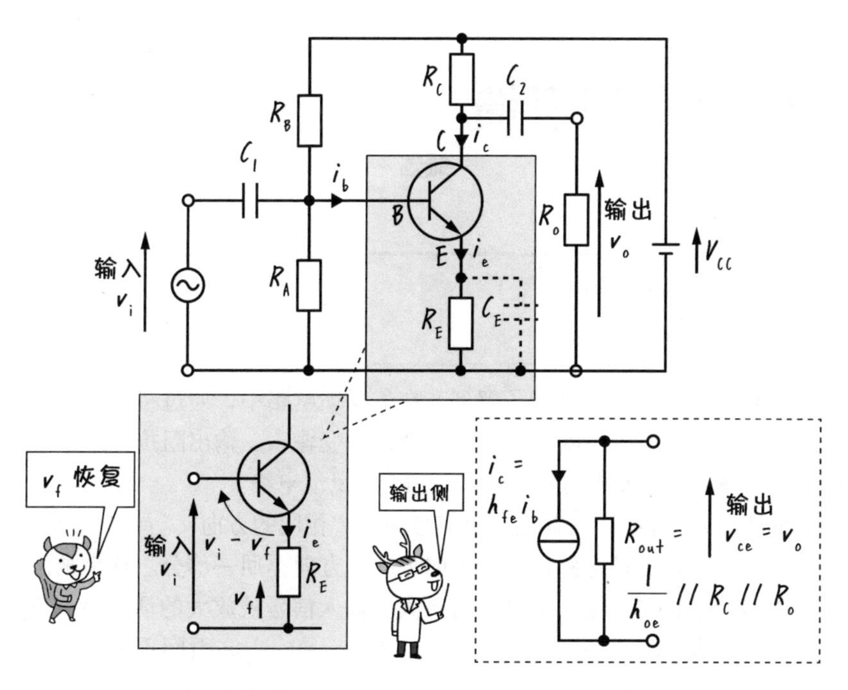

图 9.6.1 **只要去除旁路电容器，反向电压就会恢复→负反馈**

$$A_{vo} = \frac{A_v}{1 + A_v\beta} = \frac{\dfrac{h_{fe}R_{out}}{h_{ie}}}{1 + \dfrac{h_{fe}R_{out}}{h_{ie}} \dfrac{R_E}{R_{out}}} = \frac{h_{fe}R_{out}}{h_{ie} + h_{fe}R_E}$$

但是，当 $A_v\beta$ 比 1 大得多，$A_{vo} \fallingdotseq 1/\beta$ 的时候，

$$A_{vo} = \frac{1}{\beta} = \frac{R_{out}}{R_E}$$

因此，电压放大率仅由 R_E 和 R_{out} 的比值决定，是稳定的。

难易度 ★★★★★

9–7 ▶ 正反馈

~ 振荡 ~

▶【如果反馈的方向错了】

会发生振荡。

到目前为止，我们已经了解到，在负反馈电路中，通过将信号反向返回即负反馈，可以减少噪声，扩大带宽，改变输入、输出阻抗。这在电子电路中，输入将以原来的相位返回，用于正反馈电路。

如图 9.7.1 所示，试着让输出信号回到“相同的方向”。首先,（1）的输入信号进入正反馈电路后,（2）向相同的方向返回一部分。这个被添加到输入信号中,（3）输入信号变得更大。输入信号被放大的话,（4）输出信号变得更大。（1）→（2）→（3）→（4）→（1）在瞬间重复，信号变得无限大。

当信号变大到电源所能供给的能力极限时，信号的大小变成一定，几乎不包含输入信号的信号在电路中旋转，这种现象叫做振荡，在电子电路的世界里，为了得到信号源，经常会使用正反馈电路。请注意，产生信号的“发信”和产生振动的“振荡”是不同的。用于获得振荡的电路称为振荡电路，迄今为止，已经开发出了很多振荡电路，但由于篇幅的关系，本书就不再说明了。

那么，在负反馈电路的情况下，放大率如下所示。

$$A_{vo} = \frac{A_v}{1 + A_v\beta}$$

在正反馈电路中，只要更换反馈率 β 的符号即可。

$$A_{vo} = \frac{A_v}{1 - A_v\beta} \quad (★)$$

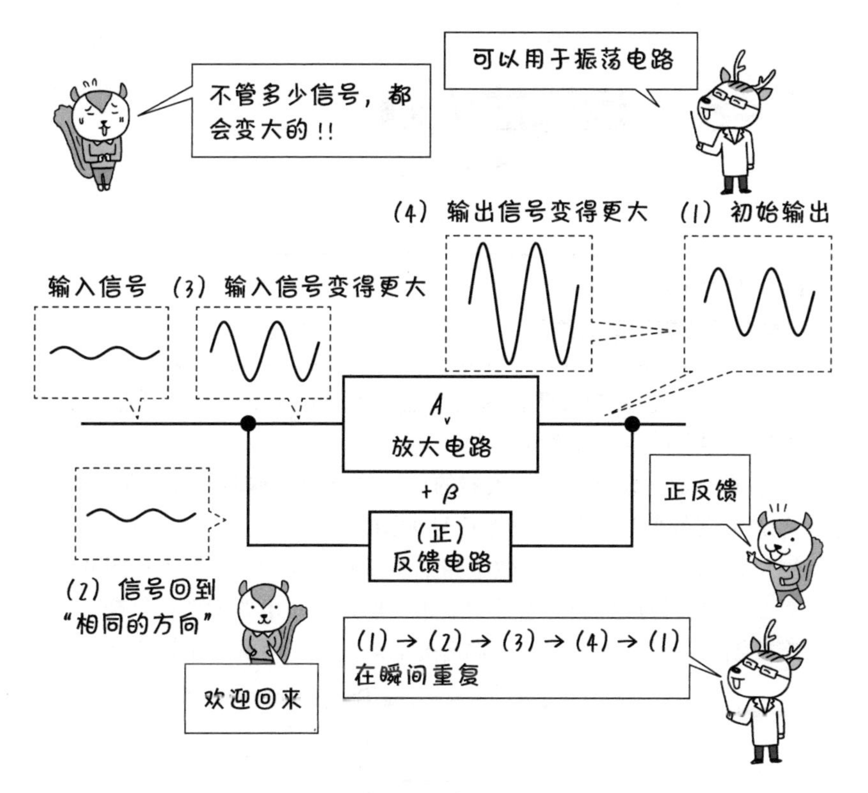

图 9.7.1　**正反馈电路将信号放大到极限**

在这个公式中，如果分母的 $A_v\beta=1$，则分母为零，放大率变为无限大。实际上，这是由信号的极限大小决定的，振荡电路工作时 $A_v\beta=1$ 成立。一般来说，在反馈电路中，放大率 A_v 和反馈率 β 的乘积 $A_v\beta$ 被称为**环增益**。

难易度 ★★★★★

9-8 ▶ 运算放大器

~ 虚拟也没关系 ~

▶【运算放大器】

追求各种理想结果的装置。

运算放大器是为追求理想的放大器而设计的装置。输入阻抗无限大，输出阻抗为零，电压放大率无限大[㊀]。

如果要写如何设计运算放大器的话，可以写一本书，所以在这里只学习运算放大器的使用方法。图形符号为图 9.8.1a，由反相输入端子、同相输入端子、输出端子组成。等效电路如图 9.8.1b 所示。实际上如图 9.8.2 所示，需要连接运算放大器的电源的端子。但是由于电路图变得复杂，所以，这个连接端子一般会被省略，正常情况下需要正负电源（ $\pm V_{CC}$〔V〕）。

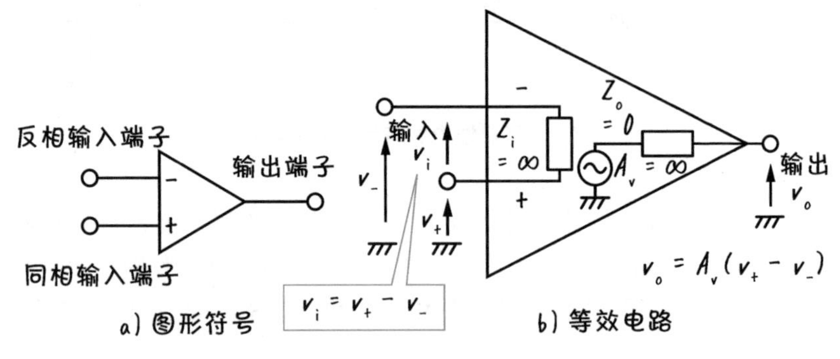

图 9.8.1 运算放大器

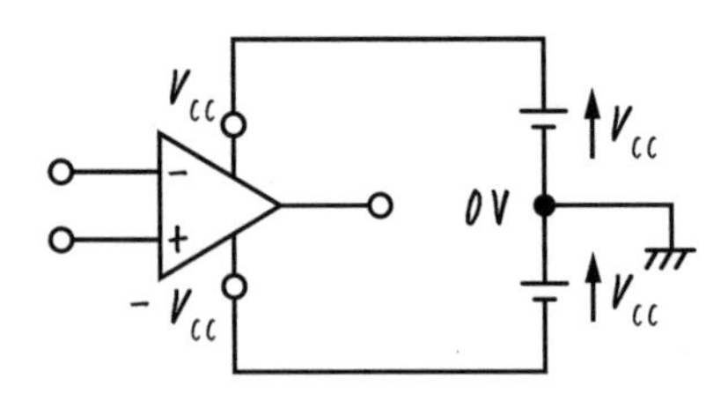

图 9.8.2 操作运算放大器需要电源

㊀ 始终是理想的，实际作为产品销售的运算放大器的输入阻抗为 $10^{12}\Omega$ 左右，输出阻抗为 10Ω 左右，电压放大率为 10^5 左右。但是，这些值对于再现本节所说明的电路的性质没有直接关系。

反相输入端子的输入产生反相输出，同相输入端子的输入产生同相输出。输出 v_o〔V〕放大同相输入端子 v_+〔V〕的电压与反相输入端子 v_-〔V〕之间的差（$v_+ - v_-$)〔V〕，从而得到 $v_o = A_v(v_+ - v_-)$。

像运算放大器这样放大输入差的放大器被称为**差分放大器**。即使输入中有噪声，如果两个输入中都有相同的噪声，就会进行减法并消除，因此具有抗噪声的特征。具体来看一下吧，图 9.8.3 是噪声分量 v_n〔V〕进入输入端子（反相输入端子和同相输入端子）时的样子。在反相输入端子插入 $(v_- + v_n)$〔V〕，在同相输入端子插入 $(v_+ - v_n)$〔V〕的噪声分量 v_n〔V〕，但是被放大的是各个信号的差 $v_i = (v_+ + v_n) - (v_- + v_n) = v_+ - v_-$，所以噪声分量不被放大而被消除。

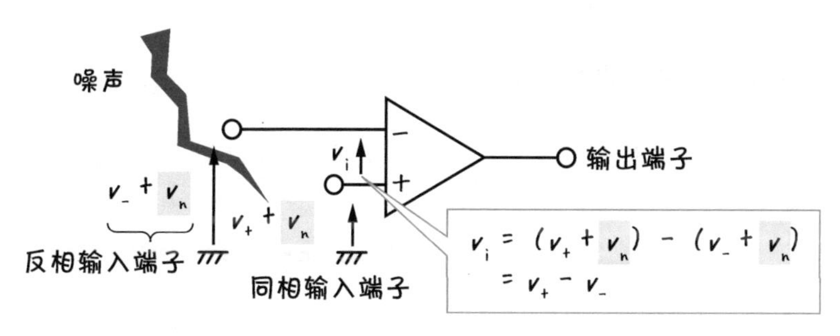

图 9.8.3　**作为差分放大器的运算放大器抗噪声强**

实际使用运算放大器的时候要制作负反馈电路。图 9.8.4 是反相放大电路，图 9.8.5 是被称为同相放大电路的电路。在反相放大电路中，输入进入反相输入端子，在同相放大电路中，输入进入同相输入端子。无论哪一种电路，电阻 R_f〔Ω〕都将输出返回反相输入端子，需要负反馈。

试着求图 9.8.4 的反相放大电路的电压放大率 $A_{vo} = v_o / v_i$。由于运算放大器的电压放大率 A_v 是无限大的，所以将表示电压放大率的方程 $v_o = A_v(v_+ - v_-)$ 变形为 $v_+ - v_- = v_o / A_v \fallingdotseq 0$，可以认为 v_-〔V〕和 v_+〔V〕几乎相等。因为可以认为是反相输入端子和同相输入端子连接（短路），所以这被称为**“虚短”**。

假设流过电阻 R_s〔Ω〕的电流为 i_s〔A〕，由于输入阻抗为无限大，所以运算放大器中没有电流进入，在 R_f〔Ω〕中也流过同样的电流 i_s〔A〕。根据“虚短”的想法，由于反相输入端子与接地具有相同的电位（0V），所以 R_s〔Ω〕加上的电压等于 v_i〔V〕，根据欧姆定律得到以下公式。

$$v_i = i_s R_s$$

同理，施加在 R_f〔Ω〕上的电压是 v_o〔V〕，则下式成立，注意电流的方向。

$$v_o = -i_s R_f$$

根据以上，电压放大率由下式得到。

$$A_{vo} = v_o / v_i = (-i_s R_f)/(i_s R_s) = -R_f / R_s$$

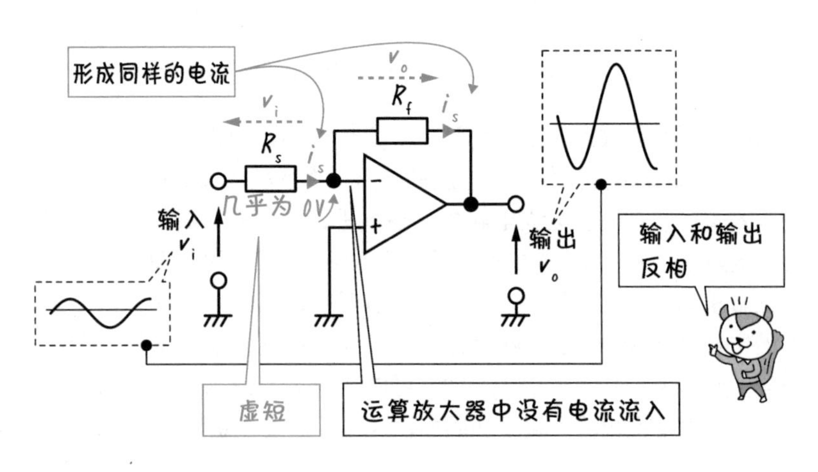

图 9.8.4 **反相放大电路**

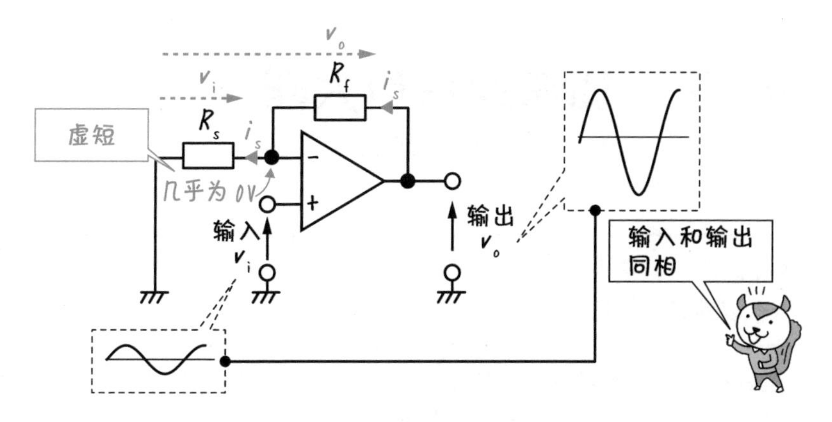

图 9.8.5　**同相放大电路**

电压放大率由电阻的比值 R_f / R_s 决定。另外，因为放大率的值是负数，所以也知道输出相对于输入是反相。

接着，在图 9.8.5 所示的同相放大电路中，试求出电压放大率 $A_{vo} = v_o / v_i$。假设流过电阻 R_s〔Ω〕的电流为 i_s〔A〕，则和刚才一样，由于输入阻抗为无限大，所以运算放大器中没有电流进入，在 R_f〔Ω〕中也流过相同的电流 i_s〔A〕。根据欧姆定律，R_s〔Ω〕的两端电压为 $R_s i_s$〔V〕。R_f〔Ω〕的两端电压是 $R_f i_s$〔V〕。仔细看电路图，这些电压的总和正好与输出电压相同，变成

$$v_o = (R_s + R_f) i_s$$

接着，根据虚短的想法，输入电压 v_i〔V〕和 R_s〔Ω〕的电压 $R_s i_s$〔V〕相等，因此可知为下式。

$$v_i = R_s i_s$$

由以上可知，电压放大率为

$$A_{vo} = v_o / v_i = (R_s + R_f) i_s / R_s i_s = 1 + \frac{R_f}{R_s}$$

由电阻的比值 R_f / R_s 决定。另外，由于放大率的值是正的，可知，相对于输入是相同相位的输出。

难易度 ★★★★★

9-9 ▶ 加法运算放大器

~ 变成搅拌器 ~

▶【运算放大器】

很久以前是计算机。

运算放大器，顾名思义，是能够进行运算（计算）的装置。运算放大器不仅能做加法和减法，还能做微分和积分。在很久以前，模拟计算机曾被用于计算，但随着数字电路的发展，已经很少被用于计算了。运算放大器虽然电路简单，但是应用非常方便。这里以加法电路为例进行介绍。

加法电路是将多个输入电压合计后放大的电路。如图 9.9.1 所示，一方面，3 个输入电压 v_1〔V〕、v_2〔V〕、v_3〔V〕通过 3 个可变电阻 R_1〔Ω〕、R_2〔Ω〕、R_3〔Ω〕输入。假设反相输入端子和非反相输入端子短路，则反相输入端子的电位与接地相同，R_1〔Ω〕加 v_1〔V〕的电压，R_2〔Ω〕加 v_2〔V〕的电压，R_3〔Ω〕加 v_3〔V〕的电压。因此，根据欧姆定律，下式成立。

$$i_1 = \frac{v_1}{R_1}, \quad i_2 = \frac{v_2}{R_2}, \quad i_3 = \frac{v_3}{R_3}$$

另一方面，由于电流 $i_s = i_1 + i_2 + i_3$ 的输入阻抗是无限大的，所以不会流入运算放大器，而是全部流向电阻 R_f〔Ω〕。另外，由于反相输入端子是虚短的，所以输出电压 v_o〔V〕被施加到 R_f〔Ω〕，因此注意电流的方向。

$$v_o = -R_f i_s = -R_f(i_1 + i_2 + i_3) = -R_f\left(\frac{v_1}{R_1} + \frac{v_2}{R_2} + \frac{v_3}{R_3}\right)$$

如果 R_1〔Ω〕、R_2〔Ω〕、R_3〔Ω〕都是相同的值，那么输出就是 v_1〔V〕、v_2〔V〕、v_3〔V〕的总和的放大。或者，如果调整 R_1〔Ω〕、R_2〔Ω〕、R_3〔Ω〕，各输入 v_1〔V〕、v_2〔V〕、v_3〔V〕以喜欢的比例混合。可以作为图 9.9.2 那样的搅拌器来使用。

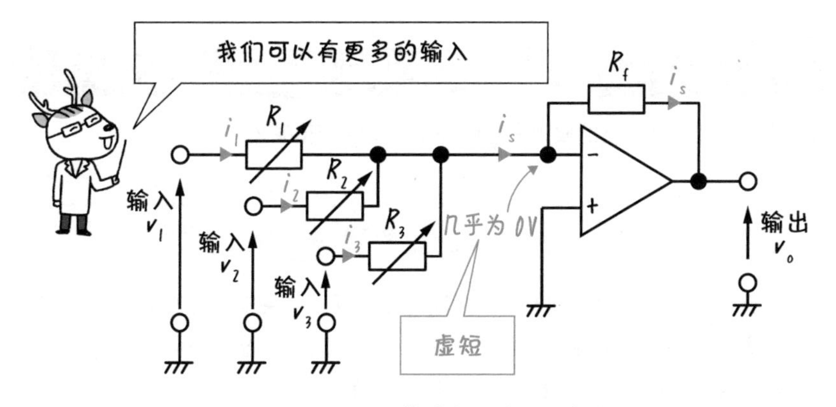

图 9.9.1　使用运算放大器的加法电路

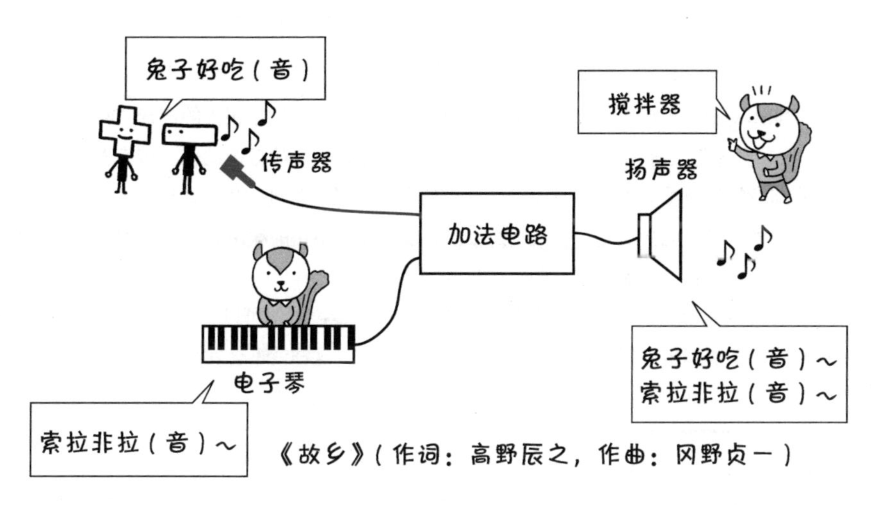

图 9.9.2　加法电路是一个搅拌器

运算放大器可以通过简单的电路进行各种各样的使用，是非常方便的元器件。除此之外，还有电压跟随器、比较器、微分电路、积分电路、有源滤波器等很多应用。

EXERCISES

第 9 章　练习题

[1]　为什么负反馈电路的放大率能够抑制温度的变化呢？

练习题参考解答

[1]　负反馈电路的放大率基本上由反馈电路的反馈率决定。因为反馈电路是以受温度影响小的电阻等为中心建立的，所以反馈率随温度变化也小，负反馈电路的放大率随温度的变化也小（参照 9-3 节）。

COLUMN　如果你用错了传声器。

如图所示，当传声器接收到扬声器的输出时，有时会发出很大的声音“bi!”和“基恩 !”。这是被称为“啸叫”的现象，表示正反馈电路的振荡动作。传声器收集到的细微的噪声被放大电路放大，从扬声器发出的噪声又进入传声器被放大。重复这个过程，输出就会上升到放大器的极限，发出令人不快的噪声。

那么，怎样才能避免“啸叫”的出现呢？

答案很简单，只要不让扬声器发出的声音进入传声器就可以了。把传声器远离扬声器，不要把传声器朝向扬声器发出声音的方向，这样就不会发生了。

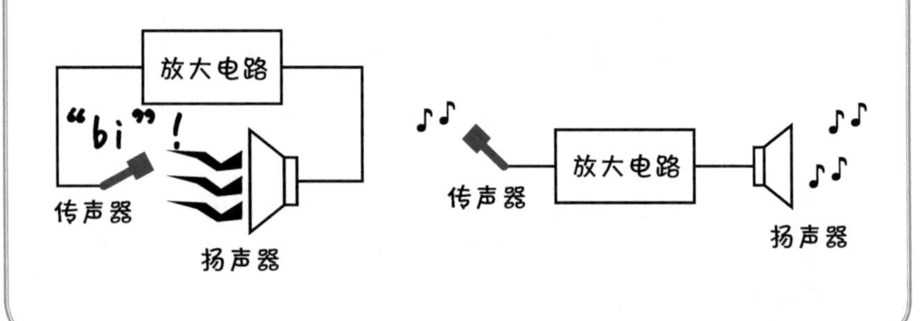

第10章

数字电子电路

到第9章为止，我们学习的电子电路都属于“模拟电路”。将模拟电路的使用方法极端限定，就变为“数字电路”。

难易度 ★★★★★

10-1 什么是数字

~ 模拟的极限部分 ~

▶【数字】 要么是 0， 要么是 1。 不存在中间值。

▶【模拟】 中间有很多连续的值。

数字电子是将信号限定为 0 或 1 的技术。反之，不限定信号的则被称为模拟。到目前为止，我们已经学习了模拟电子的相关技术。

让我们以 CD 和唱片为例，说明数字和模拟的区别。

一方面，图 10.1.1 所示的 CD 光盘上刻有凸点和凹点。凸点对应于 1 的信号，凹点对应于 0。射入 LED 的红外线光，得到的反射光会根据凸点和凹点发生变化。可利用光电二极管 (PD: 请参照第 5 章) 来读取其变化。

另一方面，图 10.1.2 所示的唱片是将声音信号的波形直接刻在光盘上。当旋转唱片并施加唱针时，唱针会根据信号的大小而振动，再通过扬声器和电子电路使其振动变大，这就是唱片的工作原理。

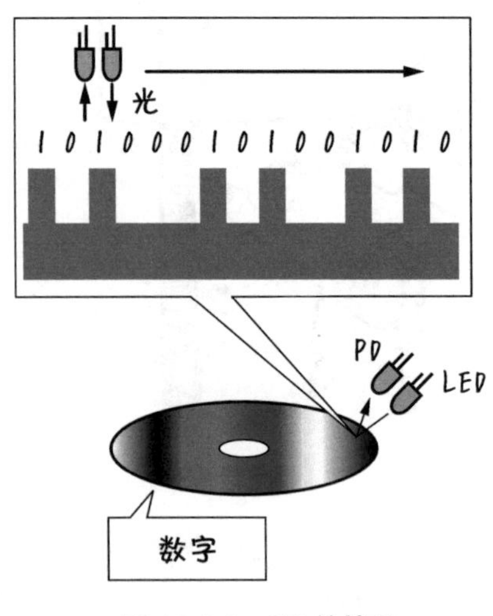

图 10.1.1 CD 的情况

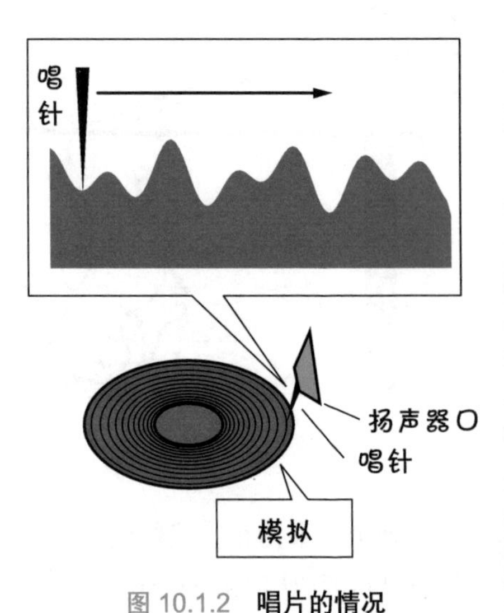

图 10.1.2 唱片的情况

数字的信号被限定于 0 或 1，而模拟的信号种类没有被限定。这种差异可以通过电子电路来表现，如图 10.1.3 所示。在数字的情况下，将开关关闭而不通电的状态设为 0，将开关开启而通电的状态设为 1。在模拟的情况下，通过调节电阻（或者电子电路），可以将灯泡调整到各个亮度水平。

从图 10.1.3 的比较可以看出，数字可以被看作是模拟的一个非常小的部分。数字只表示在模拟情况下的两种状态，分别是电阻非常大、灯泡熄灭的状态和电阻为零、灯泡最亮的开启状态。数字的优点是，只使用模拟的非常小的一部分，使信号变得清晰可辨，非常方便。

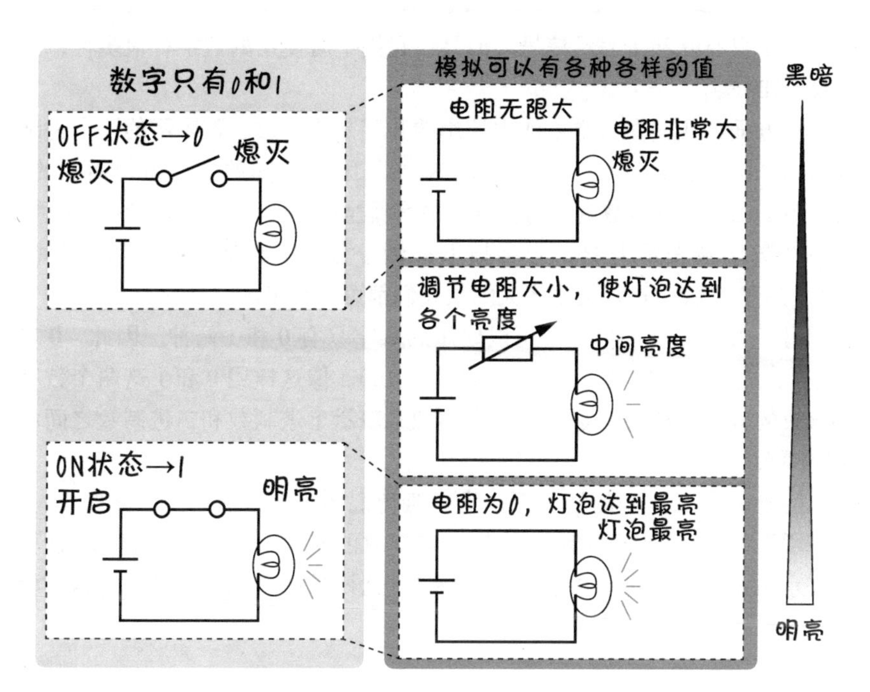

图 10.1.3　**数字与模拟**

难易度 ★★★★★

10-2 ▶ 数字的计数方法

~ 二进制数的世界 ~

▶【数字】

二进制数的基本计算方法。

数字只有 0 和 1 表示信号。但是，我们平时使用的数字有很多种，如 1192、184 等。

一方面，我们在日常生活中使用的数字是用十进制数表示的，十进制数是由“0、1、2、3、4、5、6、7、8、9”10 个不同的数字组合而成的。从 0 到 1、2……这样数到 9 时，10 个数字就全部用完了。因此，在 9 之后，下一个数字被表示为 10，数字被上移到十位。同样地，99 之后是 100、999 之后是 1000，这样无论多大的数我们都可以写出。

另一方面，数字信号中可以使用的数字只有 0 和 1 两种。因此，0 之后是 1，之后是 10，之后是 11，之后是 100。像这样用 0 和 1 这两个数字表示数的方法被称为二进制数。表 10.2.1 表示十进制数和二进制数之间的对应关系。

另外，在二进制的情况下，为了避免混淆，二进制的 100 读作“一、零、零”。另外，想要明确表达是二进制数的时候，也可以用 $(100)_2$ 这样的表示方式，在二进制数后加上下标 2。这样的话，就可以像下面这样标记了。

$(100)_2=(4)_{10}$ ← 二进制的 100 和十进制的 4 是相同的数

像这样，即使只有 0 和 1 的信号，通过二进制表示方法，也能与我们日常使用的十进制的数字相对应并进行计数。通过表 10.2.1 中“数字电子电路”这一列来显示二进制。灯泡熄灭的状态对应 0，发光的状态对应 1。这时，二进制的位数和所需要的灯泡数量是相等的。在数字电子电路中，用 bit（比特）来表示二进制位数的单位，就和这里所需灯泡的数量一样。

表 10.2.1 **十进制、二进制、数字电子电路的对应关系**

用数字来表示所需灯泡的数量(bit)

十进制	二进制	数字电子电路
0	0	
1	1	
2	10	
3	11	
4	100	
5	101	
6	110	
7	111	
8	1000	
9	1001	
10	1010	
11	1011	
12	1100	
⋮	⋮	⋮

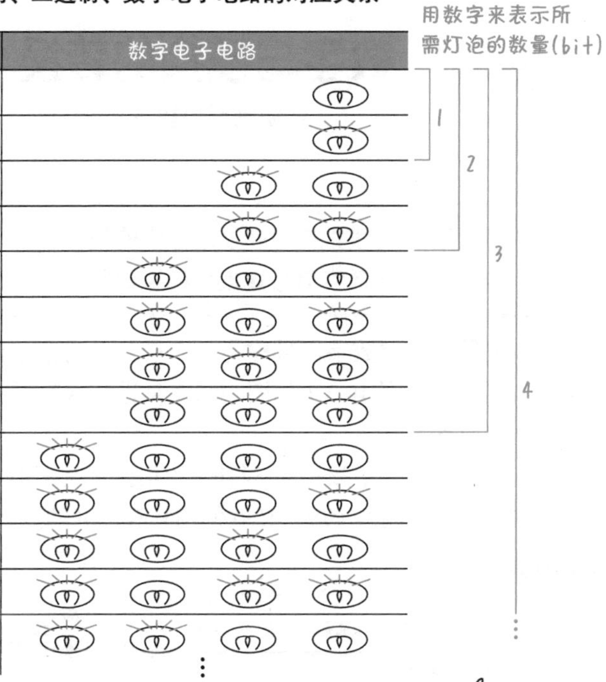

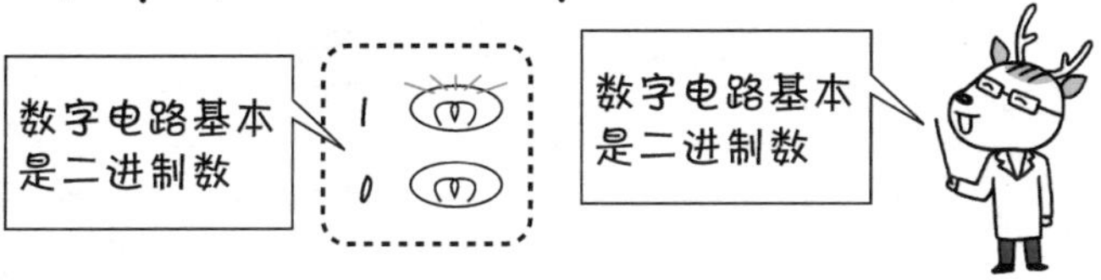

1 2 3 4 ⋮

数字电路基本是二进制数

1
0

数字电路基本是二进制数

10
数字电子电路

如表 10.2.1 右侧蓝色文字所示，1bit 可以表示 0 和 1 这两种，2bit 可以表示 0 到 3 这四种，3bit 可以表示 0 到 7 这八种，4bit 可以表示 0 到 15 十六种。一般来说，有 *n* bit 就可以表示从 0 到 2^n-1 的 2^n 种的数。

也有学说认为，人的双手有 10 根手指，所以使用十进制。在数字电子电路的情况下，只有 0（OFF）和 1（ON）这两种状态，所以使用二进制。松鼠的手指是 4 根，双手是 8 根，所以它们可能是用八进制数来计数的。

难易度 ★★★★★

10-3 ▶ 数字与模拟的转换

~ 切割成小块 ~

▶【A/D 转换】 将模拟信号转换成数字信号。
▶【D/A 转换】 将数字信号转换成模拟信号。

将模拟信号转换成数字信号称为 A/D 转换，将数字信号转换成模拟信号称为 D/A 转换。从图 10.3.1 到图 10.3.2 是进行 A/D 转换，从图 10.3.2 到图 10.3.3 进行 D/A 转换。

图 10.3.1 显示了一个频率为 523Hz 的正弦交流模拟信号（靠近音符号中央 do 的音），最大值为 10V。让我们用具有 2bit 的数字信号来表示。

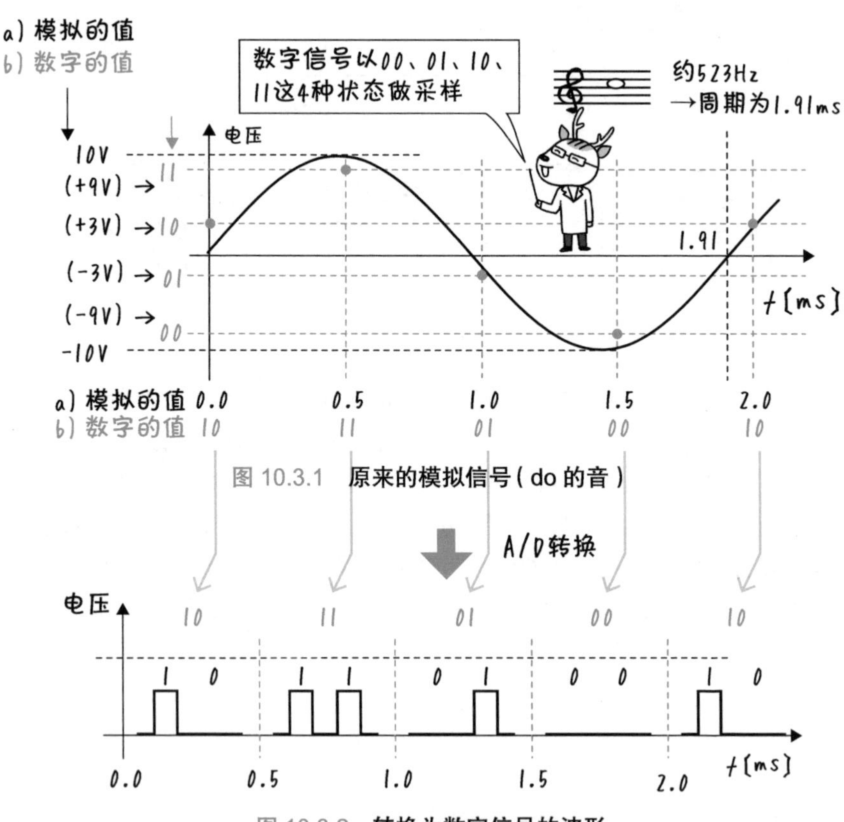

图 10.3.1 原来的模拟信号（do 的音）

图 10.3.2 转换为数字信号的波形

如表 10.2.1 所示，2bit 可以表示 0、1、10、11 这四种状态。为了使数字保持在两位数，它们被表示为 00、01、10、11。让我们将图 10.3.1 的模拟信号分成 4 个部分，使 00 对应于 −9V、01 对应于 −3V、10 对应于 +3V、11 对应于 +9V。然后每 0.5ms 读取最接近的数字值。0.0ms 的数字值为 10、0.5ms 的数字值为 11、1.0ms 的数字值为 01，这样转换后的结果如图 10.3.2 所示。

图 10.3.3 中以得到的数字值为基础，用 D/A 转换为原始的信号。因为对原始的信号只做了 4 位的分割，所以还原后的波形比较粗糙。像这样，由于分割数的不足而产生的扭曲或噪声被称为量化噪声。为了抑制这种量化噪声，需要细化垂直分割（量化位数）和水平分割（采样频率）。

CD 是为了能够充分再现人的耳朵能听到的频率范围来设计的。竖轴是 16bit（2^{16} = 65536 分割），横轴是 44.1kHz（每次分割间隔为 0.0227ms）（如图 10.3.4 所示）。

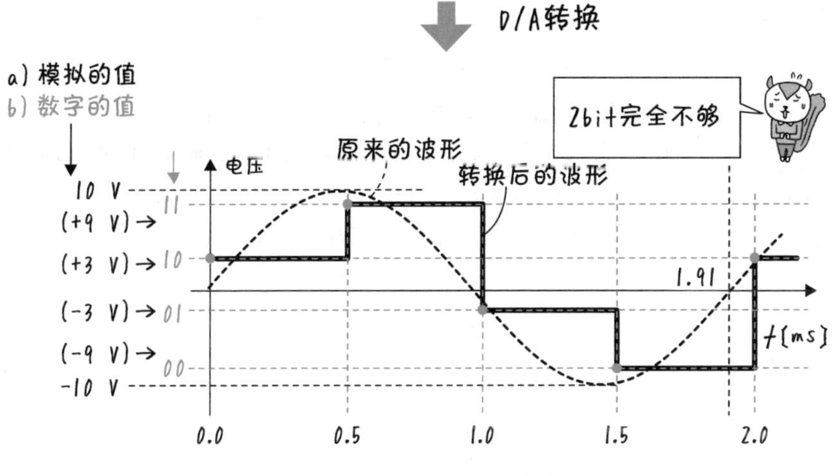

图 10.3.3　恢复模拟信号的波形

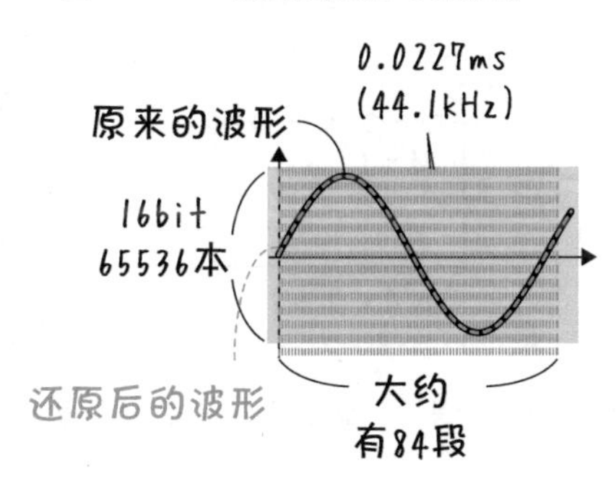

图 10.3.4　CD 的情况

难易度 ★★☆☆☆

10-4 ▶ 逻辑电路的基本部件

~ 内容不知道也没关系 ~

▶【逻辑电路】

AND： 与 = 乘法。

OR： 或 = 加法。

NOT： 非 = 否定。

数字信号也能通过乘法或加法等进行运算。只处理数字信号的电路被称为逻辑电路。构成逻辑电路的基本部件有 AND 电路、OR 电路、NOT 电路这三种。实现这三种运算的电路构成，我们将在后面的内容做说明，这里，我们先来了解这三种电路的工作原理。

图 10.4.1 中的 AND 电路有 A 和 B 输入。它的输出是 $A \cdot B$ 值，也就是将两个输入相乘得到的值。只有当 A 和 B 都是 1 时，输出才为 1，因此被称为"AND"电路。用电路来表现的话，就相当于将开关 A 和 B 串联在一起。总结这些输入和输出之间关系的表被称为真值表。

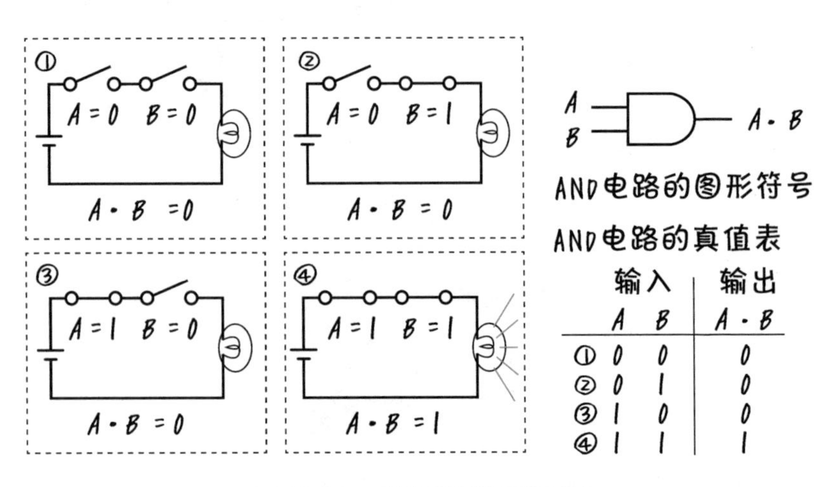

图 10.4.1　AND 电路的工作原理

图 10.4.2 为一个 OR 电路。输出是 $A+B$，是输入之和。因为只要 A 或 B 中有一个是 1 的时候，输出为 1，所以它被称为“OR”电路。如果用电路表示，它与开关 A 和 B 并联时的情况相同。然而，当两个输入端都是 1 时，十进制的答案是 1+1=2，二进制的答案是（10）$_2$，是两位数。由于只有一个输出端，所以答案是位于最高位的 1。如果从电路的角度来考虑，输出也是为 1。

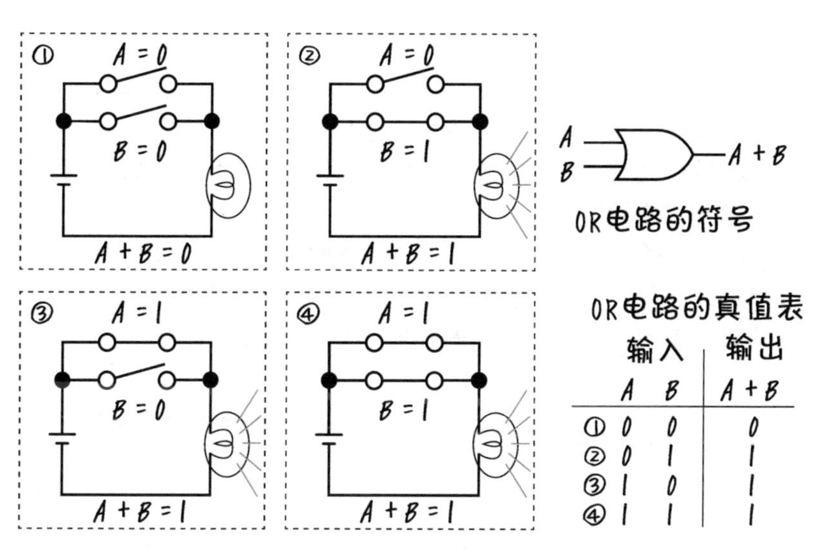

图 10.4.2　OR 电路的工作原理

NOT 电路是将输出与输入的信号做相反的处理。图 10.4.3 所示为 NOT 电路的工作原理，当输入为 0 时，输出 1，当输入为 1 时，输出 0。用电路表示的话，这是一个按下时为 OFF，松开时为 ON 的开关。另外，逻辑电路的符号使用的是 MIL 符号。虽然也有采用 JIS 符号的，但是因为习惯上使用 MIL 符号的情况比较多，所以在本书中也采用 MIL 符号。

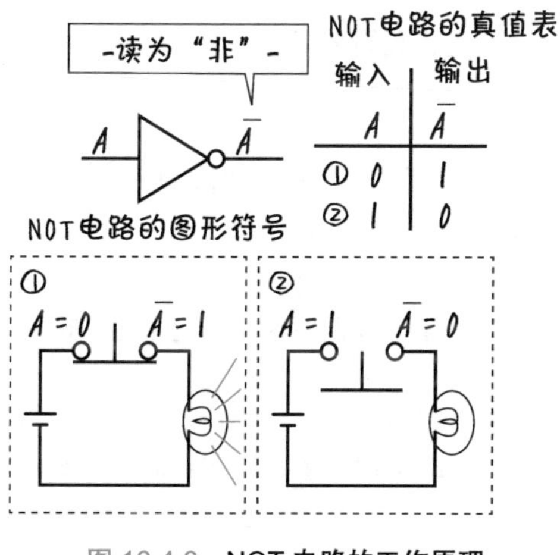

图 10.4.3　NOT 电路的工作原理

难易度 ★☆☆☆☆

10-5 ▶ 布尔代数

~ 非常简单 ~

只有 0 和 1 的数学。

布尔老师提出的布尔代数只涉及 0 和 1 这两个数字，是一种非常适用于表示数字电子电路的数学。公式有很多，但只要阅读了本节，几乎所有的式子都能自己推导出来。

例如，有一个公式“$A+A=A$”，布尔代数的特点是字符的值只能是 0 或 1。如果你注意到这一点，回想下在 10-4 节的 OR 电路中学到的 1+1=1，你就能发现，只有当 $A=0$ 和 $A=1$ 的时候，这个公式是成立的。

$A=1$ 时，$A+A=1+1=1$ ← 这和 A 的值是相等的

$A=0$ 时，$A+A=0+0=0$ ← 这和 A 的值是相等的

以上证明了这个公式是成立的。下一页列出了 6 个具有代表性的公式，因此你可以推导一下它们是否正确。我们来解释一下推导起来有点难度的 3、5 和 6。

首先，我们来解释一下 3 中的公式$A+\overline{A}=1$。

$A=1$ 时，$A+\overline{A}=1+0=1$ ← 等于 1

$A=0$ 时，$A+\overline{A}=0+1=1$ ← 等于 1

所以，$A+\overline{A}=1$ 是成立的。

接下来，我们对 5 中的 $A+A\cdot B=A$ 做说明。

$A=1$ 时，$A+A\cdot B=1+1\cdot B=1+B=1$ ← 这和 A 的值是相等的

$A=0$ 时，$A+A\cdot B=0+0\cdot B=0$ ← 这和 A 的值是相等的

所以，$A+A\cdot B=A$ 是成立的。这里我们对 A 的值做了确认。

代表性的布尔代数公式

1. 将加法和乘法的顺序对调，也会得到同样的答案

（这和普通的文字公式是一样的）

$$A+B=B+A \quad A\cdot B=B\cdot A$$

$$A+(B+C)=(A+B)+C \quad A\cdot(B\cdot C)=(A\cdot B)\cdot C$$

2. 代入 0 或 1 计算

$$A+0=A \quad A\cdot 0=0 \quad A+1=1 \quad A\cdot 1=A$$

（↑这里是布尔代数的特征）

3. 相同字符的计算

$$A+A=A \quad A\cdot A=A \quad A+\overline{A}=1 \quad A\cdot\overline{A}=0 \quad \overline{\overline{A}}=A$$

4. 去掉括号的方法（分配律）

（这和普通的文字公式是一样的）

$$A\cdot(B+C)=A\cdot B+A\cdot C$$

5. 吸收律

$$A+A\cdot B=A \quad A\cdot(A+B)=A$$

6. 德·摩根定律（反演律）

$$\overline{A+B}=\overline{A}\cdot\overline{B} \quad \overline{A\cdot B}=\overline{A}+\overline{B}$$

$B=1$ 时，$A+A\cdot B=A+A\cdot 1=A+A=A$ ← 这和 A 的值是相等的

$B=0$ 时，$A+A\cdot B=A+A\cdot 0=A+0=A$ ← 这和 A 的值是相等的

同样地，对于 B 的值也做了确认。

这些公式也可以通过逻辑电路来表示。例如，刚才提及的公式"$A+A=A$"，如图 10.51 所示的 OR 电路中，输入为两个相同的值，当 $A=0$，输出为 A，当 $A=1$ 时，输出也是等于 A。

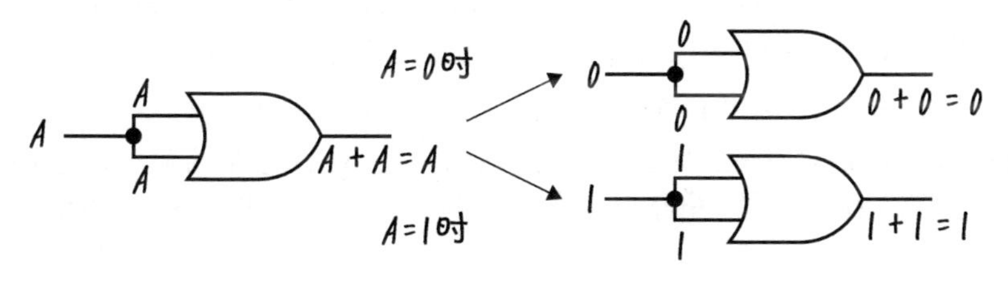

图 10.5.1　$A+A=A$ 用逻辑电路表示

10 数字电子电路

难易度 ★★★★★

10-6 ▶ 德·摩根定律

~ 可以列出表格 ~

▶【德·摩根定律】

$\overline{A+B}=\overline{A}\cdot\overline{B}$，　$\overline{A\cdot B}=\overline{A}+\overline{B}$。

要充分理解德·摩根定律，我们需要对 A 和 B 进行研究，所以制作表格是很有用的。

我们先对 $\overline{A+B}=\overline{A}\cdot\overline{B}$ 做说明。表 10.6.1 和表 10.6.2 分别对应公式的左边和右边。首先，我们对公式的左边求解，表 10.6.1 中的（1）A 和 B 的值有 4 种组合排列方式，分别为 00、01、10 和 11；表 10.6.1 中的（2）计算 $A+B$。将计算出的 $A+B$ 的值做“非”的操作（即 0 变为 1，1 变为 0）；表 10.6.1 中的（3）得到 $\overline{A+B}$ 的结果。接下来，我们对公式右边求解，同样地排列处 A 和 B 的表 10.6.2 中的（4）组合方式，表 10.6.2 中的（5）分别求出$\overline{A}$和$\overline{B}$的值。在将这些值做“与”的操作，得到表 10.6.2 中的（6）$\overline{A}\cdot\overline{B}$的结果。表 10.6.1 中的（3）和表 10.6.2 中的（6）是完全一致的。也就是说，$\overline{A+B}=\overline{A}\cdot\overline{B}$ 是成立的。NOT（非）的操作可以转变为 AND（与）的操作。

这个结果用逻辑电路表示的话，如图 10.6.1 所示。图 10.6.1a 为先 OR（加法）然后再 NOT（非）。图 10.6.1b 为先有 NOT（非）然后再 AND（乘法）。在逻辑电路中有时会省略 NOT 电路，用小圆圈符号（o）表示。另外，如图 10.6.1b 中 OR 电路的输出端连接着 NOT 电路的逻辑电路，所以该逻辑电路被称为 NOR 电路（NOR=NOT+OR）。

接下来，让我们再验证下 $\overline{A\cdot B}=\overline{A}+\overline{B}$ 这个公式。用同样的方法，我们制作出表 10.6.3 和表 10.6.4，这两个表分别对应公式的左边和右边。

根据表 10.6.3 和表 10.6.4 中的结果，可以确认该公式成立。$\overline{A\cdot B}=\overline{A}+\overline{B}$ 的逻辑电路如图 10.6.2 所示。左图表示$\overline{A\cdot B}$，AND 电路的输出端连接着 NOT 电路，所以该逻辑电路也被称为 NAND 电路（NAND=NOT+AND）。

表 10.6.1　$\overline{A+B}$

(1) A	B	(2) $A+B$	(3) $\overline{A+B}$
0	0	0	1
0	1	1	0
1	0	1	0
1	1	1	0

表 10.6.2　$\overline{A}\cdot\overline{B}$

(4) A	B	(5) $\overline{A}$	$\overline{B}$	(6) $\overline{A}\cdot\overline{B}$
0	0	1	1	1
0	1	1	0	0
1	0	0	1	0
1	1	0	0	0

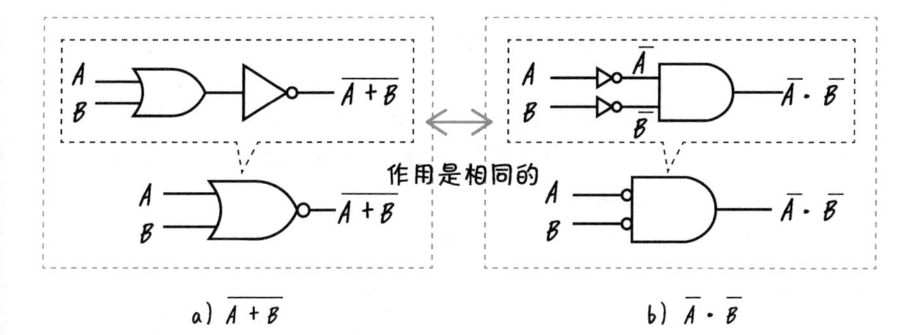

图 10.6.1　$\overline{A+B}=\overline{A}\cdot\overline{B}$

表 10.6.3　$\overline{A\cdot B}$

(1) A	B	(2) $A\cdot B$	(3) $\overline{A\cdot B}$
0	0	0	1
0	1	0	1
1	0	0	1
1	1	1	0

表 10.6.4　$\overline{A}+\overline{B}$

(4) A	B	(5) $\overline{A}$	$\overline{B}$	(6) $\overline{A}+\overline{B}$
0	0	1	1	1
0	1	1	0	1
1	0	0	1	1
1	1	0	0	0

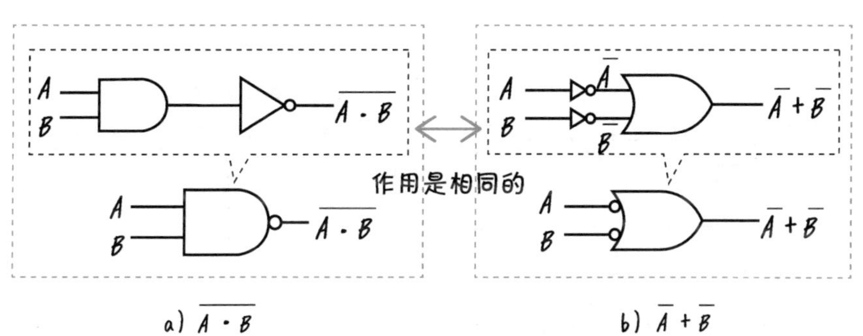

图 10.6.2　$\overline{A\cdot B}=\overline{A}+\overline{B}$

难易度 ★★★★★

10-7 ▶ NAND 为王，什么都行

~NAND 可变换为任何电路 ~

▶【NAND 电路】

通过组合， 可以成为任何的基本电路。

在 10-4 节中介绍了基本的 AND、OR 和 NOT 电路，但实际上这三种电路都可以通过 10-6 节中介绍的 NAND 电路组合而成。 图 10.7.1 是 NAND 电路的符号和真值表。

如图 10.7.2 所示，让相同的 A 同时输入到 NAND 电路的两个输入端，输出为对 $A \cdot A$ 做 NOT 的操作，也就是 $\overline{A \cdot A}$，但是由于 $A \cdot A = A$（根据 10-5 节中的公式 3.，所以最终的结果为 $\overline{A}$。换句话说，这实现的是一个 NOT 电路的功能。 图 10.7.2 中的真值表将帮助你理解这一点。

图 10.7.3 显示了 AND 电路的制作方法。对 NAND 电路的输出再做一次 NOT（由 NAND 电路组合而成）的操作，这就实现了 AND 电路的功能。

图 10.7.4 显示了 OR 电路的制作方法。这里很好地利用了德·摩根定律。首先，对输入 A 和 B 在 NOT 电路实现非的操作（由 NAND 电路组合而成），分别得到 $\overline{A}$ 和 $\overline{B}$。再把它输入到 NAND 电路中，得到 $\overline{\overline{A} \cdot \overline{B}}$，根据德 · 摩根定律 $\overline{A} \cdot \overline{B} = \overline{A+B}$，得到以下公式，所以输出为一个 OR 电路。

$$\overline{\overline{A} \cdot \overline{B}} = \overline{\overline{A+B}} = A + B$$

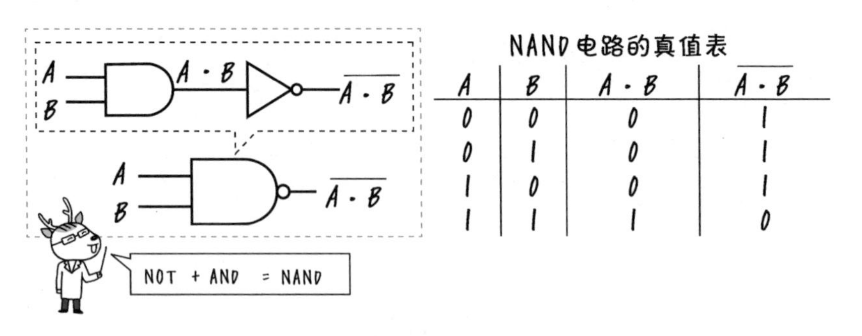

A	B	A · B	$\overline{A \cdot B}$
0	0	0	1
0	1	0	1
1	0	0	1
1	1	1	0

图 10.7.1　NAND 电路的符号和真值表

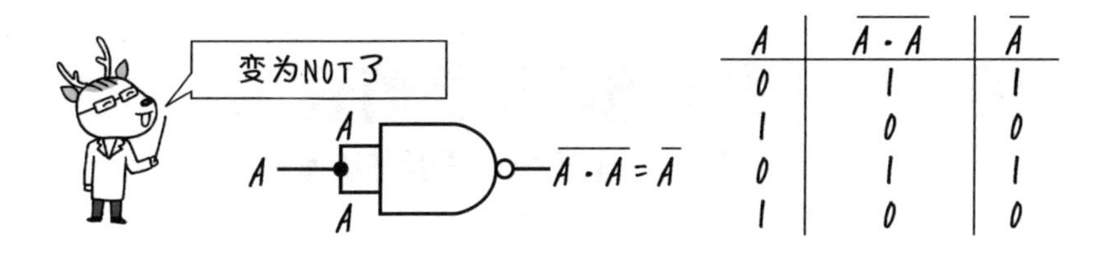

图 10.7.2 **由 NAND 电路所组合而成的 NOT 电路**

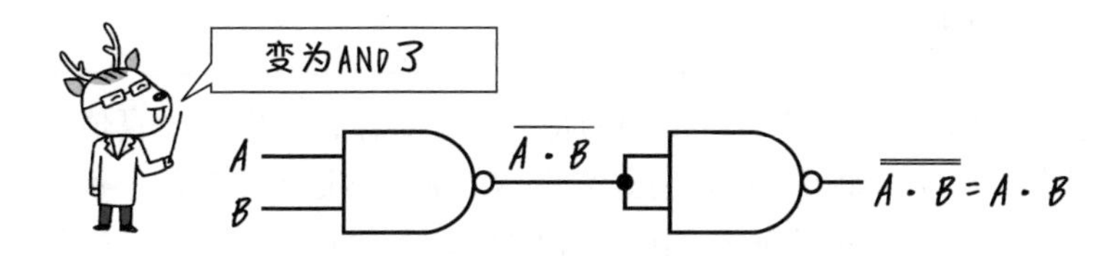

图 10.7.3 **由 NAND 电路所组合而成的 AND 电路**

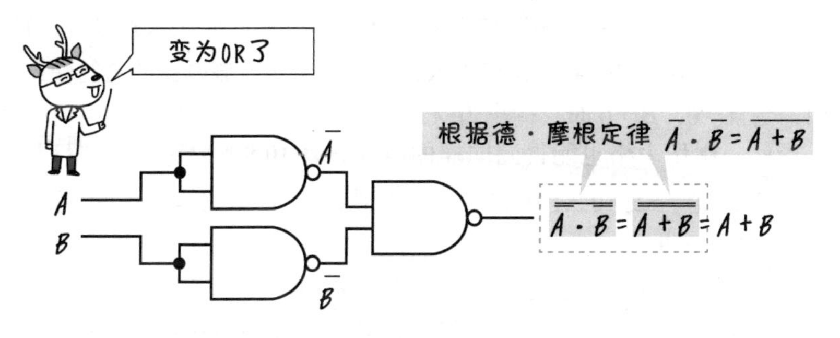

图 10.7.4 **由 NAND 电路所组合而成的电路**

到此为止，你可能会发现，NOR 电路可以由 NAND 电路组合而成。此外，你可能还会发现，通过组合 NOR 电路，也可以来实现所有的基本电路（OR、AND、NOT）的功能。实际上，NAND 或 NOR 电路是通过一种叫做CMOS的半导体（参照10-10节）来制作的。可根据CMOS的结构、制作的难易，以及电气特性的优劣等，综合判断是采用 NAND 还是 NOR。

难易度 ★★★★★

10-8 ▶ 逻辑电路与真值表

~[逻辑电路] ⇔ [真值表] 的具体步骤 ~

▶【 逻辑电路→真值表 】

用公式简化。

正如我们在 10-6 节中所学到的德・摩根定律，要做一个真值表，就需要制表。不过，如果能通过公式来表达的话，会更容易理解，也可再利用布尔代数对公式进行简化。图 10.8.1 显示了一种 XOR 电路，这是一个稍微复杂的电路。如图 10.8.1 所示，不是直接求出最终的输出值，而是按顺序依次求出各个部分电路的输出值，再将 A 和 B 的值代入到最终的输出 $\overline{A}\cdot B+A\cdot\overline{B}$ 中，这样对于任何输入，我们都能知道该电路的最终输出值。例如，当 $A=0$，$B=0$ 时，输出为 $\overline{A}\cdot B+A\cdot\overline{B}=1\cdot 0+0\cdot 1=0+0=0$。

当然，制作表格也能得到同样的结果。表 10.8.1 中的（1）罗列了所有 A 和 B 的值，表 10.8.1 中的（2）分别计算了 $\overline{A}$ 和 $\overline{B}$，求出表 10.8.1 中的（3）$\overline{A}\cdot B$ 和表 10.8.1 中的（4）$A\cdot\overline{B}$，并且在表 10.8.1 中的（5）做"与"的操作。

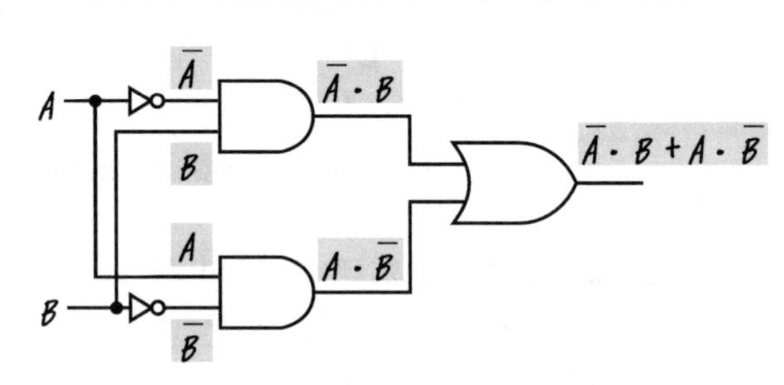

图 10.8.1　**确认 XOR 电路的真值表**

表 10.8.1　XOR 电路的真值表

（1）		（2）		（3）	（4）	（5）
A	B	$\overline{A}$	$\overline{B}$	$\overline{A}\cdot B$	$A\cdot\overline{B}$	$\overline{A}\cdot B+A\cdot\overline{B}$
0	0	1	1	0	0	0
0	1	1	0	1	0	1
1	0	0	1	0	1	1
1	1	0	0	0	0	0

▶【真值表→逻辑电路】

输出为 1 的地方做乘法计算。

接下来我们考虑相反的情况：如何通过真值表制作逻辑电路。表 10.8.2 为要制作的逻辑电路的真值表。表 10.8.3 显示了建立逻辑电路公式的具体方法与步骤。请注意在输出为 1 的地方。在输出为 1 的那一行，为了使「$A \cdot B$」的结果为 1，需要在代表输入的字符上方加上“一(bar)”。例如，在 $A=0$，$B=1$ 这一行（第 2 行）中，如果 A 加上“一”，则 $\overline{A} \cdot B=1 \cdot 1=1$，即输出为 1。第 2 行中创建的 $\overline{A} \cdot B$ 被称为基本积，由于乘法表示的是 AND，因此它包含输出为 1 时 A 和 B 的组合信息。

将真值表的所有基本积加起来的逻辑表达式，拥有输出为 1 时 A 和 B 组合的所有信息，这就表示了真值表的输出。

根据表 10.8.3 的结果，得到的输出只是单纯的 B。这是与 A 的值无关的输出，输出是 B，如图 10.8.2 所示。如果你仔细比较最初的表 10.8.2 中的输出与 B 的关系，也会发现最终的结果如图 10.8.2 所示。

表 10.8.2 **要制作的逻辑电路的真值表**

A	B	输出
0	0	0
0	1	1
1	0	0
1	1	1

输入 **输出**

A —

B ———— B

图 10.8.2 **求得的逻辑电路**

表 10.8.3 **建立逻辑公式的具体的方法**

A	B	输出
0	0	0
0	1	1
1	0	0
1	1	1

$\overline{A} \cdot B + A \cdot B$

← $A=0$、$B=1$ 时输出为 1 的公式为 $\overline{A} \cdot B$

← $A=1$、$B=1$ 时输出为 1 的公式为 $A \cdot B$

基本积

所有基本积的和为输出：$\overline{A} \cdot B + A \cdot B$

包含了输出为 1 时（A 和 B 组合）的所有信息

布尔代数的计算

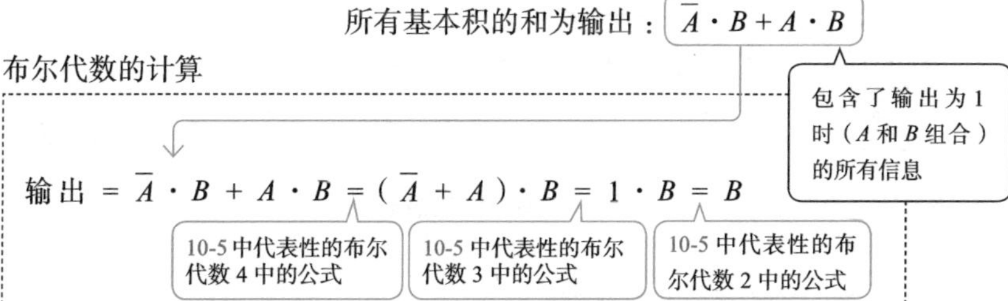

难易度 ★★★★★

10-9 加法器

~需要很多NAND电路~

▶【加法器】

加法计算。

图 10.9.1 是 10-8 节中介绍的 XOR 电路的符号。XOR 电路是加法器的基本电路。在数字电子电路中对二进制数进行加法运算的装置被称为加法器。

仔细观察 XOR 电路的真值表，当 A 和 B 的值相同时，输出为 0，A 和 B 的值不同时，输出为 1。

由于只有在输入是排他性的（不同值）时，输出为 1，像这样的输出被称为异或，用符号“+”和符号“○”组合的形式表示。

下面我们来思考一下如何用 XOR 电路进行二进制加法运算。先准备 A 和 B 两个输入，再考虑 $A \oplus B$，

加法运算可有表 10.9.1 所示的 4 种情况。

这里的加法不是布尔代数的加法 (1+1=1)，而是在 10-2 节中学到的二进制的加法运算。布尔代数是在逻辑电路中成立，二进制数是与十进制对应的，是可进行加减乘除运算的数。也就是说，用二进制数加法运算必须是 0+0=0、0+1=1、1+1=10[㊀]。

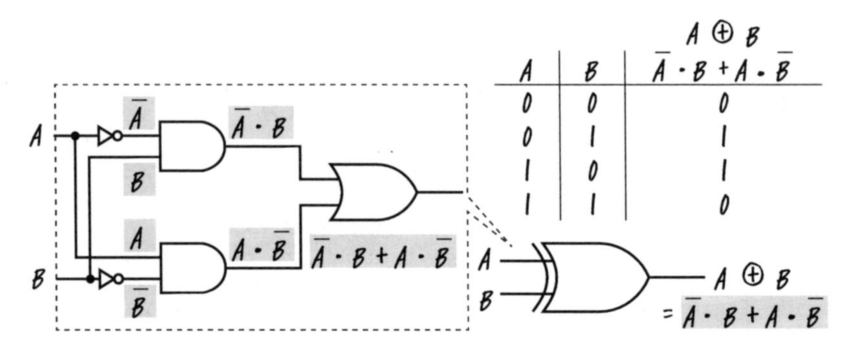

图 10.9.1　XOR 电路符号

㊀ 如果认为这里“1+1=2”的人，请再仔细参阅 10-2 节。

具体来说，如果使用 A 和 B 两个输入，最大输出值为 $1 + 1 = 10$。输出有 2 个 bit，即需要位输出。请查看表 10.9.1，从输出的左边开始数，第 1 位的值与 AND 电路的值是相同的，第 2 位的结果与 XOR 电路的值是相同的。

由此可见，要满足表 10.9.1 中 2bit 的加法运算电路，如图 10.9.2 所示。

输出左边的第 1 位意味着“依次上升”，结果必须被输入到上一位的运算电路中。

但是，在图 10.9.2 中，没有将从低位上升的数字相加的部分。因此，这个电路被称为**半加法器**。考虑最后进位的加法器被称为**全加器**。欲了解更多相关内容，请参见数字电子电路的专业书籍。

图 10.9.2 的电路看起来很简单，这其实就是图 10.9.1 所示的电路。如果只靠 NAND 电路来制作，那就很困难了。即使这样也只能做 2bit 的加法运算，你就可以想象制作电子计算器（电子计算机）的困难之处了吧。

表 10.9.1　2bit 的加法运算

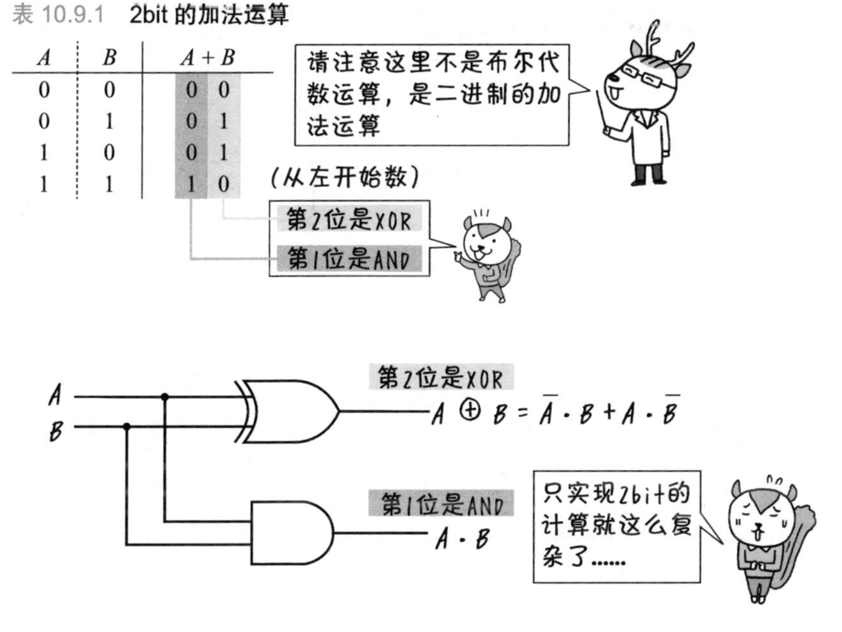

A	B	$A+B$
0	0	0 0
0	1	0 1
1	0	0 1
1	1	1 0

图 10.9.2　半加器

难易度 ★★★★★

10-10 ▶ CMOS

~ 数字其实就是模拟的一部分 ~

▶【CMOS】

由两个 MOSFET 所组成。

数字电路的优点是将信号限制为 0 或 1，因此如果数据是通过 0 或 1 来记录的媒介，如 CD，即使有轻微划痕，也能从中读取出数据（但是如果换成是唱片的话，这些划痕在数据读取时就会变成噪声）。将模拟信号转换为 0 或 1 的数字信号（A/D 转换），再用通过逻辑电路进行计算，这过程其实还是在模拟电路进行。正如 10-1 节所说明的那样，数字电路其实就是模拟电路的开启或关闭这两种极限的状态。

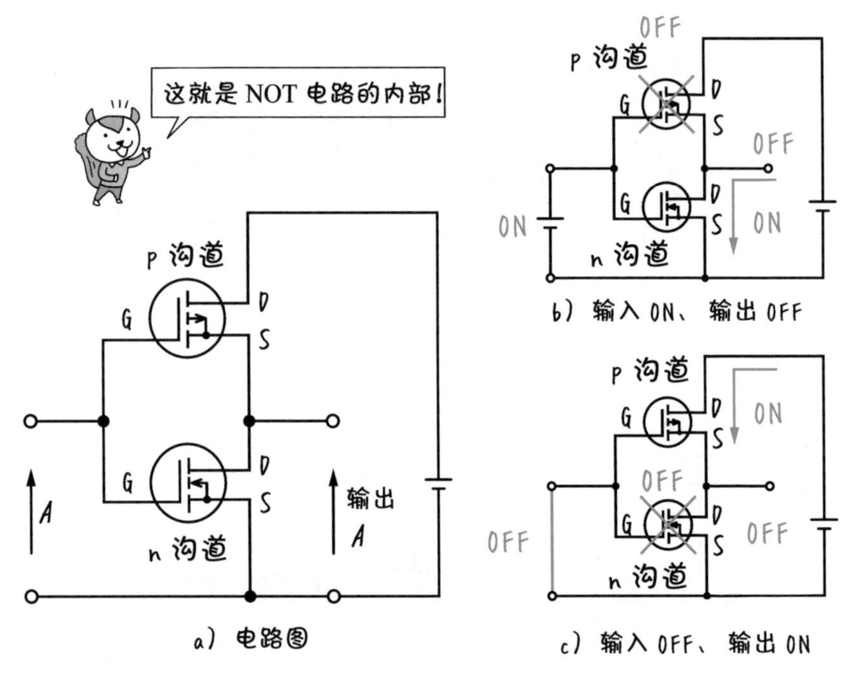

图 10.10.1　由 CMOS 所组成的 NOT 电路

这里我们将介绍 CMOS（Complementary-MOSFET）。MOSFET 就是在第 4 章中介绍过的场效应晶体管，最前面的 C 是 Complementary（相互补充的意思）的首字母。MOSFET 可以是 n 沟道也可以是 p 沟道，通过这两种类型 MOSFET 的组合就能够构建逻辑电路。

图 10.10.1 显示了一个由 p 沟道和 n 沟道的 MOSFET 组合而成的 NOT 逻辑电路。当向输入端施加电压时，n 沟道是 ON 状态，但是 p 沟道处于 OFF 状态，此时输出端接地，也就是输出为 OFF。反之，如果将输入端接地，也就是输入为零，则 n 沟道是 OFF 状态，p 沟道是 ON 状态。此时，输出端与电源相连接，输出为 ON。

图 10.10.2 显示了一个由 CMOS 所构成的 NAND 逻辑电路，对应于两个输入 A 和 B，可以得到 $\overline{A \cdot B}$ 的输出。

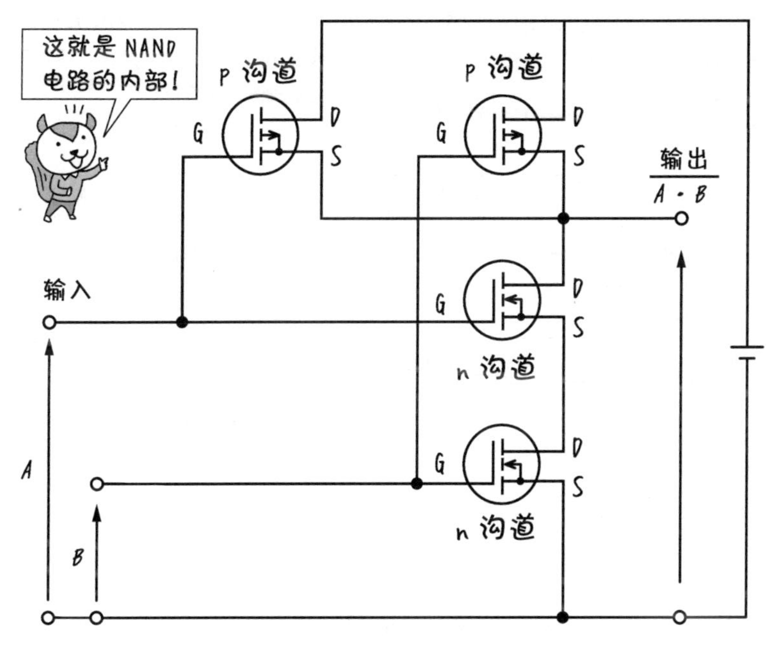

图 10.10.2　由 CMOS 所组成的 NAND 电路

EXERCISES

第 10 章　练习题

[1]　右图所示的逻辑电路执行的是什么操作?

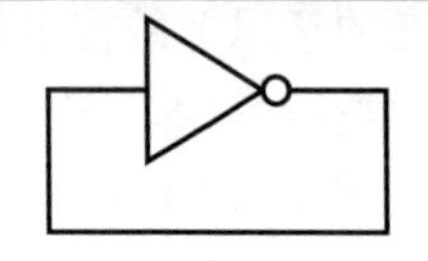

练习题参考解答

[1]　发生振荡。由于我们不知道该逻辑电路的输入或输出的初始状态是 0 还是 1。因此，让我们分别研究 [A] 输入为“0”时和 [B] 输入为“1”时的两种状态，如下图所示。当（1）[A] 输入为 0,（2）NOT 逻辑电路的输出为 1，由于输入端与输出端直接相连，所以此时（3）输入端被反相为 1。这就和 [B] 输入为 1 的情况相同了,（1）[B] 的输入为 1，NOT 逻辑电路的输出为 0，由于输入端与输出端直接相连,（3）输入端被反相为 0，回到 [A] 状态。最终，无论初始状态是 [A] 还是 [B]，[A] 和 [B] 都会交替出现。这个时候的输出是 0 和 1 交替输出，这样的电路也被称为振荡电路。这是在 9-7 节中学过的一种正反馈电路。

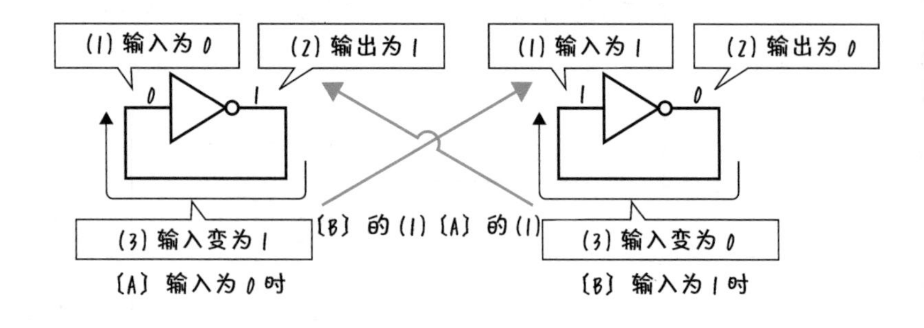

COLUMN　电子电路与人工智能（AI）。

人工智能是一种试图通过计算机编程复制人类智能的技术。目前正在开展研究，试图模仿或超越大脑的工作原理。这项研究的成果之一是深度学习，它试图通过由计算机结合数字电路运行的程序来模仿人脑神经元的工作原理。如果我们能创造出与大脑工作方式完全相同的人工智能，我们就可能拥有与大脑神经元交换完全相同信号的电子电路。

结　论

在本书开头“电路和电子电路的区别”中，我们将电路和电子电路的区别描述为“线性”或“非线性”。不过，其他的老师可能会这样解释。

电路的内容是一般构成电路的基本物质，而电子电路则属于所谓的“弱电”领域。它涉及的电流大小也只有数毫安培的一些特定电路，比如，晶体管和场效应晶体管以及处理高频率的电路。

这样理解并没有错，作者也是这样接受教育的。输配电与发电被归类为“强电”领域，而通信和控制被归类为“弱电”，电子电路被广泛认为是属于弱电的一部分。

然而，近年来，使用半导体器件来控制火车、输配电以及世界上其他过去被称为强电的事物已变得司空见惯。也就是说，电子电路视为弱电已不再合适。

因此，作者提出，电子电路的特点是处理电压和电流之间的非线性关系。为什么要叫“电子”电路呢？毕竟，半导体器件等在电路中呈现“非线性”的特性。

半导体中的“电子”在微观的物性世界所呈现出的特性，使宏观世界中的电流和电压呈现“非线性”特性。当然，我们认为电路中的电流也是由于电子的流动所产生的，但其中并没有考虑到微观世界中电子的性质。其实在电子电路所涉及的内容，也许应该解释为“电路中所呈现的电子特性”。

感谢我的大学导师和我实验室的研究生们在本书写作过程中给予的建议。 我还要感谢我的秘书藤田真穗、古泽礼佳和丸桥正宣，感谢他们的精心协调和灵活应变。 我还要感谢读者的热情支持和鼓励。

在此，我们向所有参与本书撰写的人员表示感谢。